JN221811

スポーツ
ロボティクス入門

シミュレーション・解析と競技への介入

Introduction to Sports Robotics
- Simulation/Analysis and Intervention in Competition -

日本ロボット学会 監修
西川　鋭 編著

はじめに

近年では科学技術をスポーツに取り入れようという機運が高まっており，最先端の技術を取り入れた器具や科学的トレーニング，データの解析などについて耳にする機会も増えてきた．一方，人型ロボット（ヒューマノイドロボット）が典型的であるように，そもそもロボットには人間の物理モデルであるという側面があるため，人間の極限的な動作であるスポーツ動作をロボットのタスクとしてデモンストレーションに用いることは古くから行われてきた．昨今，ロボットの運動性能はますます向上しており，宙返りをしたり，さまざまな足場の上で華麗なステップをしたりするヒューマノイドロボットも出てきている．さらに，運動面だけでなく，テレビゲームやボードゲームで人間を超えるパフォーマンスを見せる人工知能（artificial intelligence; AI）が出てきているように，ロボットの知能にかかわる技術の発展も著しい．

本書執筆現在，スポーツロボティクス（sports robotics）の名を冠する領域は存在しない．しかし，上記のように，スポーツとロボティクス（ロボット工学）をかけ合わせるための素地は既に整っているといえ，今後，スポーツとロボティクスが交わる領域は発展していくことが予想される．また，スポーツとロボティクスのかかわり方は１つではなく，研究の広がり，ポテンシャルの高さから，本書で取り上げる内容は多岐に亘っている．本書ではまず，スポーツに役立つ技術としてロボティクスを活用する方向，ロボティクスの研究開発のゆりかごとしてスポーツを取り上げる方向を紹介した後に，前者の方向をさらに掘り下げていく構成となっている．

前者の方向を考えるにあたり，人間の物理モデルであるという側面を持つロボットは，身体運動を扱う上でスポーツと高い親和性を示すことがまず挙げられる．一方，スポーツは身体運動そのものだけではなく，戦術的な側面も併せ持つ．さらに，競技自体を行うロボットか否かを措いておいたとして，現実世界に介入できるというロボティクスの強みを活かした応用も期待できる．これらを踏まえ，本書では大きく「身体運動のシミュレーションと解析」「戦術の生成と解析」「対人競技ロボット」「人間・スポーツの拡張」の４つの視点から，スポーツロボティクスの基礎と現状，今後の展開について説明する．

本書の執筆は，日本ロボット学会第 135 回ロボット工学セミナー「スポーツとロボット技術」を契機として，株式会社オーム社の編集局からの出版の提案から始まった．編著者自身，スポーツに活かすロボティクスを掲げて研究を行っているが，研究室の学生にまず読んでもらう教科書が欲しいという要求もあった．上記セミナーでオーガナイザーを務めた縁もあり，若輩者ながら取りまとめとして各方面でご活躍されている多くの先生方に執筆を依頼させていただき，各位の多大なご協力により本書の完成に至った．本書が本分野の発展の一助になれば幸いである．

2024 年 9 月

著者を代表して

西　川　　　鋭

目　　次

第1章　スポーツロボティクス概要

本章では，スポーツロボティクスの概要について述べる．まず，1.1 節ではスポーツロボティクスとは何かについて議論する．スポーツとロボティクスのかけ合わせ方として，スポーツに役立つ技術としてロボティクスを活用する方向と，ロボティクス研究の興味深い題材としてスポーツを取り上げる方向がある．前者の観点から，ロボティクスを含む広い分野である工学のスポーツへの活用について紹介し，さらにロボティクスをどのようにスポーツに活用できるかについて 4 つに分けて論じる．

第 2 章以降はここでの分類にしたがって章立てを行っているが，スポーツロボティクスにおいては後者の観点も重要である．そこで 1.2 節では，スポーツロボティクスの例としてロボカップサッカーを取り上げ，この取組みが実際にロボティクスの発展に寄与してきたことを紹介することで，ロボティクスの研究に対してスポーツが興味深い題材であることを示す．

1.1　スポーツロボティクスとは

1.1.1　ロボットとスポーツ

「高性能なロボット」と聞いたときに，高い運動性能を備えていて，跳んだり跳ねたりするロボットを思い浮かべる人も多いのではないだろうか．

確かに，映画やアニメーションにはそうしたロボットが多く出てくることから，ロボットの未来像としての人々の期待は大きいように思われる．実際，すばやく動き回る 4 脚ロボットが開発され[1)]，最近では市販品も数多くみられるようになってきた[2, 3)]．さらに，2 脚の人型ロボットでも，宙返りをしたり，さまざまな足場の上で華麗なステップをしたりしている映像[4)] を目にするようになってきている．

一方，人間の活動として，そのような高い運動性能を求められる場面の 1 つがスポーツである．1968年の国際スポーツ・体育評議会（International Council of Sport Science and Physical Education; ICSPE）の「スポーツ宣言（Declaration on Sport）」[5] ではスポーツ（sport）を

> Any physical activity which has the character of play and which involves a struggle with oneself or with others, or a confrontation with natural elements, is a sport.
> （遊戯の特徴をもち，自身や他者との競争，あるいは自然の要素との対決をともなう身体運動はすべてスポーツである）

のように定義している．ここで，身体運動（physical activity）でしめくくられているように，スポーツは「身体の運動」を基盤としている．つまり，スポーツと聞いて思い浮かべる競技は人それぞれと思われるが，球技にせよ，競走にせよ，スポーツでは競技者が自身の身体をうまく使って，各競技の目標を達成しようとする．一方，近年ではeスポーツと呼ばれるコンピュータゲームの競技も行われているように，必ずしも身体運動を含まないものもスポーツと呼ぶこともあるが，本書では一般的にスポーツといわれる身体運動を含むものをその範囲とする．

それでは，スポーツといわれる身体運動にはどのような特徴があるだろうか．スポーツ宣言に遊戯（play）とあるように，スポーツには娯楽（entertainment，エンタテインメント）という要素が欠かせない．スポーツの語源はラテン語の *deportare* にあるといわれる．これは *de*（英語の away）と *portare*（英語の carry）からなる合成語で「ある物をある場所からほかの場所に移動する」を意味する．この移動対象が心になって気分転換を表し，遊ぶ・楽しむという意味になったといわれる．読者自身にあてはめてみても，友人と草野球をするにせよ，スポーツ観戦に行くにせよ，スポーツの重要な要素が娯楽であるということは間違いないだろうと思われる．

また，スポーツには，自身や他者との競争，あるいは自然の要素との対決（struggle with oneself or with others, or a confrontation with natural elements）という一面も重要である．人間は自身の能力の向上を試みるため，また，互いに競い合って優劣を決めるため，あるいは困難な環境の中で目標を達成するため，スポーツを行ってきたことも間違いない．例えば，陸上競技のトラック種目を考えてみても，自己最高記録を出す，相手より先にゴールするといったことを目指す．また，

スポーツクライミングでは人工の壁を登るが，もともとは自然の岩壁をいかにうまく登るかという自然の要素との対決がきっかけである．

1.1.2 スポーツロボティクスの方向性

本書では1冊を通して，スポーツとロボティクスをかけ合わせるスポーツロボティクス（sports robotics）を扱うが，本書執筆時点で，これを冠する明確な分野は存在しないため，まずはスポーツロボティクスとは何かについて考える．ここで，スポーツとロボティクス（robotics，ロボット工学）のかけ合わせ方は大きく2方向が考えられる．

1つ目は，ロボティクスの応用先として，スポーツに役立つ技術を開発していく方向である．医療・福祉ロボットが医療・福祉に役立つことを目的としているのと同様，スポーツにロボティクスを役立てていこうという方向性である．

また，2つ目は，スポーツをロボティクスの研究の興味深い対象として扱おうという方向性である．ロボティクスの研究における1つの方向性に，ロボットをつくることで人間を理解しようとするという構成論的なアプローチ（constructive approach）がある．特に，上記のような特徴をもつスポーツには，人間理解につながりうる人間のさまざまな状況が含まれる．例えば，ルールの制限の中で極限的に身体をうまく扱う状況や対人スポーツにおける駆引きなどは，人間の多様な活動のモデルケースになる可能性がある．さらに，スポーツの競い合うという特徴を利用することで，ロボティクスの研究の発展を進めるよい場所となりうる．1.2節でロボットにサッカーをさせることに長く取り組んでいるロボカップ（RoboCup）について取り上げるが，実際，ロボティクスの研究の発展にとって，ロボカップがゆりかごとしての役割をはたしていることがみてとれるだろう．

本書では，ロボティクスをどのようにスポーツに役立てていくかという前者の方向性で章立てをしているが，対象としてスポーツを扱っている以上，必然的に，後者の観点でロボティクスの研究を発展させうる要素が各項目の中に含まれる．

1.1.3 スポーツと工学

ロボティクスをどのようにスポーツに役立てていくかを考えるにあたり，ロボティクスが含まれる広い範囲として，そもそも工学（engineering）がどのようにスポーツに役立てられてきたのかをみてみる[6]．

工学がスポーツに役立つ要素として，真っ先にあげられるのがスポーツの道具とのかかわりであろう．多くのスポーツでは道具が用いられるからである．例えば，球技一般では球（ボール）が用いられるが，これまでに，その反発力や空力特性を工学的に改善する試みは数多くなされてきた．これによって，ゴルフボールではディンプル（dimple）と呼ばれる表面のでこぼこが発明された[7]．また，ラケットやこれに近い道具を用いる競技の多くでは，素材の工夫によってラケット自体が軽くなり，その結果，有効な打ち方が変化してきた．棒高跳びの棒（ポール）も，材料に複合材料が使われるようになったタイミングで，世界記録が大きく上昇している[8]．

一見，道具らしい道具を使っていないスポーツでも，工学による装備品の品質向上の影響を大きく受けている．例えば，競泳においては，全身をおおう水着を着用した選手が次々に世界記録を更新したことで，そのような水着が禁止されるという事態が発生している．陸上競技においても靴の品質向上の影響が著しく，長距離走でカーボンプレートを含む厚底の靴が次々と好記録を生むという事態が発生している．

さらに，競技者自身の装備品だけではなく，競技をする環境にも工学の影響が及ぶ．競技をする際には身体が何かしらの外部に触れることで，外部の物体や自らの身体を動かすからである．陸上競技では，競技の場となるトラックの素材にポリウレタンが使われるようになり，記録の向上につながっている[9]．体操競技でも，器具や床に大きくしなる材料が用いられるようになったことで，空中での技に磨きがかかってきている．これらは，形態は異なるが，人間と外部との物理的インタラクションにおいて工学が影響をもたらした例といえる．

一方，異なる方面からの工学がスポーツに役立つ要素としては，計測技術があげられる．フライングの判定，記録の測定，球技におけるボールのイン／アウトの判定など，審判の補助にすでに多くの工学の技術が用いられている．これらの技術の発展によって，ハイスピードカメラによる人間の目ではとらえられない短時間での挙動の計測も可能になり，合わせて，モーションキャプチャや心拍計などの身体の物理的情報，生理的情報を含む人間の運動が詳細に記録できるようになることで，現在では，各種のスポーツにみられる現象の理解，定量的な評価が可能になっている．ひいては，それらのデータを蓄積し，データサイエンスや機械学習によってデータの解析，統計的処理を行うことで，スポーツをする人間が次の勝利へのプランを練るための情報として活用できるようになっている．実際，データの分析結果をもとにして，野球[10]やサッカー[11]でこれまでのセオリーを覆す例が出てきている．

このように，工学は従来から道具，装備品，環境，計測技術など多くの面でスポーツにかかわり，最近では個々の要素技術の発展によって競技の様相やルールまでをも変えるほどの影響を及ぼしている．

1.1.4 スポーツへのロボティクスの活用

本書では，ロボティクスがスポーツに影響を与える方向性を，以下の4つに分けて説明する．

第2章　身体運動のシミュレーションと解析

スポーツでは，プレイヤ個々の身体運動がそのベースにある．したがって，まず第2章において，個々のプレイヤの身体運動に関するロボットと人工知能（artificial intelligence; AI）の技術について説明する．

人型ロボット（humanoid robot，ヒューマノイドロボット）が典型的であるように，そもそもロボットには人間の物理モデルであるという側面をもつものがある．つまり，ロボティクスで使われる運動学，動力学は，人間の運動を理解するのに活用できるものである．モデル化にあたっては，身体の質量全体を質点にまとめて考えるようなSLIPモデル[15]，剛体リンクモデル，筋骨格モデル[16]，さらには筋や皮膚の変形まで含むモデル[17]など，さまざまな粒度が考えられ，目的によって使い分けることで身体運動の理解を深まると考えられる．すでにスポーツの現場に活用されているものとしては，例えば，深層学習などのAI技術を活用して，人間の骨格や技を認識することで，体操競技の採点を支援するシステムがある[14]．

さらに，実体（ハードウェア）としてのロボットを用意することができれば，実世界上での身体運動の模擬と評価を行える．例えば，質量を胴体1か所に集中させたSLIPモデルに近いロボット[18]，リンク間の運動連鎖の質量を分散させた多リンクロボット[19]，筋骨格系を組み込んだ筋骨格ロボット[20–22]など，さまざまな模擬レベルのロボットが報告されている．競技の種類としても，第2章で取り上げている水泳だけでなく，走行[20, 22]，スキー[23]，スケート[24]，スケートボードやローラースケート[25]，棒高跳び[26]など，多くの競技を対象としたものがある．

第3章 戦術の生成と解析

スポーツには，個人で身体運動のパフォーマンスを高めるだけでなく，競い合って対戦相手に勝つことを目的とするものが多い．第3章では，そうしたスポーツの例としてサッカーを取り上げ，シミュレーション，ロボット，人間の解析において，戦術がどのように扱われるかについて解説する．

このような研究は，サッカー以外にも氷上のチェスといわれるカーリング[27,28]や，卓球ロボットのための戦術分析[29]，ボクシングやフェンシングのような2人制の接触競技スポーツで戦術的行動を学習するシミュレーション[30]の研究が報告されている．

AI技術の進展により，すでにビデオゲームや伝統的なボードゲームであるチェスや将棋，囲碁，バックギャモン，麻雀で人間を超えるAIプレイヤが出現してきているように[31–36]，各種スポーツの戦術的行動についてもAI技術の活用が進むことは想像にかたくない．実際，人型複数エージェントによるサッカー様運動の運動制御からチームプレイまでを含む学習の研究がなされており[37]，サッカー戦術アシストAIが提案されている[38]．

第4章 対人競技ロボット

第2章，第3章の方向性は，スポーツを外から観察する，または，完全に人工的なエージェントに置き換えることで，その特性の調査を行うものである．一方，人間の競技においては，実際に競技をするのは人間であるため，人間を含むインタラクションを考えることは重要である．人間は複雑であり，現在においてもなお完全にモデル化することは困難である．また，スポーツが人間にとっての必要不可欠なタスクではなく，娯楽として取り組まれている活動の1つであることから，スポーツにおける人間への影響は興味深い．

第4章では，人間の競技に介入するロボティクスの最もわかりやすい形として，人間の競技の相手をするロボットを取り上げる．これには，短い時間スケールで時々刻々と変化する状況に対処する必要があり，それを実現するための方法について紹介する．ロボットどうしならば，競技レベルの高低問わずに両者が同程度の競技レベルであれば競技が成り立つが，人間が相手ならば，人間に近い競技レベルのロボットでなければ競技相手として成り立たない．また，人間とインタラクションするため，人間側への心理を含めた影響も重要となる．

第4章では対人競技として球技を取り上げ，ロボットアームでそれを実現する例を示すが，さらには全身運動を扱うようなロボットで競技相手を目指す研究も進められている[43–45]．このような複雑さの高いロボットの開発も進む一方で，野球や卓球では3次元空間上で球を扱わねばならず，競技の実現自体が容易ではないため，打ち合うパックが2次元運動で扱いやすいエアホッケーを題材にしてインタラクションに集中した研究もある[39]．また，競技全体を遂行するロボットではなく，バレーボールのブロックロボット[40]やラグビーのタックルロボット[41]のように競技の特定の場面における活用を目指す例もある．

そのほか，球技に限らず，人間との直接的な物理的インタラクションが発生する社交ダンスロボット[46]やチャンバラロボット[47]なども開発されている．

第5章　人間・スポーツの拡張

人間の競技への介入としてのロボティクスの活用は，何も競技の相手をする自律ロボットに限定されない．第5章では，別の介入方法として，デバイスを装着する方法（装着型デバイス）などでプレイヤの能力を拡張する人間拡張について取り上げる．また，1.1.3項で述べたように，スポーツは工学の進展とともにその様相を変えてきているが，技術介入を積極的に利用して新競技を提案することも第5章の話題に含まれる．

このような人間拡張にあたるものの1つに義肢があげられる．これらは1.1.3項で述べたような道具という見方もできるが，装着者の能力を拡張する人間拡張の1つ（身体変容）ととらえることもできる．実際，スポーツでの使用のためのカーボンプレートを利用した高度な運動機能を実現するものも開発されている[48]．さらに，駆動系が組み込まれると，ロボット義肢となり機能の幅が広がる．こうしたロボット義肢を含む支援技術に関しての技術を競う競技会も開催されている[49]．

一方，人間の能力の拡張技術が人間に与える影響については未解明の部分も多い．例えば，装着型デバイスでプレイヤのフォームの改善を支援することを考えてみても，情報を提示することで感覚に働きかけて運動変化を促す[50]，直接力を加えて運動を変化させる[51, 52]など，方法はさまざまであり，どのような条件でどのような方法が有効なのかはいまだ明確でない．また，人間拡張により得られる体験についても，人間の心理の作用があり，難しい問題である．

1.1.5 スポーツロボティクスの各方向性の関係

本書ではわかりやすさのため，上記のように4つの方向性に分けて説明していくが，これらは相互に無関係ではない．

例えば，第2章と第3章のかかわりを考えても，採用する戦術によって適切な身体運動が変わってくることは明らかである．また，人間や実体をもつロボットの詳細な身体運動を拘束条件とすることで，各戦術の有効性は変わることになる．突き詰めていくと，身体運動と戦術は互いに影響し合うものである．次に，第2章と第4章，第5章のかかわりを考えると，身体運動の理解をもとに介入方法を決める，あるいは，身体運動に介入することによる変化をみることで原理の理解を深める，という相互の活用が考えられる．同じく第3章と第4章，第5章のかかわりを考えても，人間に介入をするうえで戦術的行動を生成する，あるいは，人間に介入することにより動的に戦術が変化する，という相互作用がある．さらに，第4章と第5章に関しては，ともに人間のスポーツへ介入するものであるので相互に知見を活用すること，ハイブリッドとすることなどが考えられる．

つまり，スポーツロボティクスの今後の展開は，複数の視点から考えることでみえてくるものと考えられる．

1.2 ロボカップサッカーの挑戦

1.2.1 ロボカップサッカーとは

本節では，スポーツロボティクスの一例として，継続的に活動を進めて発展してきたロボカップサッカーの取組みについて説明する．第2章以降では，ロボティクスの応用先として，スポーツに役立つ技術を開発していく方向で章立てがされているが，ここでは，スポーツは本来，ロボティクスの研究における大変興味深い題材であることを示すこととする．

第26回目となるロボカップ2023国際大会（RoboCup 2023）は，2023年7月，フランス・ボルドーのエキシビジョンセンターで開催され，全世界の40余りの国と地域から308チーム，約3000人が参加した．なお，新型コロナウイルス感染症の影響で2020年は開催されず，2021年はバーチャル開催となり，2022年のタイ・

バンコク大会に次いで，対面での開催であった．図 **1.1**（11 ページ）に現地の様子を示す．

ロボカップ全体に関しては，その創設時や初期の活動に関連して，いくつかの論文や解説が存在する[53–55]．和文では，情報処理学会誌 Vol.51, No.9 Sep. 2010 から始まった「ロボカップ道しるべ」の第 1 回「ロボカップ創世記」[56] がある．英文では，2020 年までのロボカップ全体の活動については，文献 57) が参考になる．本書ではスポーツロボティクスということで，サッカーがメインとなるが，最近の浅田の解説[58] では，2020 年までのさまざまな動きを紹介している．本節では文献 58) に最近の研究を加えて，ロボカップのメインのドメインである RoboCupSoccer（ロボカップサッカー）※1について，これまでの進展を解説する．

最終目標として，2050 年までに FIFA の最新ワールドカップ優勝チームに 11 体のヒューマノイドからなるロボットチームで打ち勝つことを掲げ，1997 年の第 1 回国際大会以来，毎年競技会とシンポジウムを開催し，技術的課題から社会的課題まで，実践を通じてチャレンジとして提起し，その解決を全世界の研究者と一丸となって取り組んできたのがロボカップサッカーである．その最大の特徴は公開の競技会という共通のプラットフォームでの評価・検証により結果を共有し，次のチャンレジを打ち立て，解決を図ってきたことである．参加チーム数の推移を図 **1.2**（12 ページ）に示す．

これまでの歴史を振り返ると，1997 年に開催された最初の世界大会開催の前年に本田技研工業（株）の開発したヒューマノイドロボット「P2」が公開され，20 世紀のうちには困難かと思われていた二足歩行ロボットが現実となり，一挙にロボカップの機運が盛り上がった．とはいえ，多くの参加チームをすぐに期待できる状況ではなく，当初は，車輪型の移動ロボットによる小型リーグ（Small-size League. 以降，SSL と略記），中型リーグ（Middle-size League. 以降，MSL と略記），そして，コンピュータ上で 11 対 11 の試合を行うシミュレーションリーグの 3 つのリーグで始まった．翌 1998 年には，ソニー（株）の開発した「AIBO」※2によるデモ競技（実演）を開催し，1999 年から公式のリーグとして発足した．

その後，ヒューマノイドリーグ（Humanoid League. 以降，HL と略記）のデ

※1 他のドメインと同様，登録商標の関係でスペースはない．

※2 2006 年に生産終了したモデル．2018 年に再登場したモデルは「aibo」という表記である．

モ競技が2000年，2001年に行われ，2002年の福岡大会から公式のリーグとなった．2008年に，先代のAIBOの生産終了の影響を受け，フランスのアルデバラン社（現 ソフトバンクロボティクス（株））の小型ヒューマノイドロボット「NAO」が標準プラットフォームとなり，リーグ名もSPL（Standard platform League）と改名された．**図1.3**（13ページ）にリーグ構成の変遷を示す．

ここで強調すべきは，ロボカップサッカーは技術革新の先駆者として，これまで人々の予想を超える成果を上げてきたことである．確かに2足歩行技術をはじめとしてヒューマノイドロボットに関する技術はこれに牽引されて進化してきており，技術における挑戦の重要性と可能性を体現しているといえる．さらに，ロボカップサッカーの進展が，異なる技術カテゴリの競技を通じて，多様な技術の融合と発展を促してきたことも注目すべきである．いわば，ロボカップサッカーは，人間の活動のモデルとなる状況を多く含むスポーツを題材にして，その競い合うという性質を利用することで，ロボティクスに絶え間ない進化と革新をもたらしてきたのである．したがって，この過程をみることは，スポーツロボティクスの未来への指針へとつながるであろう．

以下では，実機リーグ（SSL，MSL，HL，SPL）を中心に，チャレンジという名の技術的課題にどのように立ち向かってきたかを探求し，最終目標に向かって進む方向性を議論していく．

1.2.2 ロボカップサッカーのドメインのリーグ構成

表1.1（14ページ）にロボカップサッカーのドメインである3つのリーグの差異と特徴を示す．特に，視覚はどのリーグにも共通となるボール，ゴール，選手，フィールドラインなどの物体を認識するための重要な情報源である．これについて，SSLでは，天井カメラからの大局的な情報が取得できるので，それらを利用した中央集権／分散のハイブリッドな処理が可能で，SSLビジョンシステムとして公開されている※3．なお，2010年代後半から11対11の試合を混成チームなどで構成するために，サブリーグSSL[A]が加えられ，6：6の台数での試合はサブリーグ[B]と呼ばれることになった．

一方，SSL以外の実機リーグでは，視覚だけでなくすべてのセンシングにおい

※3 https://github.com/RoboCup-SSL/ssl-vision/wiki

図 **1.1**　フランス・ボルドーで開催されたロボカップ 2023 国際大会の様子

て，各個体のオンボードセンシングのみが許されている．ただし，MSL では当初，通常のカメラが利用されていたが，後方の情報も得るために全方位視覚システムが多くのチームで利用されるようになり，現在ではこれはデファクトスタンダードとなっている．HL でも一時期，同様のシステムが採用されていたが，通常の人間の視覚では得られない情報であることから，現在では禁止されている．

また，移動機構については，車輪移動型ではアクセルとステアリングの非ホロノミック系[※4]に加え，1997 年の第 1 回大会から全方位移動機構が採用されていた．一方，AIBO やヒューマノイドロボットでは脚移動が前提とされており，当初は二脚移動の制御が難しく，多くのチームがすぐに倒れるヒューマノイドロボットでの制御に苦渋している状況であった．

図 **1.4**（15 ページ）にフィールドサイズの変遷を示す．開催当初は全世界で共通に使えるように，SSL では国際卓球連盟の定める卓球台（$152.5\,\mathrm{cm} \times 274.0\,\mathrm{cm}$）を，MSL ではその卓球台を 3×3（$457.5\,\mathrm{cm} \times 822.0\,\mathrm{cm}$）並べたフィールドであったが，現在では SSL[A] は以前の 33 倍以上の $13.4\,\mathrm{m} \times 10.4\,\mathrm{m}$，MSL は以前の 8 倍以上の $14\,\mathrm{m} \times 22\,\mathrm{m}$ に拡大した．いずれも，ロボカップの目指す最終目標に向けて，フィールドサイズを拡大しつつある．

1.2.3　ロボカップは研究課題の宝庫

表 **1.2**（16 ページ）にロボカップで扱われている「チャレンジ」と呼ばれている研究課題の例を示す．これらは同一レベルのものもあれば，組み合わされて上

※4 2 次元平面上の車両の自由度は位置の 2 自由度（x, y）と向きの 1 自由度（σ）の合計 3 自由度であるが，通常の自動車などはステアリングとアクセル（ブレーキ）の 2 自由度しかなく，真横に動けず切り返しが必要である．このような移動系を非ホロノミック系（non-holonomic system）と呼ぶ．

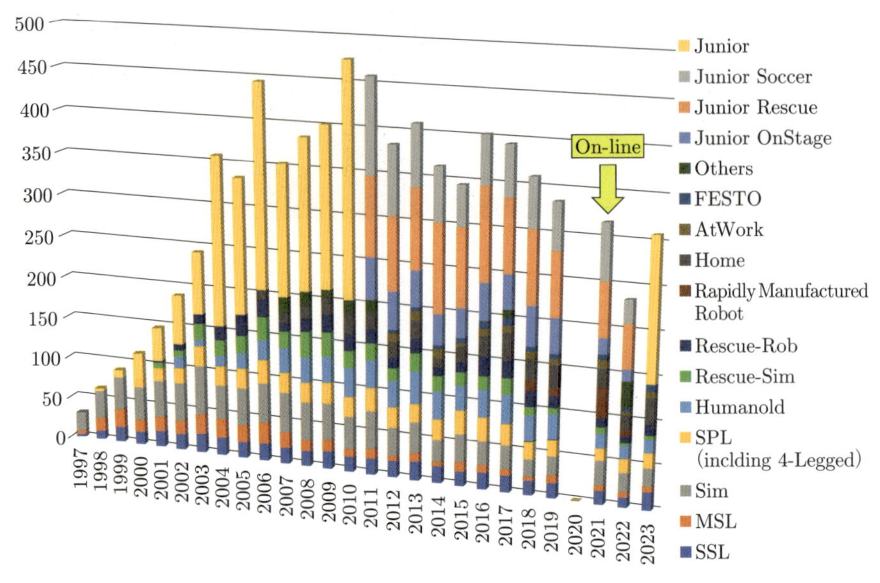

図 1.2 参加チーム数の推移

位レベルのチャレンジになっているものもある．

例えば，3次元知覚と運動学および動力学は個別のチャレンジだが，感覚運動学習として組み合わされているし，これらは，そもそもハードウェアやソフトウェアのインフラにおけるチャレンジに支えられている．ロボカップサッカーにおいては，車輪移動の時代から AIBO 時代の4脚，そしてヒューマノイドの2脚に移行するにつれ，運動制御の複雑さが増している．各チャレンジは，公開競技を通じて検証される．

また，これらのチャレンジは，克服されると同時に内容が公開され，チームの境界を越えて共有されることがロボカップの大きな特長である．つまり，競技が主体ではなく，競技を通じて技術の向上を目指し，技術の共有によってさらに切磋琢磨することがロボカップの精神である．このため，毎年，競技会と併催される形でシンポジウムが実施されているうえ，シンポジウムの予稿集が毎年刊行されている[59, 60]．

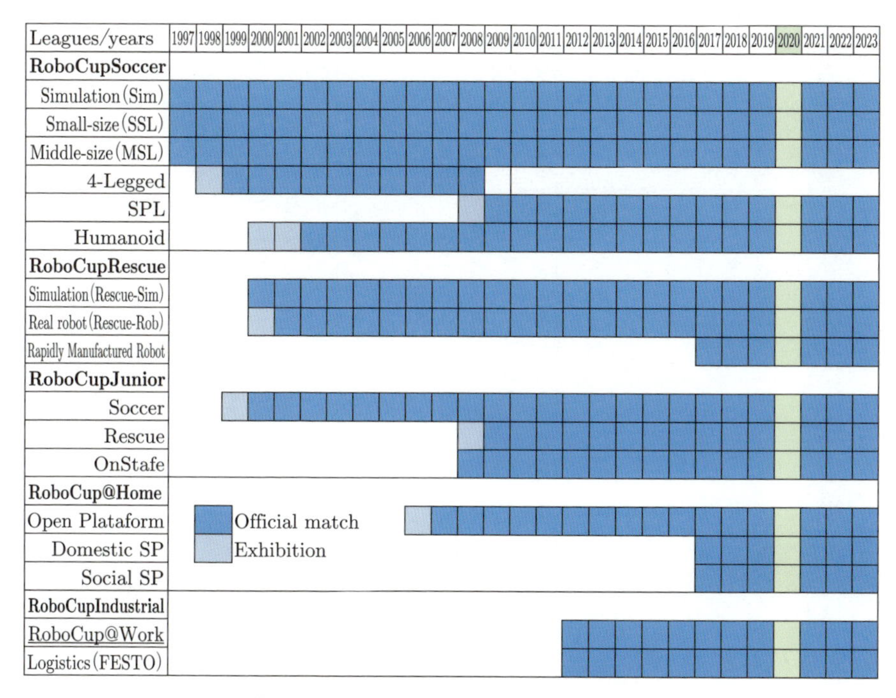

図 **1.3**　ロボカップのリーグ構成の発展

1.2.4　ロボットのハードウェアとソフトウェア

ロボットのハードウェアとソフトウェアは，あらゆるロボティクスにとって最も基本的な課題であるが，ロボカップでは，リーグによって異なるプラットフォームが利用されている．

(1) ハードウェアプラットフォーム

ロボカップ開催当初は，誰もが利用可能なハードウェアプラットフォームは存在せず，それゆえ，すべてのチームがゼロからロボットを自作するか，市販の部品を用いて組み立てていた．第1回のMSLでは，共同チャンピオンチームの，大阪大学のTrackiesと南カリフォルニア大学のDreamteamは偶然，日本の同じラジコンカーを改造したものを用いていた．これは，1997年当時はまだハードウェアプラットフォームが少なかったことの現れである．ほかのチームは異なる機構を備えた全方向移動システムを採用していたが．1つはオムニホイール（omni wheel, 全方向車輪）型で，もう1つは回転球体型であった．また，市販のロボットプラッ

表 1.1 ロボカップサッカーの各リーグにおける仕様と代表的特徴

	ロボットのサイズ	ロボットの数	フィールドサイズ	外部センサ	認識対象物	研究テーマ	動作メカニズム
SSL	幅 0.18 m, 高さ 0.15 m の円柱	[A] $\leq$ 11 [B] $\leq$ 6	1997: 卓球台(152.5 cm × 274.0 cm) 2023: [A] 13.4 m × 10.4 m [B] 10.4 m × 7.4 m	天井固定カメラを両チームで共有	ボール，ゴール，フィールドライン，チームメイト，対戦相手	オブジェクトのリアルタイム検出とトラッキング，モーションコントロール，チームワーク	車輪を使った全方位運動，キック装置
MSL	30 cm × 30 cm 以上， 52 cm × 52 cm 以下， 40 cm < 身長 < 80 cm	5	1997: 卓球台 3 × 3 (475.5 cm × 822.0 cm) 2023: 14 m × 22 m	オンボードの全方位ビジョンシステム	ボール，ゴール，フィールドライン，チームメイト，対戦相手	オブジェクトのリアルタイム検出と追跡，個々の視覚情報のグローバルマップへの統合，モーションコントロールとチームワーク	車輪を使った全方向運動，キック装置
SPL	キッズ： 40 cm $\leq$ 身長 $\leq$ 100 cm アダルト： 100 cm $\leq$ 身長 $\leq$ 200 cm SPL: NAO	キッズ&SPL: $\leq$ 4 アダルト： $\leq$ 2	キッズ&SPL: 9 m × 6 m アダルト： 14 m × 6 m	オンボード個別カメラ（3D モーションによるアクティブビジョン），視野（FoV）は 180° に制限	ボール，ゴール，フィールドライン，チームメイト，対戦相手	物体のリアルタイム検出と追跡，個々の視覚情報のグローバルマップへの統合，大きな外乱下での限られた FoV での定位，モーション制御，複雑なロボット行動制御，チームの協調と協力	姿勢的に安定した人間のような二足歩行，さまざまなタイプの全身運動

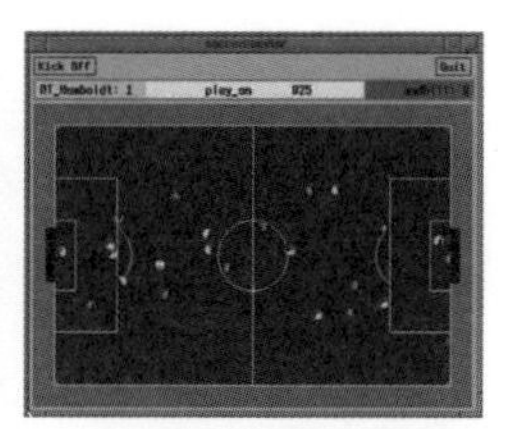

(a) 1997年[61]

(b) 2023年

図 1.4 ロボカップサッカーのフィールドサイズの変遷
（左から，MSL，SSL，シミュレーションリーグ）

トフォーム（PIONEER）も利用されていた．

なお，**全方位移動機構**（omnidirectional wheel mechanisms）は，2次元平面上のあらゆる方向に並進と旋回が瞬時に可能な移動機構であり，特にMSLに適している．これに用いられるオムニホイールは市販もされているが，現在でも，ほとんどのチームが速度と安定性を高めるために，独自のオムニホイールを製作している状況である．

例えば，オランダのアイントホーフェン工科大学のチーム「TU/e」は，従来の三角配置のオムニホイールシステムでは，モータからのすべてのトルクを所望の動きとして伝達できないこと，さらに高い前方加速度により，前輪がスリップし，モータからフィールドにトルクを加えることができなくなることから，これらの欠点を解決するために，8輪プラットフォームを開発している[62]．さらに移動機構以外に，キック装置※5もカスタム設計して改良している[63, 64]．

また，SSLでも，全方位移動機構とキック装置の改良は一般的である．日本の

※5 非常に精巧な機材とモータで組み立てられていて，ボールのレシーブ，ホールド，キックが自在に可能な設計となっている．詳細は以下に記載されている．
http://roboticopenplatform.org/wiki/TURTLE_Ball_Handling_and_Kicking_Mechanism

表 1.2　ロボカップにおける研究カテゴリと代表的なトピック

	研究のトピックス
ロボットのハードウェアとソフトウェア	・モバイルロボット ・ヒューマノイドロボット ・センサとアクチュエータ ・組込み機器とモバイル機器 ・ロボット構造と新素材 ・ロボットシステム統合 ・ロボットソフトウェアアーキテクチャ ・ロボットプログラミング環境と言語 ・リアルタイムおよび並行プログラミング ・ロボットシミュレータ
知覚と行動	・3 次元知覚 ・分散センサ統合 ・センサノイズフィルタリング ・リアルタイム画像処理とパターン認識 ・運動とセンサモデル ・感覚運動制御 ・ロボットの運動学と動力学 ・高次元モーション制御
ロボットの認知と学習	・世界モデリングと知識表現 ・実演と模倣からの学習 ・ローカライゼーション，ナビゲーション，マッピング ・プランニングと推論 ・不確実性の下での意思決定 ・神経システムとディープラーニング ・複雑な運動スキルの習得 ・強化学習と最適化 ・運動とセンサモデルの学習
マルチロボットシステム	・チームコーディネーション手法 ・通信プロトコル ・学習と適応システム ・チームワークと異種エージェント ・動的資源配分 ・調整可能な自律性

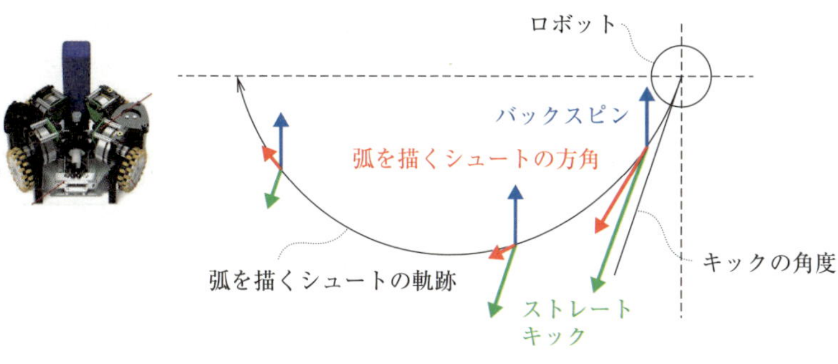

(a) 機構部品　　(b) 弧を描くシュートのために設計された軌跡

(c) 実際のシュートの軌跡

図 **1.5** SSL プラットフォーム

SSL チームの 1 つである OP-Amp は，ゼネバ駆動機構を使用したマルチアングルキック装置を備えた新しいキック機構を開発し，5 方向の直線ショットと斜めショットを生成し，ストレートキックとバックスピンの動作を組み合わせてカーブシュートを可能にしている（図 **1.5** 参照）[65].

HL では多くのチームが独自のヒューマノイドロボットを構築している．SPL の NAO と比較して，その多くが重心の位置が高く，足が小さいので，動力学的な運動制御の課題が生じている．さらに NAO の顎には人間にない 2 番目のカメラセンサがあり，HL のヒューマノイドロボットのように頭を完全に下に向けることなく，ボールを観察できる．したがって，HL のチームは，ロボットの設計，構築および保守に加え，行動生成やその他のプログラミングにかなりの時間を費やすこととなっている．

一方，ロボカップサッカーの規定のキッズサイズクラス（身長 40 ～ 100 cm）向けに，商用にもなっているプラットフォームがいくつか開発されてきた．代表例は，DARwIn-OP（Dynamic Anthropomorphic Robot with Intelligence-Open Platform）で，韓国のRobotis社がバージニア工科大学，パデュー大学，ペンシルベニア大学との共同開発で製作したものである[66]．Dynamixel MX-28Tサーボモータで駆動される21自由度を有し，コンパクト，軽量，パワフル，かつ，容易にモジュール化可能で多くのチームに長く利用されてきたが，ロボカップサッカーのフィールドに人工芝が導入された影響で有効に機能しなくなり，かわって新たなマルチバスの手法[67]などが提案されている．

DARwIn-OPの普及後，Schwarz *et al.* は当時のティーンサイズ（身長80～140 cm）とアダルトサイズ（身長130～180 cm）[※6]向けのオープンプラットフォームとして，NimbRo-OPを導入した[68]．NimbRo-OPは広角カメラ，高計算力，そして動歩行・キック・立上りを可能にする十分なトルク特性を有する．しかも，量産化が可能なように，組立て・修理・改造が容易であるように設計されている．実際，この開発チームであるNimbRoは，2019年も含めて何度も世界チャンピオンに輝いている[69]．

(2) ソフトウェアプラットフォーム

一般に，コンピュータシミュレーションは科学技術研究において非常に強力なツールである．ロボカップの場合も例外ではなく，以下のように，いくつかの方法で利用されている．

① ゲーム環境（2次元／3次元シミュレーションリーグ）
② 実時間ロボットシミュレーション（実ロボットによる実験では非常に多くの時間と労力を必要とし，困難（またはほぼ不可能）である場合に，ロボットの適切なデジタルツインとして，環境との相互作用を通じた知覚・行動・立案の計算方法の検証・改善に利用される）
③ 実世界と仮想世界をつなぐ新しい環境の提案
④ 行動プログラミングとデータ分析の開発ツール

また，これらに関連して，チームを支援するいくつかのシステムとツールが開発

※6 現在では，表1.1（14ページ）に示すように，ロボカップサッカーの規定にはキッズサイズとアダルトサイズの2種しかない．

されている．例えば，OSRF（Open Source Robotics Foundation）※7の製品であるROS（robot operating system）は，ロボカップでも広く使用されている．ROS2モジュールの開発[70]，ニューラルネットワークモデルを推論するマシンコードにコンパイルするC ++ライブラリ[71]，そして，オートマトンの仕様，構成，および動的な作成を可能にする小さなPythonライブラリ[72]などである．

また，データ分析はロボカップにおいても重要なトピックであり，大量のゲームデータを処理できるソフトウェアプラットフォームの開発が期待されている．Mellmann *et al.* は，SPLで，試合の様子を自動的に記録するシステムと，関連データの大規模なデータセットを調査して注釈を付けるアプリケーションを提示した[73]．さらに，2018年の競技会で収集されたデータセットとロボットを視覚的に検出および追跡するためのアルゴリズムを提供した．図**1.6**（a）には実装されたデータ処理システムのデータフローの概要を示し※8，同図（b）には同期された動画およびログデータの質に関するキックイベントの注釈の例を示している．（b）の左は，オランダのアイントホーフェンで開催されたEuropean Open 2016でGoProカメラを使用して録画された動画で検出されたロボットを示している．このほかにも，物体認識用のラベル付き学習データセットの作成と共有を容易にするImageTaggerというツール[74]などが開発されている．

さらに，AI技術，特に深層学習の最近の進歩により，大量のデータの処理が必要なタスクが急増しており，そのためのさまざまなツールが開発されている．例えば，MATLABで利用可能な機械学習アルゴリズムのチュートリアル[75]，低消費電力フルVGA画像を実時間で処理するシステム[76]，HL用マルチボディシミュレーションシステム[77]などである．

また，審判ロボットの導入は，ロボカップサッカーにおける重要な課題の1つで，物理的な審判ロボットとは別に，さまざまなタイプの自動審判ソフトウェアがSSLおよびMSLで開発されている．SSLでは，初期にssl-autonomous-refboxシ

※7 ロボティクスの研究・教育に使われるオープンソースのソフトウェアの開発，配布，利用促進活動を行っている米国の非営利団体
http://osrfoundation.org

※8 https://www.naoteamhumboldt.de/en/projects/robocup-data-collection-and-evaluation/

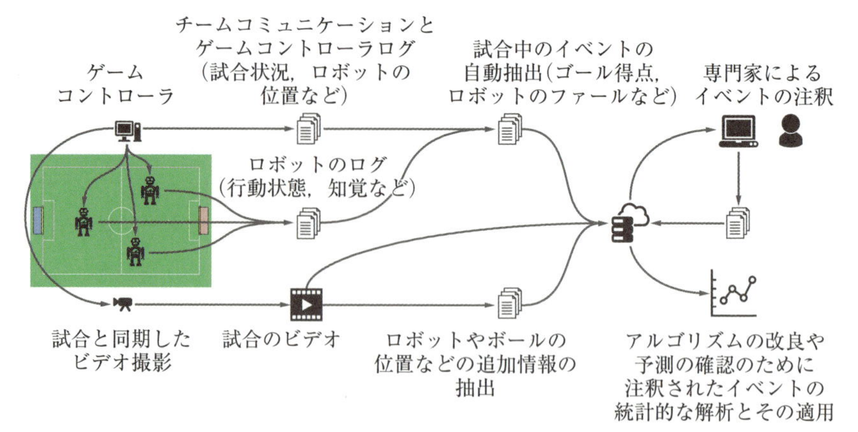

(a) データの流れの概観

(b) 解析例

図 1.6　データ処理システム[73)]

ステム※9が試みられた後，Zhu *et al.* が，グローバル SSL-Vision システムからのデータを使用して，SSL ゲームを監視し，ルール違反を検出するための AutoRef を開発している[78]．MSL では，Tech United Eindhoven の Schoenmakers *et al.* が自律型 MSL 審判員の実現につながる試みとして，ボールと選手の位置のみにもとづいて決定を下す自動審判システムを開発[79]している※10．

1.2.5　知覚と行動

知覚と行動は，ロボティクスの最も重要な研究カテゴリの 1 つであることから，ロボカップサッカーにおいてもリーグ間である程度共通の課題もあれば，リーグの違いに応じて，各リーグに独自の課題もある（表 1.1，14 ページ）．

(1) 視覚

SSL では，大局的視覚システムが設けられており，独自のビジョンサーバ※11によって，ボールの位置やロボット（敵と味方）の位置と方向，およびそれらの信頼性を示す確実性の値が提供されている．各チームは，この情報を独自の工夫によってうまく利用している[80]．

また，MSL では，全方位視覚システムを各ロボットが利用できるため，味方ロボットのカメラから得られる局所地図を統合することで，フィールド全体の大局地図を簡単に取得できる．図 **1.7** の (a) ～ (c) は，敵・味方両方のロボットの検出結果であり，青色のユニフォームのチームのロボット，オレンジ色のユニフォー

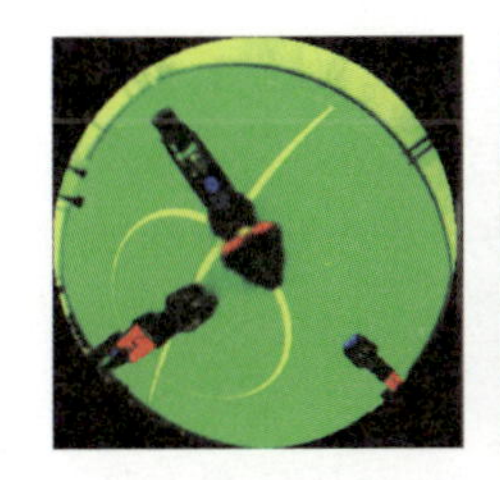
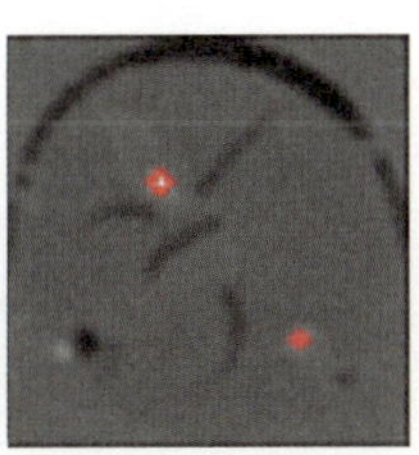
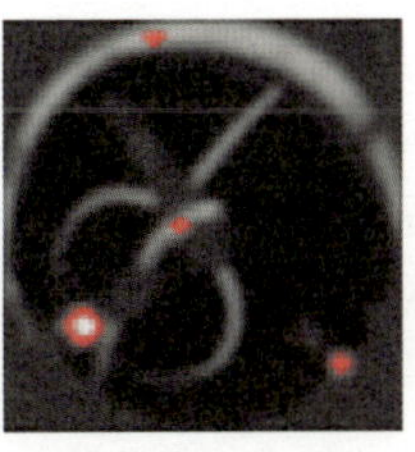
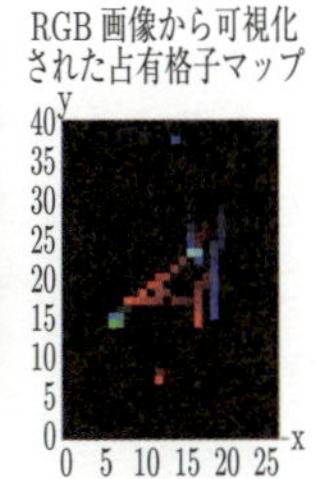

図 **1.7**　MSL のチャンピオンチーム TU/e の視覚情報処理[62]

※9 https://code.google.com/p/ssl-autonomous-refbox
※10 最新バージョンは以下から入手可能
https://github.com/RoboCup-MSL/
※11 https://github.com/RoboCup-SSL/ssl-vision/wiki

ムのチームのロボットにおけるそれぞれの検出結果で，(d) は，ある時刻の大局占有マップで，青，赤，緑の順に味方，敵，そしてボールの位置を示し，色の減衰が時系列（暗いほうが古い）を表している[62]．

創成期は，ボールを赤く，ゴールを青と黄色に塗り，画像処理を簡素化し，すばやい応答を可能にしていた．しかし，ロボカップの究極の目標を達成するためには，試合環境をできるだけ実際の人間の試合に近づける必要があり，現在では標準の黒と白のサッカーボールを使用している．最新の深層学習技術によれば，計算資源と高速処理の制約の下でも視覚認識タスクを強化できる．よって，多くのチームが，特定のタスク領域に固有の手法を用いて，このような技術を適用している．

畳み込みニューラルネットワーク（convolution neural network; CNN）は，ボールの検出，追跡などに，各チームそれぞれに工夫して，活発に利用されている[81–84]．ロボカップサッカーにおいても計算資源の制約は，知覚と行動の実時間処理にからむ全チームに共通する課題で，特に SPL では搭載資源が限られていることから，さまざまな工夫が試みられてきた[85–87]．Narayanaswami *et al.* は，SPL に適した深層学習を利用した視覚情報の一括処理プログラム（パイプライン）を構築し，実時間で低資源のエンドツーエンドの物体認識を目指している[88]．図 **1.8** にこの検出例とアーキテクチャを示す．Narayanaswami *et al.* 自身のチームである「UT Austin Villa team」の過去の対戦履歴のアノテーションパイプラインを適用し，品質のよいデータセットを作成し，学習に利用している．

SSL では，天井カメラが長く使われてきているが，各チームにおいてオンボードビジョンの必要性が認識されている．Melo and Barros は，カメラの内部・外部パラメータを推定することで，またフィールドが面であるという前提を利用することで，行動決定に有用な単眼視手法を提案している[89]．

(2) 行動

前述のとおり，4 脚リーグの標準プラットフォームは当初，AIBO だった．これに対して，Kohl and Stone は前進速度に合わせて 4 足歩行を最適化するための機械学習アプローチを提案し，約 3 時間の学習後，実際に従来の歩行速度を大幅に上回る歩行（歩容）を実現した[90, 91]．その後，同手法は多くのチームで適用されることとなり，最適化手法と学習手法の見直しにより，後継のプラットフォームにおいてさらなる改善が達成された．一方，現在においても姿勢の安定した二

(a) ロボットの上部に取り付けられたカメラからの映像

(b) ロボットの下部に取り付けられたカメラからの映像

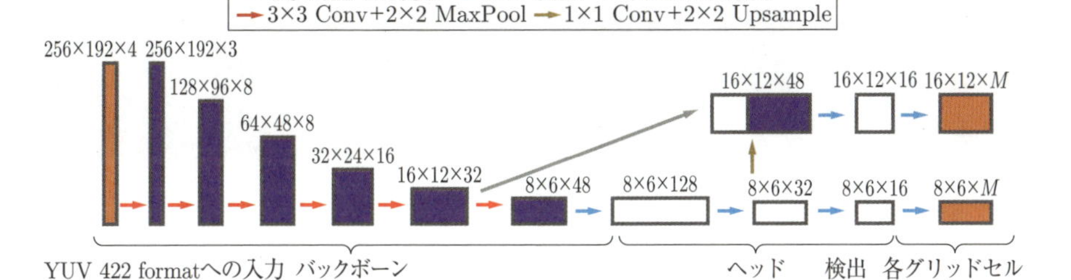

(c) 上部に取り付けられたカメラの視覚情報の一括処理プログラムのアーキテクチャ

図 1.8 2021 年の大会で使用された深層学習を利用した視覚情報の一括処理プログラムによる物体検出[88)]

足歩行の歩容は，HL と SPL の中心的な課題である．例えば，Zahn *et al.* は最適化手法の 1 つである遺伝的アルゴリズムとシミュレーションを用いて，ロボットの動作，特に歩行と蹴りを最適化している[92)]．**図 1.9** は遺伝的アルゴリズムから派生した 2 つの解の結果を示している．(b) ではロボットが転倒している．しかし，シミュレーションではロボットはどちらも立ち続けることができており，シミュレーションの精度がまだ低いことを示している．

また，頑強な歩容実現のために，**倒立振子モデル** (inverted pendulum model)[※12] にもとづいて調整を行うことで，重量などが異なるヒューマノイドロボットに対して，従来より 40%速い歩行を実現した報告がある[93)]．さらに，歩容パラメータ最適化により，多様な歩容を異なるロボットに適用した例も報告されている[94)]．Gießler *et al.*[95)] は，歩行障害者が膝から下部の補助具（orthosis）を用いた場合と，ヒューマノイドロボット「Sweaty」の場合とを比較し，水平面と傾斜面にお

[※12] 足部を軸にして頭部が逆さまの振り子のように前方へ倒れる様子を説明したもので，大人の歩行はこのモデルによって説明される．

図 1.9 遺伝的アルゴリズムによる最適化シミュレーションの結果を実機ロボットに応用した歩行と蹴り[92]

ける歩容フェーズの検出精度が前者（92%）より後者（95%）が優れていること，および，7.9° の傾斜面で，前者が 6.9°，後者が 7.7° と斜面角度推定でも優れていることを示している．

このほか，SPL では，ハードウェアプラットフォームが固定されているため，さまざまなソフトウェアを駆使して歩行と蹴りを改善するためのいくつかの方法が考案されている．例えば，ボールをインタセプトするためのモデルフリーアルゴリズムなどが提案されている[96]．

1.2.6 認知と学習

前項で説明した知覚と行動においては実時間（即時）での処理が重要であるのに対して，認知と学習の場合，より大局的かつ長期的な情報の処理が重要となる．このため，機械学習，特に深層学習のほか，強化学習も多く適用されている．また，従来型の AI によるアプローチも利用されている．

強化学習は創成期から利用されており，いくつかの問題を回避または解決するための手法が継続的に考案されている．主な問題は，状態行動空間（state-action space）における，いわゆる次元の呪い（curse of dimensionality）※13と計算時間の削減である．これについて，有限のサポート基底関数をもつ分散強化学習を用いて大幅に実行時間やメモリ消費を改善した例がある[97]．もう1つの主な問題は，結果に大きく影響を及ぼす報酬関数の設計方法である．これには，転移学習[98]の適用などが提案されているが，その基本的なアイデアは，簡単なミッションからの学習アプローチ（LEM）[99]に似ている．

このほかにも，多くの一般的な学習アプローチの適用が提案されている．例えば，重み付き方策学習器に調整および制限を付けた新しい更新則を用いることが提案されている[100]．また，観衆の音声（騒音）が状況把握に手助けになるとして，音響信号からの強化学習が提案され，方策が改善されるシミュレーション結果が報告されている[101]．

なお，深層学習と強化学習を組み合わせた深層強化学習による RL では，データセットの生成が重要な課題である．Blumenkamp *et al.* は，画像生成の際，実環境画像の型式を適用した教師なし画像–画像変換手法により，通常のシミュレーションのみの画像生成に比して，学習結果がかなり改善されたと報告している[102]．**図1.10**にこの概要を示す．外光の影響などがリアルに再現されている．

1.2.7 マルチロボットシステム

ロボカップサッカーで最も重要な問題の1つに，敵対的なマルチエージェント環境におけるチームワークがある．すなわち，ロボットに対して，協調的および競争的な行動を明示的かつ事前にプログラムしたり，学習を通じて暗黙的に出現させたりすることは，ロボットからなるチームでサッカーをするうえで根源的である．例えば，ボールをチームメイトに渡すか（シュートまたは別のパスを期待），またはボールを自身でシュートするかどうかを決定するには，動的に変化する環境で味方の能力を推定する能力が求められる．この問題は，2次元シミュレーションリーグ，SSL，および MSL で検討されてきたが，この順で対処が難しくなる．

2次元シミュレーションリーグでは，より強いチームを模倣することにより，チームのパフォーマンスを改善するアプローチ[103]や，相手の通信を傍受して解

※13 強化学習は基本的に全探索に対応するため，状態行動空間の探索範囲が指数オーダで広がることをいう．

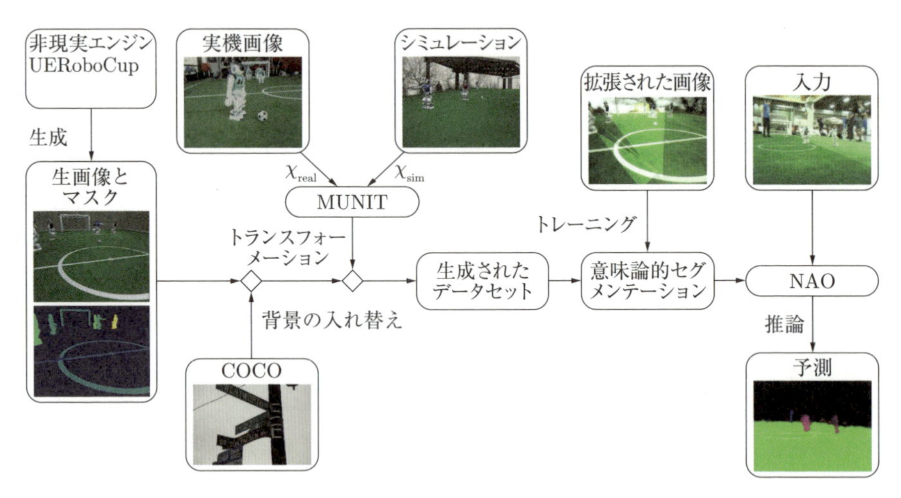

図 1.10 実環境画像形式を適用した教師なし画像生成[102)]

読し，その内容を体系的に評価するアプローチ[104)]などが提案されている．

一方，SSL や MSL では，実体をもつロボットによるボール操作が典型的な課題となる．つまり，ボールを保持した後は，そのボールを，奪おうとする敵のプレイヤの行動範囲からなるべく遠ざけながら，目的の場所に知的に移動するタスクを達成しなければならない．このタスクに対して，深層強化学習を既存のアーキテクチャに組み込んだ方法などが提案されている[105)]．

また，敵対的なマルチエージェント環境では，完全自律分散型のシステムと中央集権型のシステムの，長所と短所のバランスが重要である．よって，ロボカップサッカーでは，リーダーロボットを選出する解決策なども提案されている[106)]．オランダのチーム「TU/e」[62)]，および中国のチーム「Water」[107)]では，より中央集権型のアーキテクチャを使用し，どちらのチームもロボカップ 2019 の MSL の決勝戦で秀逸なパスプレイを披露している．

このようなマルチエージェントシステムによるチームワークや敵への対応を進めるうえでは，複数のヒューマノイドロボットの姿勢認識が重要となるが，これを実時間で推定する手法が提案され，データセットも用意されている[108)]．

1.2.8 アプリケーションとベンチマーク

ロボカップでは，上記のようなロボットのハードウェアとソフトウェアに関する研究は，すべて最終目標に向けられている．ただし，ロボカップの究極の目標を達成することにつながるタスクばかりが応用面で有用とは限らない．Kiva Systems（現在の Amazon Robotics）のような，部分的に達成された技術でさえ，実用的なアプリケーションになりうる．

また，究極の目標に向けて進歩を遂げるには，より多くの研究者と研究機関の参加が必要である．これには，予算が限られている学部の学生や大学等でも参加できるレベルのリーグも必要である[109]．

こういった意味では，モジュールおよび機能レベルでの評価も重要である．したがって，ロボカップの各リーグには，リーグの目標に向けてモジュールおよび機能レベルでの成果を評価するための独自のチャレンジ（ベンチマーク）がある．これらは，ロボカップで育成された技術が，さまざまな分野で広く適用されていくために有用である．

特に，ボール検出は，1.2.5 項で述べたように広く研究されており，その評価法として，画像を小さなパッチに分割して処理する CNN のさまざまな手法に対して，異なる学習回数やステップ数に応じたボール検出性能評価[110]や訓練および検証データセットの提供[111]などがなされている．

1.2.9 今後に向けて

四半世紀を過ぎて 26 年目を迎えたいまでも，ロボカップはさまざまな点でユニークである．すなわち，ロボカップは，ロボティクスと AI の研究のために，困難で魅力的な先見の明のある課題を通じて，競争とベンチマークを導入した最初の組織であったといってもよいであろう．すでに，人間のワールドカップのサッカーにおけるチャンピオンチームに勝つというビジョンは，現在の人類が抱える社会的な課題と災害に直接対処できるインテリジェントロボットの開発に拡張されている（Industry 4.0 および Society 5.0 のドメインの先駆者となっている）．

本節では，ロボカップにおける研究活動の概要を説明し，優れた研究に焦点を当てた．以上で述べてきたように，ロボカップの最終目標の実現に向けて，新しいチーム，研究者，サポータが次々と関与している．

ロボカップに限らずスポーツロボティクスには，ロボティクスとAIの非常に多様な研究課題が含まれ，競技という形をとることでさらなる研究テーマが組み込まれることで，大きな成果が得られることが期待される．特に，社会的に活躍するロボットのミッション達成を支援する自己認知，注意，情動などの機能を備えた高レベルの認知アーキテクチャの実現につながると考えられる[112, 113]．また，ヒューマノイドロボットのエネルギー効率の向上に加えて，人間のような器用さで，走行や跳躍などのより動的な動きを可能にするソフトロボティクスの開発にもつながると考えられる．さらに，エネルギーの保存と，効率的な使用のためのニューロモーフィックチップやデバイスの開発[114, 115]にもつながると考えられる[※14]．スポーツロボティクスの発展によって，大いに成果が期待される．

※14 このため，ニューロモーフィックダイナミックスプロジェクトが進められている http://www.ams.eng.osaka-u.ac.jp/nedo-nmd

第2章　身体運動のシミュレーションと解析

本章では，人間の身体運動のシミュレーションと解析について述べる．スポーツは基本的に人間が行うものであり，ほぼすべてのスポーツは人間の身体運動をともなう．

そのため，まず 2.1 節ではスポーツを行う人間の身体運動を理解するための基礎的な数理について説明する．次に，その数理を応用してどのようなことができるかを示すため，身体運動のシミュレーションの実例を 2.2 節で紹介する．2.3 節では，実世界シミュレータとしてヒューマノイドロボットをスポーツ研究に利用しようとする取組みについて紹介する．さらに 2.4 節では，人間の身体運動を解析・評価するための手法とその実例について述べる．

なお，本章では人間の動作を扱うため，そのための学問領域である**生体力学**（biomechanics，**バイオメカニクス**）の用語も用いる必要があるが，ロボティクスとは異なる用語に読者が必要以上に戸惑わないよう，それらの用語については最低限にとどめるように配慮した．

2.1　身体運動の数理

2.1.1　人間の身体モデル

人間の身体は大小 200 余りの骨が組み合わさった骨格と，筋肉や内臓などの軟組織から構成されている．例えば昆虫では，軟組織を取り囲む外殻が骨格の役割をもっており，このような構造は外骨格と呼ばれる．それに対し，魚類，爬虫類，両生類，鳥類，そして人間を含む哺乳類では，骨のまわりを軟組織が取り囲んでおり，このような構造は内骨格と呼ばれる．いずれの構造でも骨格を動かすのは骨格のまわりに付着した骨格筋であり，骨格筋の収縮／弛緩により，全身の骨格が運動し，それにともないそれを取り囲む軟組織も一緒に運動することとなる．人間は400余りの骨格筋を有しており，骨格筋の先端部は，能動的に収縮しない腱で骨と結合されている．骨と骨とが相対運動する箇所は関節と呼ばれる※1．関節において，骨と骨とは関節包と呼ばれる組織で包まれた状態になっており，その中は滑液で満たされ，骨と骨とが直接ぶつかり合わないような構造となっている．また，関節での相対運動の向きや大きさを制限する靭帯が骨格筋以外にも骨に付着している．

上記のように人間の身体構造は複雑であるが，マクロにみれば関節を支点として動く物体の集まりと考えることができる．このように，関節以外の部分は変形しない剛体と考え，人体を剛体の連なりと考えたものは**剛体リンクモデル**（rigid body link model）と呼ばれ，人間の身体運動を考慮する際に広く用いられている．**図2.1**に剛体リンクモデルの模式図を示す．人間の身体運動のうち，歩行，走行，いすからの起立動作などは，人間を横から見た際の2次元平面で考えることができるため，図2.1（a）のような2次元モデルが広く用いられている．また，動作が3次元的である場合には，図2.1（b）のような3次元モデルが必要となる．こ

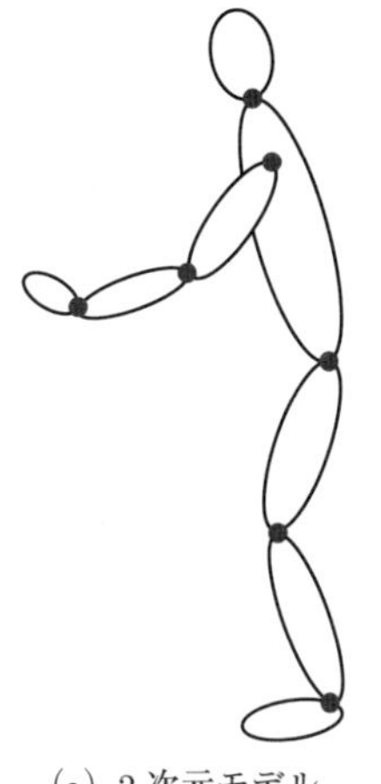

（a）2次元モデル

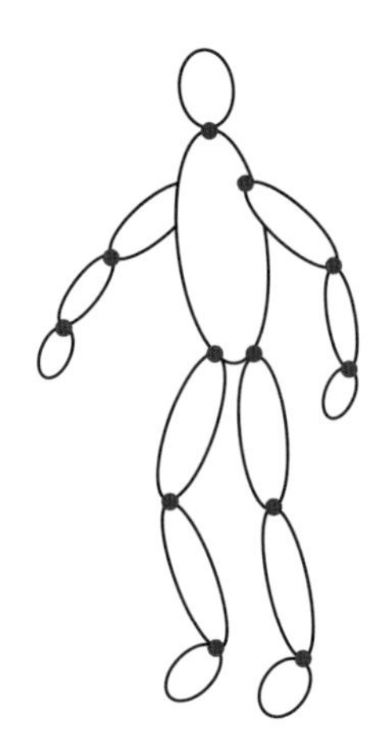

（b）3次元モデル

図2.1　人間の剛体リンクモデル
（剛体と見なされた体節が関節（黒丸）でつながっている）

※1 厳密には，相対運動しない骨どうしの結合部も関節と呼ばれる場合もあるが，ここでは扱わない．

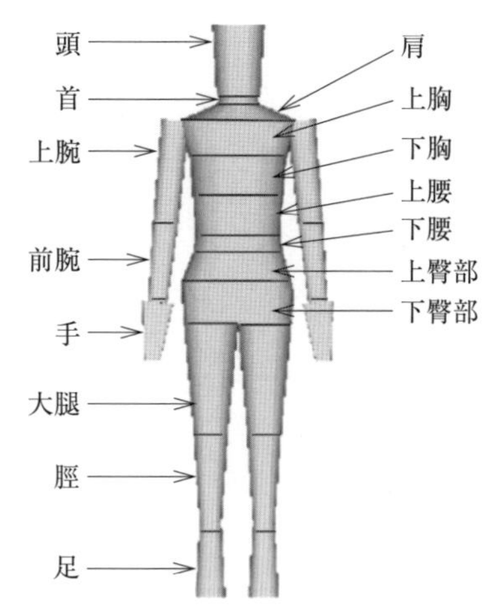

図 **2.2**　剛体リンクモデルの実例
（水泳のシミュレーションモデルの場合であり，総体節数は 21 個である）

こで，連なった 1 つひとつの剛体は，**体節**（body segment）と呼ばれる．体節の数は，対象とする動作や問題に依存するが，一般的には全身運動で 15 程度のことが多い．図 **2.2** に後ろの 2.2 節で扱う水泳のシミュレーションモデルにおける体節分割を示す．水泳の場合，体幹の動作が重要な場合もあるため，体幹の体節数が多くなっており，このモデルの総体節数は 21 である．

2.1.2　運動学

剛体リンクモデルにおいては，体節間は関節で接続されている．前述したように，実際の人間の関節構造は複雑であるが，マクロな身体運動を考える際には，機構学における対偶（リンクどうしが接触し，互いに一定の拘束運動をする組合せ）として考えることができ，2 次元であれば 1 自由度回転自由の回転対偶，3 次元であれば 3 自由度回転自由の球対偶としてモデル化されることが一般的である．しかし，実際の人間の関節では構造上の制限があるため，必ずしもすべての関節が 3 自由度可動するわけではない．表 **2.1** に人間の主な身体関節についての一般的なモデルでの自由度と，生体力学における回転方向の呼称を示す．また図 **2.3** に座標系および平面の呼称を示す．回転の呼称については，基本的に静止立位を基準として，前への運動が屈曲，後ろへの運動が伸展，横に上げるほうが外転，横

表 2.1　人間の主な身体関節についての一般的なモデルでの自由度および生体力学における回転方向の呼称の一覧

関節名	自由度数	回転の呼称
肩	3	屈曲／伸展，内転／外転，水平屈曲／水平伸展，内旋／外旋
肩甲骨	2	屈曲／伸展，挙上／引下げ
肘	1	屈曲／伸展
前腕	1	回内／回外
手首	2	屈曲／伸展（掌屈／背屈），橈屈／尺屈
股	3	屈曲／伸展，内転／外転，内旋／外旋
膝	1	屈曲／伸展
足	3	背屈／底屈@距腿関節 内転／外転，内がえし／外がえし@距骨下関節
体幹	3	屈曲／伸展，回旋，側旋

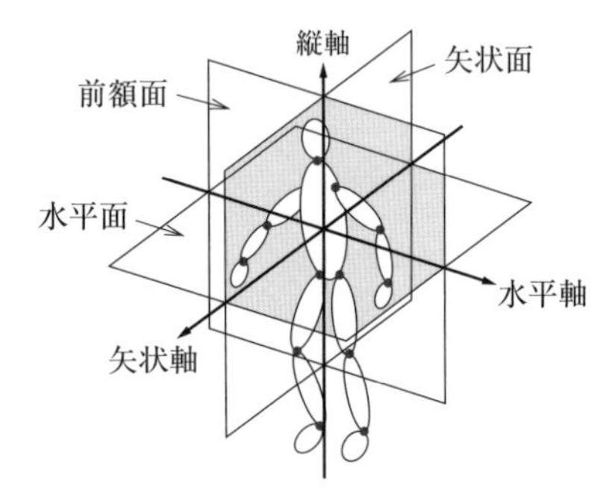

図 2.3　生体力学における座標系と平面の呼称

に下げるほうが内転，体節の長軸まわりの回転のうち，体の内側への回転が内旋，体の外側への回転が外旋である．

なお，関節ごとにいくつか特別な呼称がある．例えば，肩関節については，上腕を水平まで上げてから体の前に振るほうが水平屈曲，上腕を水平まで上げてから体の後ろに振るほうが水平伸展と呼ばれる．肩甲骨関節については，いわゆる肩をすくめるような，上への運動が挙上，下に下げる運動が引下げと呼ばれる．前腕関節については，手のひらを体の内側に回すほうが回内，手のひらを体の外側に回すほうが回外と呼ばれる．なお，前腕関節は橈骨（とうこつ）と尺骨（しゃっこつ）という前腕をなす2本の長い骨が相対的にひねりの状態になることにより，手のひらが回転する構造となっている．手首関節については，屈曲／伸展は掌屈（しょうくつ）／背屈（はいくつ）とも呼ばれる．また，親指側（橈骨側）への屈曲は橈屈，小指側（尺骨側）への屈曲は尺屈と呼ばれる．足関節は足首にある関節の総称であり，足指を上げる（脛(すね)に近づける）運動は背屈，足首を下げる（つま先を伸ばす）運動は底屈と呼ばれ，これは距腿(きょたい)関節という関節の働きによるものである．対して，足の向きを内向きにする運動が内転，外向きにする運動が外転であり，背屈／底屈角は一定のまま，親指を上げ小指を下げる運動が内がえし，親指を下げ小指を上げる運動が外がえしと呼ばれる．さらに，体幹については，ひねり運動が回旋，左右への屈曲が側屈と呼ばれる．ただし，体幹の運動については，多数の椎骨(ついこつ)の相対運動によって実現される．手および足の指の運動はここでは省略する．

特に，身体運動の解析では，しばしば体節どうしの相対角，すなわち**関節角**（joint angle）が算出される．関節角は各体節の絶対的な向きの幾何学的関係から，ベクトルの演算で算出することができる．例として，図 **2.4**（a）に肩の関節角の場合を示す．この場合，内転／外転角 α は，図のように前額面（人間を前か後ろから見たところ）において，体幹体節の向きのベクトルと上腕体節の向きのベクトルが求まれば，両者の内積もしくは外積の計算より算出することができる．同様に，屈曲／伸展角 β は矢状面（人間を横から見たところ）において，体幹の体節の向きのベクトルと上腕の体節の向きのベクトルが求まれば算出できる．

また，図 2.4（b）には肘の屈曲／伸展角 γ の場合を示す．この場合も，3 次元空間において上腕の体節のベクトルの向きと前腕の体節のベクトルの向きが求まれば，両者の内積もしくは外積の計算より関節角が算出できる．

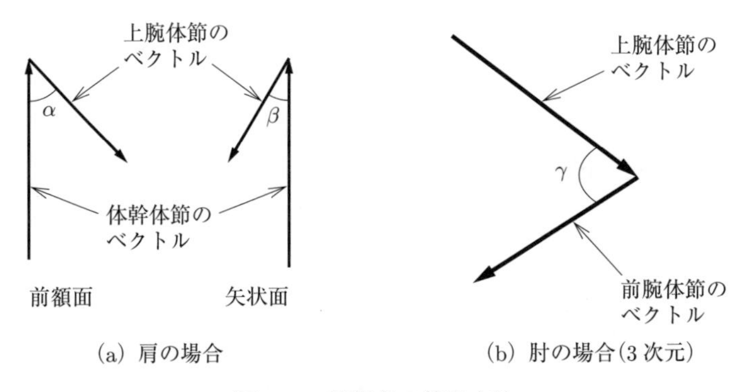

図 2.4　関節角の算出方法

2.1.3 逆動力学解析

上記の剛体リンクモデルを用いれば，関節角などの運動学的な諸量に加えて，力やモーメントなどの動力学的な諸量も算出することが可能になる．ここで，人間の身体運動の動力学的解析において，広く用いられている手法として**逆動力学解析**（inverse dynamics analysis）がある．逆動力学解析の「逆」とは，運動と力の関係に起因する．図 **2.5** に示されるように，一般に，物体の運動は何も力が作用していなければ発生せず，力が作用してはじめて物体の運動が発生すると考えられる．すなわち，「力」が原因で，「運動」が結果である．これにしたがって，人間の身体運動の解析においては，力や関節トルクを与えて運動を求める場合は**順動力学解析**（forward dynamics analysis）と呼ばれる．その「逆」に，運動を与えて力や関節トルクを求める場合は逆動力学解析と呼ばれる．この手法が有用である理由は，人間を対象とする場合，運動であればさまざまな方法により計測可能だからである（2.4.1 項参照）．一方，関節における関節トルク・関節間力の計測は非常に困難である．

比較的単純なモデルを例として具体的な算出方法を説明する．図 **2.6** に 2 次元剛体リンクモデルにおける足部と脛の一部を示す．このモデルでの足関節の関節間力および関節トルクを求めることを考える．まず，身体末端側である足部の体節に注目する．そして足部に作用する外力をすべて考慮し，足部についての運動方程式を立式する．足部に作用する重力を $\boldsymbol{F}_g$，床から足部に作用する**床反力**（ground reaction force; **GRF**）を $\boldsymbol{F}_r$，脛の体節から足部に作用する関節間力を $\boldsymbol{F}_s$ とし，足部の質量を m_f，足部重心の加速度ベクトルを $\boldsymbol{a}_f$ とすると，足部の並進運動についての運動方程式は次式となる．

$$m_f\ \boldsymbol{a}_f = \boldsymbol{F}_g + \boldsymbol{F}_r + \boldsymbol{F}_s \tag{2.1}$$

ここで，床反力 $\boldsymbol{F}_r$（床から足部に作用する力）は本来，足裏全体に作用する分布

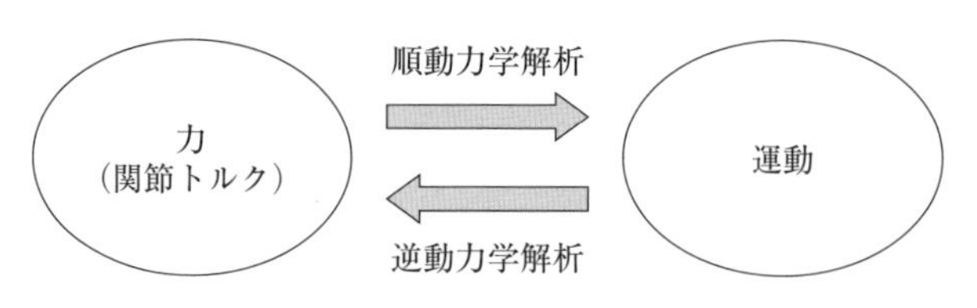

図 **2.5** 力と運動の関係

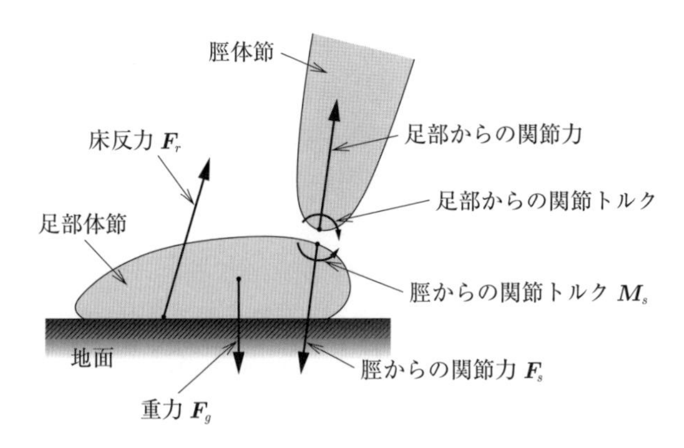

図 2.6　2次元剛体リンクモデルにおける足部と脛の一部
（足部に作用する力とモーメントをともに示す）

力であるが，ある作用力中心に作用する1つの力に置き換えることができる．その作用点を**圧力中心**（center of pressure; **COP**）と呼ぶ．式 (2.1) より

$$\boldsymbol{F}_s = m_f\ \boldsymbol{a}_f - \boldsymbol{F}_g - \boldsymbol{F}_r \tag{2.2}$$

であるから，右辺の量が測定などにより具体的に得られれば，左辺の脛の体節から足部に作用する関節間力を求めることができる．

また，回転方向，すなわちモーメントについても上記と同様である．足部の質量中心まわりのモーメントを考える．この場合，$\boldsymbol{F}_g$ によるモーメントは $\boldsymbol{0}$ であり，$\boldsymbol{F}_r$ によるモーメントを $\boldsymbol{M}_r$，$\boldsymbol{F}_s$ によるモーメントを $\boldsymbol{M}_{\boldsymbol{F}_s}$，足関節において脛部から足部に作用するモーメントを $\boldsymbol{M}_s$，足部の慣性モーメントを $\boldsymbol{I}_f$，足部の角速度を $\boldsymbol{\omega}_f$，角加速度を $\dot{\boldsymbol{\omega}}_f$ と表記すると，回転の運動方程式は

$$\boldsymbol{I}_f\ \dot{\boldsymbol{\omega}}_f = \boldsymbol{M}_r + \boldsymbol{M}_{\boldsymbol{F}_s} + \boldsymbol{M}_s \tag{2.3}$$

となり

$$\boldsymbol{M}_s = \boldsymbol{I}_f\ \dot{\boldsymbol{\omega}}_f - \boldsymbol{M}_r - \boldsymbol{M}_{\boldsymbol{F}_s} \tag{2.4}$$

と変形して脛部から足部に作用するモーメント，すなわち関節トルクを求めることができる．次に，脛部に作用する力およびモーメントを考える．この場合，床反力は作用しないので，作用するのは，重力に加えて足部と腿部から脛部に作用す

る力とモーメントとなる．このうち，足部からの力とモーメントについては，作用反作用の関係から，それぞれ $-\boldsymbol{F}_s$ と $-\boldsymbol{M}_s$ であり，すでに得られている．よって，脛の体節の加速度や角加速度が計測などにより得られれば，腿部から脛部に作用する力とモーメント，すなわち膝関節の関節力および関節トルクを求めることができる．

このように，末端側の体節から順次解析を進めることによって，すべての関節の関節力・関節トルクを求めることができる．これが逆動力学解析の手順である．なお，3 次元モデルの場合でも，基本的には同様の計算を行うことができる．ただし，特に回転については，回転の運動方程式が角速度の項などを含んだ形となり，式 (2.3) から式 (2.4) のように簡単に解くことはできなくなるので注意が必要である．

また，逆動力学解析を行うにあたっては，各体節の質量，質量中心位置，慣性モーメントなどの慣性特性が必要になる．動力学的関係式を用いて慣性特性を導出する試み[1] も行われているが，一般に特定の対象者の慣性特性を測定することは容易ではないので，先行研究[2] のような算出例を直接用いるか，または先行研究の結果を，体型の違いなどに応じて修正して用いるなどの方法がとられる．なお，市販のモーションキャプチャシステム（2.4.1 項参照）には，ソフトウェアに逆動力学解析を行う機能が付属していて，容易に関節トルクなどを求められるものがあるが，これらにおいても慣性特性については先行研究の値などが使用されている．

2.1.4　筋骨格モデル

逆動力学解析をさらに発展させたものとして**筋骨格解析**（musculoskeletal analysis）がある．筋骨格解析は，生体内の筋肉の発揮力を計算（推定）する解析であり，筋骨格解析を行うためのモデルは**筋骨格モデル**（musculoskeletal model）と呼ばれる．つまり，筋骨格モデルも剛体リンクモデルにもとづいている．

剛体リンクモデルを用いた逆動力学解析では関節トルクが求められるが，前述のとおり関節トルクの発生源は筋肉であるから，その筋肉の発揮力，すなわち筋力を求めようとするのが筋骨格解析である．筋骨格モデルでは筋骨格系がより詳細にモデル化される．まず，筋を 1 次元の伸長／収縮を行うワイヤとしてモデル化する．次に，筋の骨（剛体リンクモデル上の体節）への付着点（起始および停

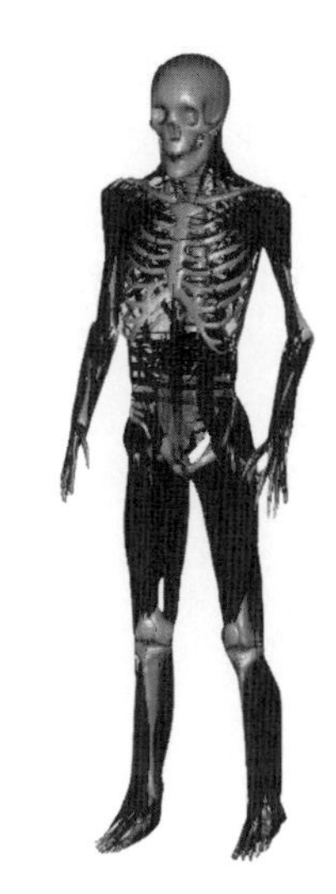

図 **2.7**　筋骨格モデルの例[3)]

（このモデルでは筋肉は 817 本の
ワイヤとしてモデル化されている）

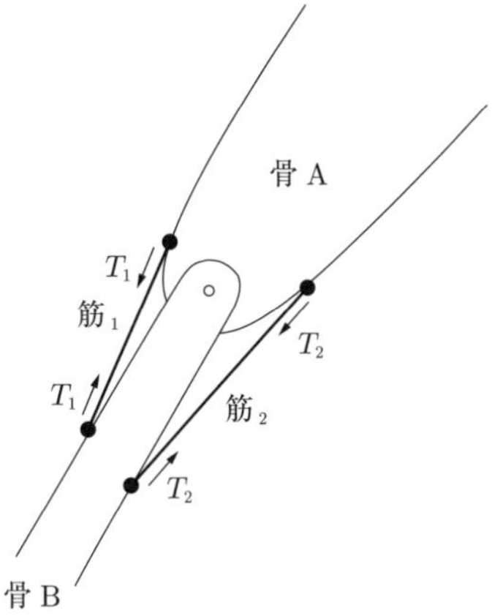

図 **2.8**　単純な筋骨格モデル

止と呼ばれる）の幾何学的位置関係をモデル上で設定する．図 **2.7** に筋骨格モデルの例を示す．図のモデルでは筋肉は 817 本のワイヤとしてモデル化されている．このように全身を多数の筋で詳細にモデル化する場合もあれば，身体の必要な箇所のみモデル化する場合もある．

そして，逆動力学解析で求まった関節トルクを発生させるようなワイヤ張力を求めることを考える．図 **2.8** にごく単純な筋骨格モデルの例を示す．このモデルにおいて，関節トルク M_J（ここでは，簡単のため，紙面に垂直な成分のみ考え，スカラーとする）は筋 1 の張力 T_1 によるモーメント M_1 と，筋 2 の張力 T_2 による逆方向のモーメント M_2 の釣合いにより，次式で表される．

$$M_J = M_1 - M_2 \tag{2.5}$$

これを満たす M_1, M_2 としては，例えば

$$M_1 = M_J, \qquad M_2 = 0$$

がある．しかし，実際の人間の筋骨格系では，1 つの関節の，1 つの方向の回転

に対し，1つの筋しか寄与しない例はむしろ稀であり，多くの筋が寄与する．例えば，肘関節の屈曲に寄与する筋は，上腕二頭筋（いわゆる力こぶの筋肉）に加えて，上腕筋，腕橈骨筋，円回内筋，橈側手根屈筋，尺側手根屈筋の5個の筋である．いいかえれば，筋骨格系は筋の数に関して基本的に冗長な系である．したがって，筋力の発揮配分は釣合いの方程式から一意に定めることができない．

このため，筋骨格モデルにおいては，何らかのアルゴリズムを定めてそのアルゴリズムにもとづき筋力配分が決定されるのが通常である．ただし，本来，筋力配分は脳神経系からの指令により決定されるものであり，以下の決定アルゴリズムはあくまで数理的な推定であることに注意が必要である．

筋力配分の決定アルゴリズムとしては次式が一般的に用いられる．

$$\text{minimize} \sum_{i=1}^{n} \left(\frac{T_i}{N_i} \right)^p \tag{2.6}$$

ここで，T_i は i 番目の筋力，n は着目する関節筋の本数，N_i はその筋の最大発揮筋力である．次数 p は通常1から3程度の値をとる．式(2.6)は，それぞれの筋が最大発揮筋力に対してどれぐらいの筋力を発揮しているかの割合を，すべての筋で p 乗して足し合わせたものを最小化するよう，式(2.5)のような釣合いの方程式を満たしたうえで筋力配分を決定することを意味している．いいかえれば，脳神経系から筋肉への指令は，ある特定の筋に過大な負荷がかかるようにはなっておらず，ある関節トルクを発揮するために，すべての筋がなるべく少ない筋力しか発揮しないようになっているであろうとの仮定にもとづいている．そして，p が小さい値の場合には，より筋全体の負荷のバランスを重視するようになり，逆に大きい値の場合には，負荷が大きくなっている筋の項がより大きくなるので，負荷が最大近くになっているものをより重視して小さくしようとしている．一般には，あまり負荷の高くない身体動作では比較的低次の p が実際の筋力発揮の様子とよく合い，筋トレのような全力を発揮する高い負荷の身体動作では比較的高次の p が実際とよく合うといわれており，$p = 3$ とすることが多いようである．なお，p を無限大とすると，負担が最大となっている筋のみを重視して最小化しようとすることとなるが，これは Min/Max Criterion[4] と呼ばれている．

式(2.6)において，各筋の最大発揮筋力 N_i については，測定することは必ずしも容易ではない．そのため，最大発揮筋力は筋の**生理学的横断面積**（physiological cross-sectional area; **PCSA**）に基本的に比例すると考えられることを利用して，各筋の PCSA を**コンピュータ断層撮影**（computed tomography; **CT**）や**磁気共鳴画像法**（magnetic resonance imaging; **MRI**）などの医学的な手法で計測し，その結果を用いて N_i を決定することがよく行われている．

さらに，解析結果と実現象の比較において，筋力を直接計測することは一般的に非常に困難であるため，かわりに**筋電図**（electromyography; **EMG**）を計測することがよく行われている．脳神経系から筋への指令は電位という形で伝えられるため，筋内部もしくはその近辺の皮膚表面に 2 つの電極を設置し，電位差を計測すると，筋力発揮の大きさに応じて高周波の電位差のパルス波形が得られる．これが筋電図である．電位差パルスの振幅や頻度は，その際に発揮されている筋力と概ね比例する関係にあると考えられるから，パルス波形の絶対値をとり，フィルタ処理を行って平滑化すれば，筋力が大きい場合は大きな値，小さい場合は小さな値をとるグラフが得られ，このグラフを筋骨格解析により算出された筋力のシミュレーションと比較することができる（図 **2.9**）．また，その筋の筋力を最大発揮させた状態（**最大随意収縮**（maximal voluntary contraction; **MVC**））の筋電図も計測することができれば，その状態からの比が式 (2.6) の $\dfrac{T_i}{N_i}$ に対応すると考えられるため，定量的な比較も可能になる．

式 (2.6) の筋力配分の決定アルゴリズムは基本的に筋力を最小化するものであるため，人間の動作としては，例えば歩行動作のような，その動作を行うことに十分慣れていて無駄に余計な力を入れないような繰返し運動に対しては，比較的よい推定結果をもたらす．しかし，不必要に余計な筋力を発揮させるような，例

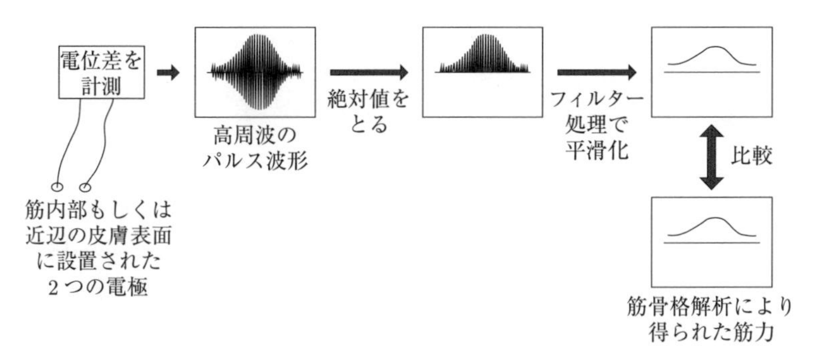

図 **2.9** 筋電図の取得およびシミュレーションとの比較の流れ

えばある関節を屈曲させる筋（屈筋）と伸展させる筋（伸筋）が同時に筋力を発揮していて互いの作用が打ち消し合っているような状況※2を適切に模擬することは困難である．互いに逆の作用を生み出す筋のペアは拮抗筋と呼ばれ，両者の働きが打ち消し合うような作用は筋の拮抗作用と呼ばれる．また，驚いたときや予期せぬことが起きた際の突発的な身体反応の動作なども，筋力最小化のアルゴリズムが不得手なものとしてあげられるであろう．このような状況を模擬できるようにすることは筋骨格解析の課題の１つであると考えられる．

また，筋骨格解析のもう１つの課題としては，二関節筋の問題があげられる．二関節筋とは，起始と停止が２つの関節をまたぐ筋である．例えば，太ももの筋肉である大腿直筋は，股関節には屈筋として作用し，膝関節には伸筋として作用しており，２つの作用をもっている．一方，式 (2.6) のもとではそのような構造は考慮されず，単に筋力が最小化されるが，実際の脳神経系からの指令としては，どちらかの作用を重視して指令が送られる可能性が考えられる．

なお，筋骨格解析を行う場合には，自分で一からモデルを構築してプログラムを作成してもよいが，多大な労力を必要とするため，既存の筋骨格解析用のソフトウェアが利用される場合が多い．初期設定で詳細なモデルが構築されているので，それらを利用するのが効率的であろう．

2.1.5　順動力学解析

逆動力学解析が「運動」を与え「力」を求める手法であるのに対し，前掲の図 2.5 (34 ページ) に示されるように，「力」を与え「運動」を求めるのが順動力学解析である．前述のとおり，人間の関節トルクや筋力を直接測定することは難しいため，順動力学解析は，実験で測定された動作の解析ではなく，動作生成のシミュレーションによく用いられる．

順動力学解析では体節間の力やトルクが入力として与えられるので，１つひとつの体節を独立した剛体としてとらえなければならない．このような問題は，多**体動力学**（multibody dynamics，マルチボディダイナミクス）の枠組みで扱う必要がある．すなわち，剛体としての１つひとつの体節は，それ自体の運動方程式（微分方程式）を満たすとともに，他の体節と接続している関節の位置座標が他の

※2 人間は関節の剛性を上げるため，屈筋と伸筋を同時に筋力発揮させるようなことがある．

体節と共通であるという幾何学的関係（代数方程式）も満たすとして，**微分代数方程式**（differential-algebraic equation; **DAE**）を解く．この詳細な解法は本書では割愛する．必要に応じて文献5) を参照してほしい．

実際に剛体リンクモデルを用いて人間の身体動作の順動力学解析を行う場合には，マルチボディダイナミクスの解法を実装したプログラムを作成するか，既存のソフトウェアを利用することになる．

2.2 身体運動シミュレーション

2.2.1 水泳運動のシミュレーションモデル

ここでは，スポーツの身体運動のシミュレーションの実例として，水泳を取り上げる．水泳は力学的に非常に複雑である．水泳運動においては，スイマーの身体は大部分が水中にあるが一部は水上（空中）に出ることもある．そして水中にある身体部分は水から力を受ける．水は空気の約 800 倍の密度をもつので，水中で身体を動かすために要する力も空気中の 800 倍となる．また，陸上と異なりスイマーは地面に立っていないので，地面からの反力は受けないが，水中をスイマー身体が進もうとするとき，反作用として身体には水からの抵抗力が作用する．そして，その抵抗力に釣り合うだけの推進力を，地面の支えがない状態で，身体のどこかの部位で生み出さなければならない．すなわち，水泳運動は，推進力と抵抗力の両方ともに，身体に作用する水からの力（以降，流体力と呼ぶ）を源としているという独特の難しさを有している．

流体力をシミュレーションで求めるには，一般的には水の流れ自体をすべてシミュレートする必要があると考えられる．このような手法は**数値流体力学**（computational fluid dynamics; **CFD**）と呼ばれる．CFD は，天気予報のための気象状態や，航空機や自動車などの移動体に作用する空気力の予測や推定などに一般的に用いられている．CFD においては，質量をもった不定形の流体の動きが細部までシミュレートされるので，十分精緻なモデルを用いれば，精度よくシミュレートできることが長所である．しかし，モデルが精緻であればあるほど，多大な計算量が必要となる．

一方，CFD によらない水泳運動のシミュレーションモデルが提案されている[6)]．

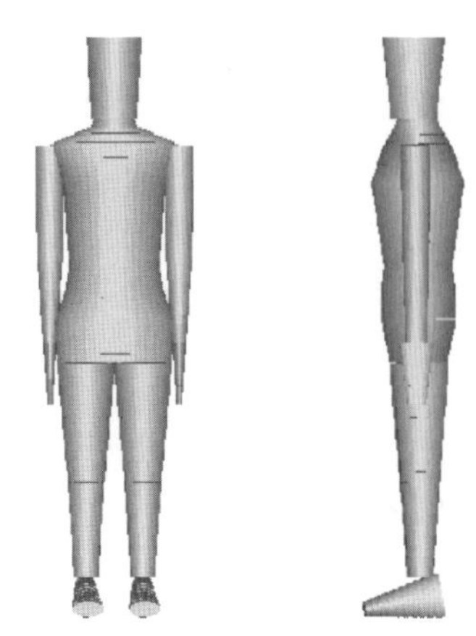

(a) 20代日本人男性平均のモデル

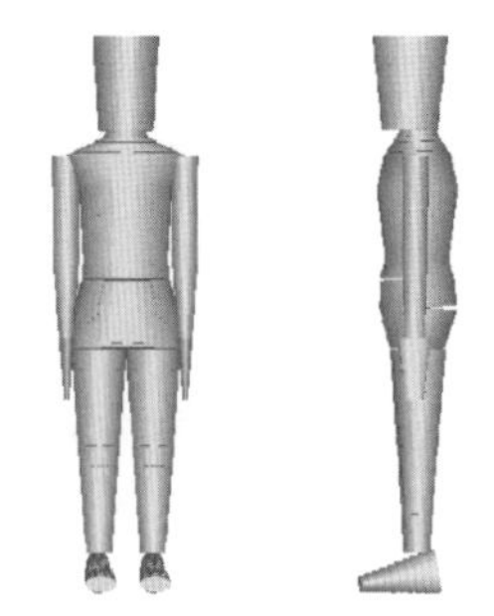

(b) 7歳日本人女児平均のモデル

図 2.10　21個の楕円錐台の連なりとして表現されたスイマーの人体モデル[6)]

このモデルは水泳人体シミュレーションモデル「SWUM」(スワム，SWimming hUman Model) と呼ばれ，SWUMが実装されたソフトウェア (Swumsuit) もフリーソフトウェアとして公開されている[7)]．SWUMにおいては，スイマー，すなわち人体は，図 **2.10** に示されるように，21個の楕円錐台 (長径と短径が軸方向に沿って変化する楕円柱のこと) の連なりとして表現されている．これら21個の楕円錐台はそれぞれ，頭，首，肩，上胸，下胸，上腰，下腰，上臀(でん)部，下臀部，左右大腿，左右脛，左右足，左右上腕，左右前腕，左右手に対応し，楕円錐台どうしは3自由度の相対回転が可能なピンジョイントとしての関節で連結されている．それぞれの楕円錐台のサイズ (径や長さ) は，測定などにより得られる人体の寸法データから決定される．図 2.10 (a) には20代日本人男性平均，図 2.10 (b) には7歳日本人女児平均の人体モデルを示す．性別や年代による体型の違いがよく表現されていることが確認できる．

また，楕円錐台間の運動，すなわち関節運動については，水泳は基本的に周期運動であるため，各関節での回転角 (関節角) があらかじめ1周期分与えられる．ここで，関節角が与えられると，スイマーの身体は力学的には形が時間変化する1つの剛体と見なすことができる．この概念の模式図を図 **2.11** に示す．O–xyz は絶対座標系 (スイマーが泳ぐプールに固定された座標系) であり，1つの剛体の質量中心 G の座標を (x_G, y_G, z_G) とする．この剛体の並進3自由度，回転3自由

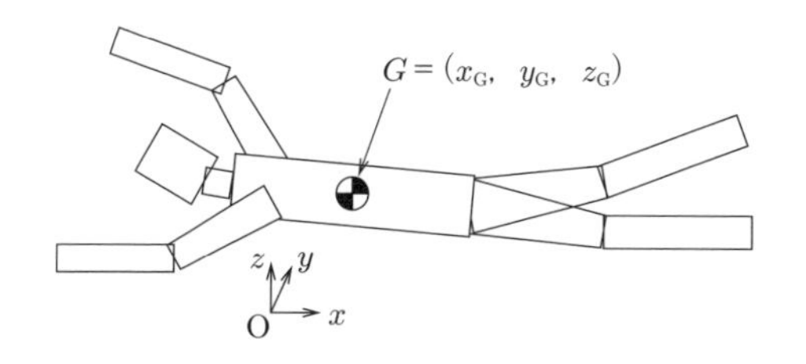

図 2.11　形が変化する 1 つの剛体としてのスイマー身体[6)]
（絶対座標系 O–xyz 中でこの剛体が 3 自由度の並進運動および 3 自由度の回転運動を行うと考える）

度の 6 自由度の運動方程式を解けば，剛体の運動が求まる．ただしそのためには，この剛体に作用する力を計算する必要がある．力のうち重力は剛体重心に作用させるだけでよいが，問題は流体力である．前述したように，CFD を用いては計算量が多大になる．この問題に対し，SWUM では，基本的に水は静止していると考えられ，流れは解かれずに，水に対する身体各部の局所的な運動状態（位置，向き，速度および加速度）から流体力が計算されるという仮定（流体力のモデル化）がなされている．具体的には，流体力の成分として，まず速度の 2 乗に比例する抵抗力が考慮されている．この抵抗力については，楕円錐台長手軸に対して垂直な方向の速度の 2 乗に比例し，その方向に作用する法線方向抵抗力と，長手軸に沿った方向の速度の 2 乗に比例し，その方向に作用する接線方向抵抗力の 2 種類の成分としている．さらに，楕円錐台長手軸に垂直な方向の加速度に比例する流体自身の慣性力[※3]が考慮されている．加えて，楕円錐台の表面に作用する浮力が考慮されている．以上の，流体力の成分の模式図を図 **2.12** に示す．SWUM においては，楕円錐台が長手軸方向に輪切り状に分割され，輪切りとなった 1 つひとつの楕円板について，その中心の速度や加速度が用いられて，楕円板ごとに流体力が計算される．また，浮力については，楕円板の表面がさらに微小四辺形に分割され，その微小四辺形に対して深さに応じた重力による圧力が作用するとして，これらの力を足し合わせたものを浮力としている．さらに，図 2.12（c）に示すように，微小四辺形の中心が水面より上か下かをプログラム内で判断し，水面より上の微小四辺形には圧力が作用しないとしている．以上の力を全身にわたってすべて合計して，スイマー全体に作用する流体力としている．実際の計算では，時

※3 これは流体力学において付加質量による慣性力と呼ばれている．

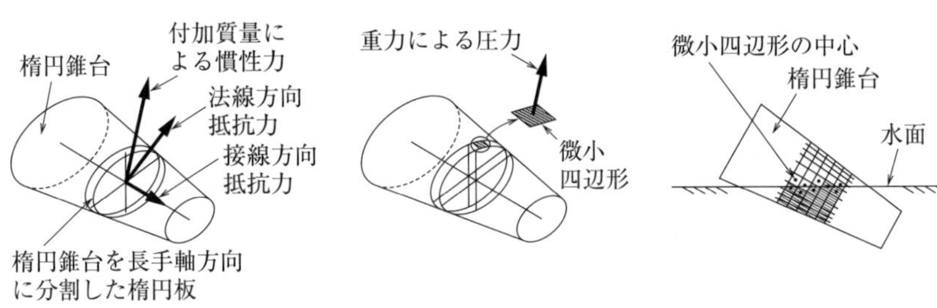

(a) 楕円板に作用する流体力　(b) 重力による表面圧力　(c) 浮力の有無

図 2.12 SWUM における流体力の成分
(流体の付加質量による慣性力，法線・接線方向抵抗力は体節としての楕円錐台を長手軸に分割した楕円板の中心に作用すると考える．重力による圧力は楕円錐台表面をさらに分割した微小四辺形に作用し，これを合計したものが浮力となる)

間積分法の1つである**ルンゲ–クッタ法**（Runge–Kutta method）が用いられている．すなわち，ある初期条件を与え，微小時間進めたスイマーの運動状態を運動方程式より求める．この計算を繰り返して時間を進めていく．

なお，SWUM におけるシミュレーションは，順動力学解析にも逆動力学解析にも厳密にはあてはまらない．実際，関節角を与えるところは逆動力学的であるが，泳速度などの身体全体の運動が運動方程式を解いて求まるところは順動力学的である．いわば，関節角を与えることにより，順動力学解析で直面するマルチボディダイナミクスの問題を回避し，泳速度などパフォーマンスに直結する量だけを順動力学的にシミュレーションできるようにしたものととらえることができる．

2.2.2 4泳法の解析

SWUM により，近代4泳法と呼ばれる，クロール，平泳ぎ，背泳ぎ，バタフライのそれぞれの解析および比較が行われている[8,9]．図 **2.13** に SWUM における4泳法の解析結果において，それぞれの泳法で特徴的な瞬間のスクリーンショットを示す．これらのスクリーンショットにおいて，スイマーから出ている線は，身体各部に作用する流体力の向きと大きさを示している．また，図 **2.14** に，上肢および下肢に作用する流体力の時間変化を示す．これらのグラフにおいて，横軸は泳動作1周期（ストローク周期と呼ばれる）の実際の時間で割って無次元化した無次元時間であり，泳ぎが最も安定した最後の1周期分を示している．また，縦

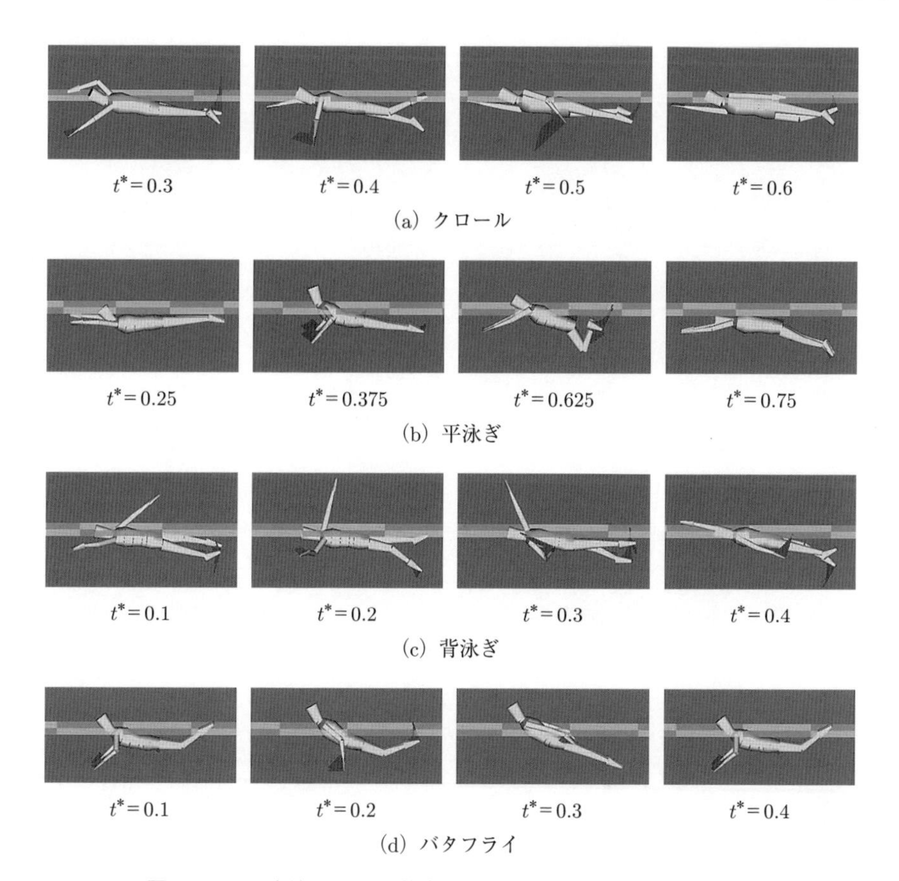

図 2.13 4 泳法における特徴的な瞬間のスクリーンショット
(記号 t^* はストローク周期で無次元化された無次元時間であり，1 ストロークは $t^* = 0 \sim 1$ の範囲となる)

軸の流体力も，力の単位は N（ニュートン）であるが，ストローク周期，スイマーの身長および水の密度の，3 つの値で割って無次元化している．ただし，これらの解析結果では，絶対座標空間に定義された x 軸の負方向にスイマーが推進するので，流体力も負の値が正の推進力を示すことに注意してほしい．

図 2.13 および図 2.14 より，クロール，背泳ぎ，バタフライの 3 つに共通する特徴として，上肢，特に手部のかき動作により，大きな推進力が発生していることがわかる．一方，平泳ぎでは，上肢よりもむしろ下肢のキックにより大きな推

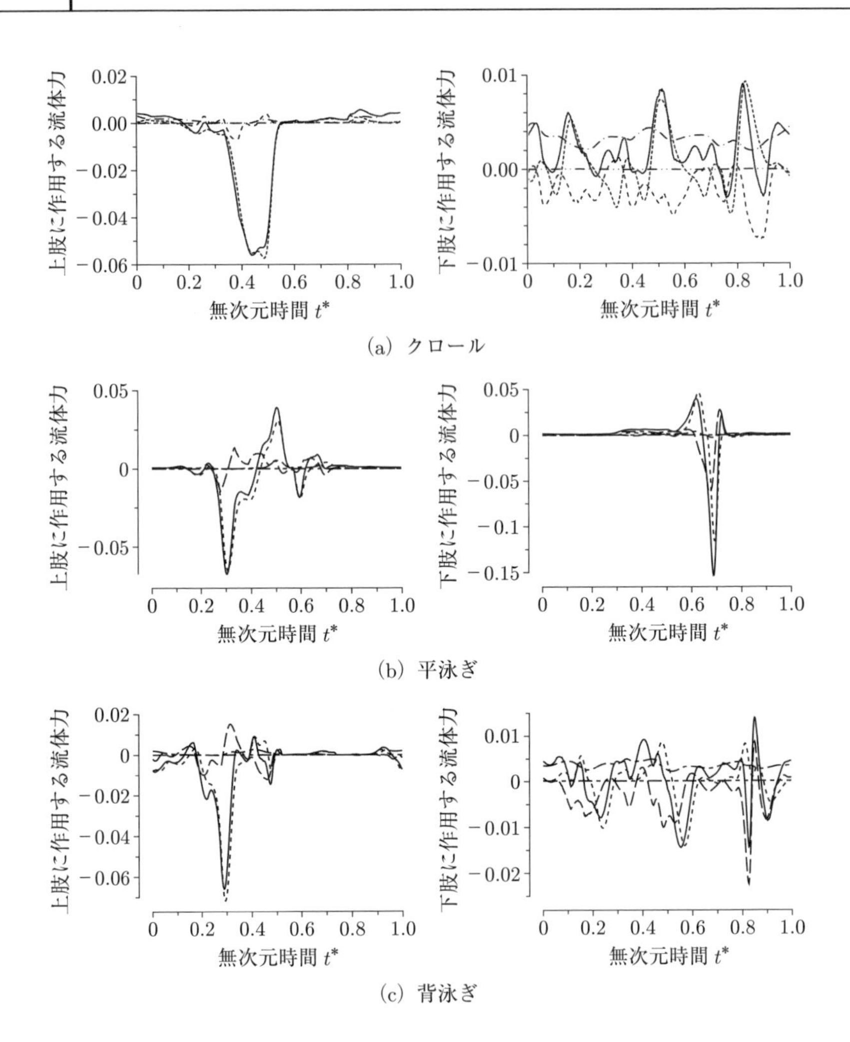

進力が発生していることがわかる．なお，平泳ぎにおける下肢のキックは1ストローク周期で1回であり，そのため平泳ぎでは前後の加減速が他3泳法に比較して大きくなる．

また，図 **2.15** に，4泳法の無次元ストローク長および推進効率の比較結果を示す．ここで，無次元ストローク長は，1ストローク周期に進む距離を身長で割って無次元化したものである．図では，これについて映像より算出した実測値（実際）も合わせて示している．

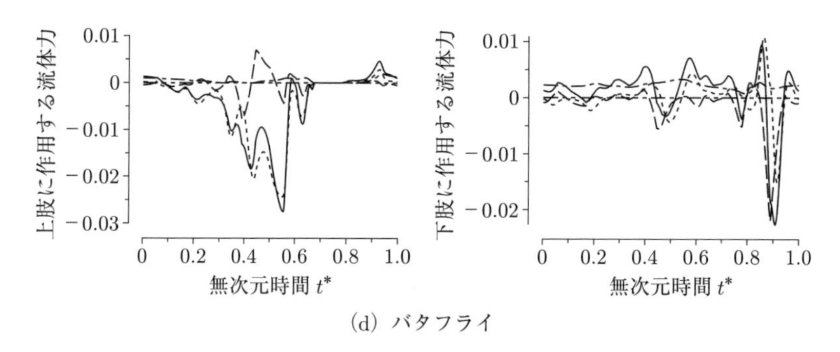

(d) バタフライ

図 2.14　上肢および下肢に作用する流体力の時間変化
(縦軸の負が正の推進力を表す．また，実線はすべての流体力成分の合計，破線は付加質量による慣性力，点線は法線方向抵抗力，一点鎖線は接線方向抵抗力，二点鎖線は浮力を表す)

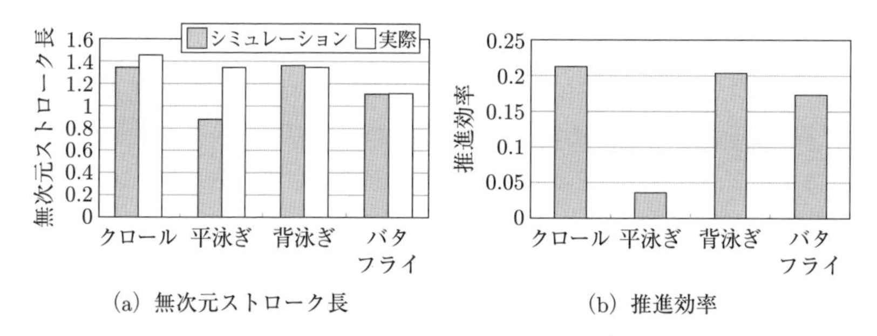

(a) 無次元ストローク長　　(b) 推進効率

図 2.15　4 泳法の無次元ストローク長および推進効率の比較結果
(平泳ぎ以外の 3 泳法についてはシミュレーション値は実測値とよく一致しており，モデルの妥当性が確認できる．推進効率については平泳ぎ以外の 3 泳法では 0.2 前後となっているが，平泳ぎでは 0.036 と著しく低い値となっている)

平泳ぎに関しては，無次元ストローク長のシミュレーション値は実測値より 35% 程度低いがそれ以外の 3 泳法については無次元ストローク長のシミュレーション値と実測値はよく一致しており，本モデルの妥当性が確認できる．

対して，推進効率については，身体各部に作用する流体力に，その方向の身体の運動速度をかけたものを全身にわたって合計し，時間平均したものを分母とし，蹴伸び状態でスイマー全体に作用する抵抗力に泳速度をかけ時間平均したものを分子としたものである．これは，力学的にどれぐらい効率よく泳げているかの指標である．平泳ぎ以外の 3 泳法の推進効率が 0.2 前後であるのに対し，平泳ぎでは 0.036 と他 3 泳法に比べて著しく低い値となっている．この結果より，平泳ぎは身体姿勢を保ちやすく，のんびりと泳ぐことができることから，一見効率がよい泳法に思えるが，エネルギー的な効率は決してよくないことがわかる．

2.2.3 動作の最適化

(1) 水中ドルフィンキックの最適化

SWUMのようなシミュレーションツールを用いれば，さまざまな水泳運動の動作を系統立てて試すことができ，個々の目的にかなったよりよい動作をシステマティックに見つけることができる．このような手法は最適化と呼ばれ，工学において広く用いられている．水泳においても，SWUMを用いた最適化の研究がいくつかなされている．まず水中ドルフィンキックの体幹動作の最適化がなされている[10)]．水中ドルフィンキックは，スタートやターン直後に通常のストロークに戻る前に行われ，蹴伸びのように両腕を前に伸ばしたまま，両足をそろえて水をキックする動作である．スタートやターン直後の泳速度は流体力以外の力（飛込みや壁を蹴ることにより発生する力）が加わるので通常のストローク時より速いものとなるが，その速度をどれだけ維持できるかが水中ドルフィンキックの動作のよし悪しにかかっており，競泳においては重要である．水中ドルフィンキックにおいて，スイマーは主に股関節，膝関節，足関節を用いて足部で水をキックするが，従来，体幹部の動作がどの程度，またどのようにドルフィンキックのパフォーマンスに影響を及ぼすかについては明らかでなかった．

そこで，中島は，図2.16に示されるように，SWUMにおいて体幹部を表す6個の体節間の，5個の関節の屈曲／伸展運動の振幅と位相を最適化における設計変

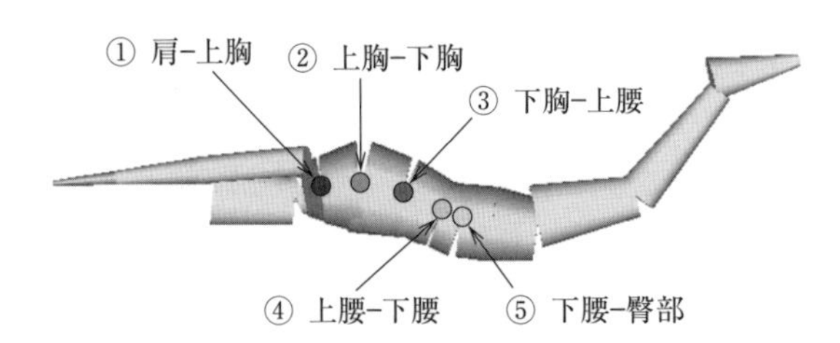

図 **2.16** 最適化計算において関節角度を変化させる体幹の5個の関節

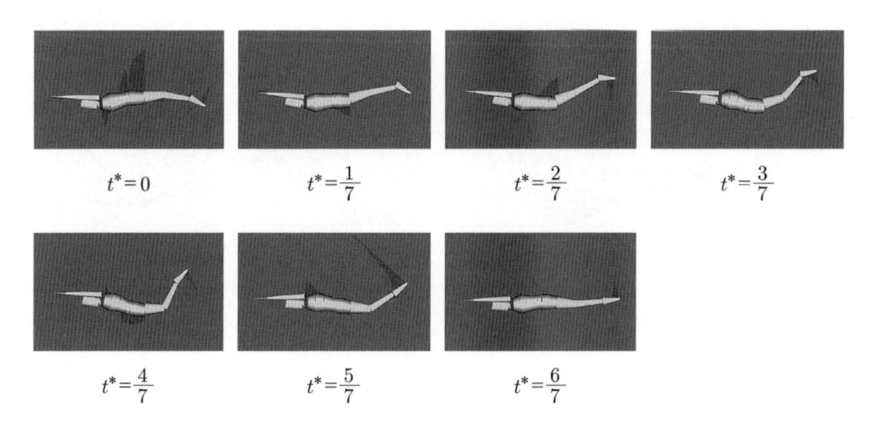

図 **2.17**　実際のスイマーによるドルフィンキックの再現結果のアニメーション画像

表 **2.2**　5 個の体幹関節の振幅と位相の最適化計算結果
（関節の番号は図 **2.16** 参照）

	各関節の振幅（基準に対する比）					各関節の位相〔°〕（基準に対する比）				
	①	②	③	④	⑤	①	②	③	④	⑤
実際のスイマー（基準）	1.00	1.00	1.00	1.00	1.00	0.00	0.00	0.00	0.00	0.00
泳速度最大	1.50	1.50	1.50	−1.50	1.50	−51.4	−102.9	−128.6	180.0	0.0
推進効率最大	0.13	2.82	0.93	1.00	1.37	25.7	25.7	25.7	25.7	51.4
手に作用する流体力最小	0.72	2.19	−0.29	0.37	0.64	77.1	25.7	51.4	25.7	51.4

数※4として最適化を行っている[10]．ここで，目的関数（最適化において何を目標として設計変数を変化させるかを定義するもの）としては，泳速度最大，推進効率最大，手に作用する流体力最小の 3 種類の場合が設定された．最適化の前に，まず世界クラスのエリートスイマーのドルフィンキックがシミュレーションで再現された．再現結果のアニメーション画像を図 **2.17** に示す．そしてこのドルフィンキックの体幹運動をもとに，最適化計算がなされた．最適化計算の結果を表 **2.2** に示す．ここで，各関節の関節角度の時間的な変化の波形を，実際のスイマーのものと同じとして，振幅（グラフでいう縦軸の大きさ）と位相（グラフでいう横

※4　最適化においてさまざまに変化させるパラメータのこと．この場合，設計変数の個数は $5 \times 2 = 10$ 個．

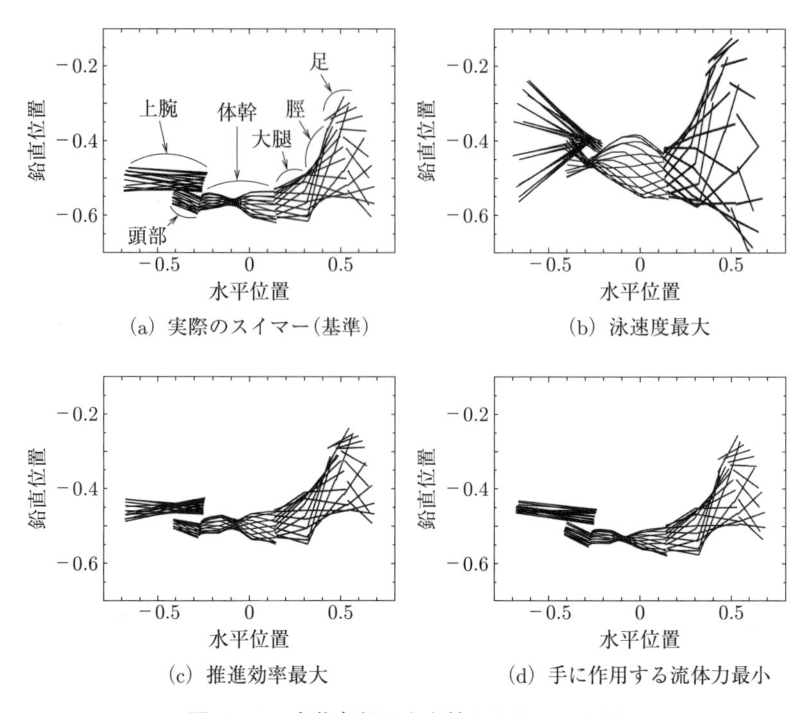

(a) 実際のスイマー(基準)　(b) 泳速度最大

(c) 推進効率最大　(d) 手に作用する流体力最小

図 2.18　身体各部の中心軸のスティック図
（実際のスイマーと 3 種類の最適化結果）

軸の位置）を変化させている．また，図 **2.18** に，身体各部の中心軸の動きを描いた図（スティック図）を示す．実際のスイマーと，3 種類の最適化それぞれの結果である．表 2.2 と図 2.18 より，まず実際のスイマーの水中ドルフィンキックにおいては，体幹の関節が屈曲／伸展していて，その結果として上肢がそれほど動いていない（ぶれていない）ことがわかる．次に，泳速度最大の最適化結果においては，身体全体が C の字状に大きく屈曲しており，現実的には人間には実現不可能な動きになっていることがわかる．実際，この最適化計算では振幅の上限値として 1.5 倍が設定されていたが，表 2.2 において，その上限値 1.5 倍に達してしまっている．

一方，推進効率最大の最適化結果においては実際のスイマーの水中ドルフィンキックと同様に，上肢がぶれていないことが確認できる．上肢のぶれは推進に寄与せず，エネルギーのロスとなると考えられるため，上肢のぶれを少なくすることが推進効率を高めることにつながること，また実際のスイマーの動作もそれに近いことがわかる．

さらに，手に作用する流体力最小の最適化結果においても，実際のスイマーや推進効率最大に近い，上肢のぶれていない動作となっていることが確認できる．よって水中ドルフィンキックの練習をする際には，手に流体力がなるべく感じないような動作を心がければよいと考えられる．

また，再び表 2.2 をみると，推進効率最大の場合や手に作用する流体力最小の場合では，②の胸部における関節の振幅が大きくなっていることがわかる．よって，水中ドルフィンキック動作では，胸部から体幹を屈曲させることが重要であることが示唆される．

(2) クロールのアームストロークの最適化

最適化の別の例として，クロールにおけるアームストローク（腕のかき）の最適化について説明する[11]．クロールは人間が最も速く泳げる泳法として，競技としても一般的にも広く普及している．クロールにおける推進力についてはアームストロークによる貢献が大きいことが知られているが，人間の肩，肘，前腕関節による動きの自由度は高いため，これまでさまざまなストロークスタイルが提案・提唱されてきている．例えば，1970 年代ごろには，水中での手の軌跡が体幹部に対して S 字状カーブを描く S 字ストロークが広く提唱されたが，その後，手の軌跡がより直線状となる I 字ストロークが提唱されており，いまだに諸説が入り乱れている．

そこで，中島らは，泳速度や推進効率を最大化するアームストロークを，SWUM によるシミュレーションにより求めている[11]．この最適化においては，スイマーの発揮能力の限界をどのように設定するかが問題となる．もしスイマーがいくらでも大きな力を発揮できるのであれば，泳速度はいくらでも高くなるのではと考えられる．しかし実際には人間の泳速度はどこまでも高くなるわけではない．そこで SWUM のシミュレーションによる最適化では，スイマーの肩および肘関節の発揮トルクに上限値が設けられ，泳動作中に発揮できる関節トルクはこの上限値を下回るとの仮定がなされた．ただし，人間の身体は複雑であり，最大発揮関節トルクは，ロボットにおけるモータのように一定値ではなく，関節角（どのような姿勢であるか）にも，関節角速度（どれぐらいのスピードで動かすか）にも依存して変化する．

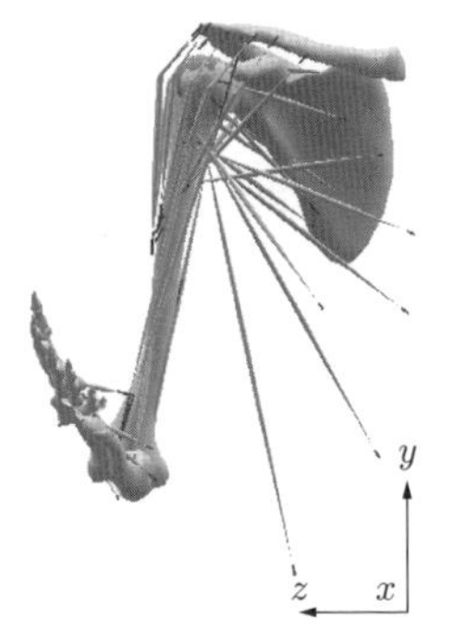

(a) 計測実験の様子　(b) 筋骨格シミュレーションのモデル図

図 2.19　クロールにおけるアームストロークの最適化のための関節トルク特性の取得

そこでSWUMによる最適化においては，まず5名のスイマーの最大発揮関節トルクをさまざまな関節角・関節角速度で計測する実験が行われた．**図 2.19** (a) にその実験の様子を示す．実験参加者は関節トルク計測用の特殊な機器のいすに体幹を固定され，指示された動作の全力発揮を行い，その際の関節トルクが計測されている．しかし，この機器により測定できる関節角・関節角速度の値はクロールのアームストロークを最適化する目的のためには十分ではなかったため，より広い範囲の関節トルク特性を得るために，筋骨格シミュレーションという手法が用いられている．ここで，**筋骨格シミュレーション**（musculoskeletal simulation）とは，人間の骨格構造を剛体リンクとしてモデル化し，その剛体リンクのまわりにワイヤとしてモデル化された筋肉を張り巡らせて，ある関節トルクでの，ある動作や姿勢を実現するのに必要な筋力を推定する手法である．具体的には，図 2.19 (b) に示す筋骨格モデルにおいて，まず実験参加者の計測結果を再現するように各種のパラメータが調整され，その後，関節角・角速度や力のかかる方向を広く変化させ，モデルにおいて筋力が限界値となる最大発揮関節トルクが計算されている．その結果は約15000通りの値となり，これをデータベースの形として最適化計算において参照している．

また，設計変数は，肩関節の3自由度の回転角，肘関節の屈曲／伸展角，および手首のひねりに相当する前腕関節の回内／回外角の計5自由度の関節角とされ

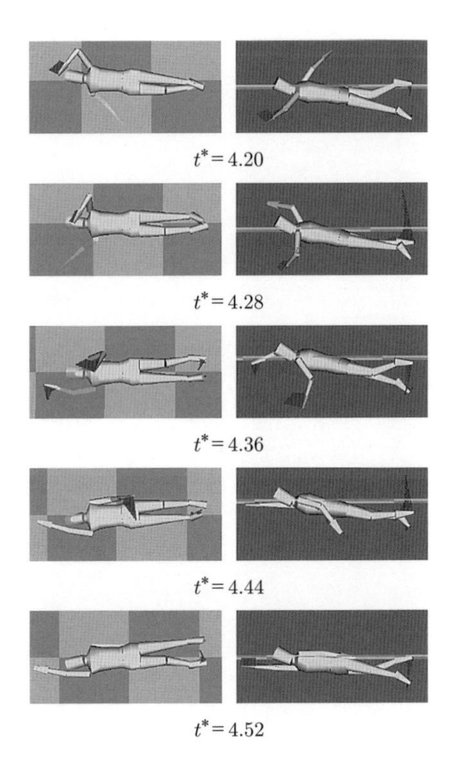

図 **2.20**　泳速度最大の最適化結果[11)]
（ストローク周期 0.9 s．左は下から見た様子，右は横から見た様子）

た．これらの関節角について，1 ストロークが 6 個の時間フレームに分割され，そのうち腕が水中にある 3 個の時間フレームでの値が設計変数とされた．すなわち設計変数の個数としては，5 自由度 $\times$ 3 フレームの 15 であった．

図 **2.20** に泳速度最大の最適化結果を示す．下から（左側）と横から（右側）見た 1 周期分の泳ぎの様子である．なお，この最適化計算においては，ストローク周期の値を一定として，ストローク周期の値はパラメータとして 0.8 ～ 1.5 s まで 0.1 s 刻みで変化させて計算している．その結果，泳速度最大となるのは図 2.20 に示すストローク周期 0.9 s の場合であった．ここで，横軸の t^* はストローク周期で無次元化された時間であり，$t^* = 4.0 \sim 5.0$ の 5 周期目の 1 周期のうち，左腕の水中ストロークの様子が示されている．このときのアームストロークの特徴としては，まずストローク周期が 0.9 s と短く，ピッチが速いことがあげられる．ま

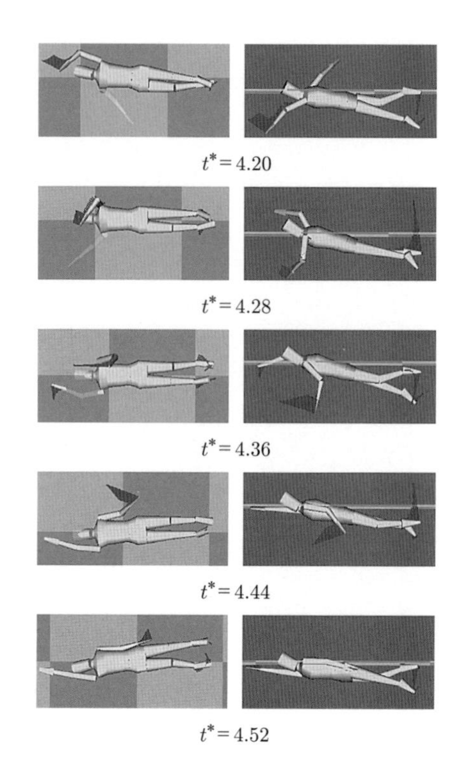

図 2.21　推進効率最大の最適化結果[11)]
（ストローク周期 1.3 s．左は下から見た様子，右は横から見た様子）

た，$t^* = 4.36$ までの水中ストローク前半において手部に大きな流体力が作用しており，これが推進力を生んでいることがわかる．さらに，$t^* = 4.44$ の水中ストローク後半では手のひらが水を切るような向きになっており，積極的に水をかかないようになっていることがわかる．

次に，図 **2.21** に推進効率最大の最適化結果を示す．推進効率最大となるのは，ストローク周期 1.3 s の場合であった．すなわち，泳速度最大よりはややピッチが遅くなっている．アームストロークの特徴としては，$t^* = 4.44$ のストローク後半でも手が水を押して推進力が生み出されていることがわかる．またストローク前半の $t^* = 4.20$ において肘が高い位置に保たれている．これは，水泳の世界でハイエルボーと呼ばれる一般によく知られた動作であり，特に中長距離を得意とするエリートスイマーにしばしばみられる動作である．このように，実際のエリートスイマーの泳ぎに近い動作を純粋に数理的なシミュレーションによって求められたのは意義深い．

このアームストロークの最適化の手法は，四肢に障がいをもったパラスイマーにも応用されている．近年，障がい者のスポーツはパラリンピックを頂点として広がりをみせているが，パラスイマーの場合，どのような泳ぎ方が理想的なのか，そもそもお手本がなく，また障がいの種類や程度も選手ごとに異なるので，それぞれのスイマーにとってよい泳ぎをスイマー自身やコーチが手探りで探しているのが現状である．そこでシミュレーションによる最適化の活用が考えられる．

図 2.22（a）に，最適化で対象とした片麻痺のパラスイマーの実際の泳ぎをシ

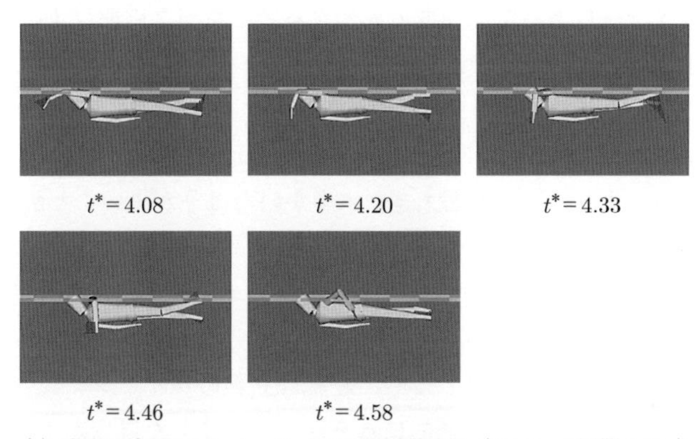

（a）実際の泳ぎのシミュレーションによる再現結果（ストローク周期 0.75 s）

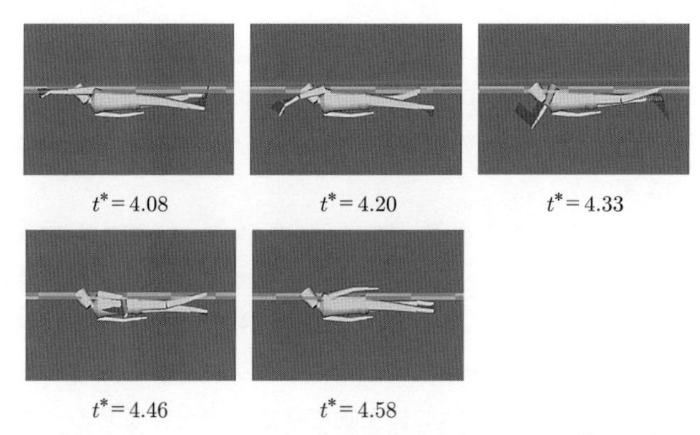

（b）左腕のアームストロークの最適化結果（ストローク周期 1.0 s）

図 2.22　片麻痺のパラスイマーの実際の泳ぎの再現結果と最適化結果の比較[12)]

ミュレーションで再現した結果を示す[12]．これは，最適化の前の水泳動作であり，5周期分計算した際の5周期目（$t^* = 4.0 \sim 5.0$）の一部の結果である．この結果をみてもわかるように，このスイマーは基本的に左半身しか動かすことができない．そのため，左腕，特に左前腕をなるべく早く鉛直に向け（$t^* = 4.20$），水を押す（$t^* = 4.33 \sim 4.46$）ようなスタイルをとっている．また，ストローク周期は0.75 s であり，かなり速いピッチであることもわかる．

一方，図2.22（b）に，左腕のストロークをSWUMによるシミュレーションで最適化した結果を示す．手法としては先ほどの健常者のスイマーの場合と同様であり，目的関数は泳速度最大で，筋力特性も先ほどと同じとしている．結果をみると，このスイマーにとって泳速度最大となるストローク周期は1.0 s であり，むしろもとの泳ぎよりもピッチを遅くしたほうが速く泳げることが示唆されている．また最適化されたストロークを，もとのストロークと比較すると，最適化されたストロークは，より手を前方に伸ばし（$t^* = 4.08$），最後までかき切る（$t^* = 4.58$）動作となっており，よりゆったりと大きく水をかいたほうがよいことが示唆される．

別のパラスイマーの最適化も報告されている[13]．図**2.23**（a）に，対象とされた片前腕欠損のパラスイマーの実際の泳ぎをシミュレーションで再現した結果を示す．このスイマーは左腕の肘から先が欠損している．この場合，右腕は健常者と同じように水をかけばよいとしても，左腕は右腕のタイミングに合わせるように動かせばよいのか，左腕も積極的に水をかくようにしたほうがよいのかが明らかでなかった．

そこで，SWUMによるシミュレーションによって欠損側である左腕の動作の最適化が試みられた．設計変数は，肩関節の3自由度の関節角について，水中ストロークの5個の時間フレームでの値とされた．よって設計変数の個数は3自由度×5フレームの15個であった．

図2.23（b）に最適化結果を示す．無次元時間$t^* = 4.92$でもとの泳ぎと最適化を比較すると，最適化結果のほうが左上腕において大きな推進力が生み出されていることが確認できる．一方，$t^* = 4.88$では，最適化結果ではまだあまり水をかき始めてはおらず，もとよりもかき始めのタイミングを少し遅らせて，かつ，よりすばやく上腕で水をかき，積極的に上腕で推進力を発揮させるとよいことが示唆される．さらに，右腕の推進力に対する左腕の推進力の比率を計算すると，も

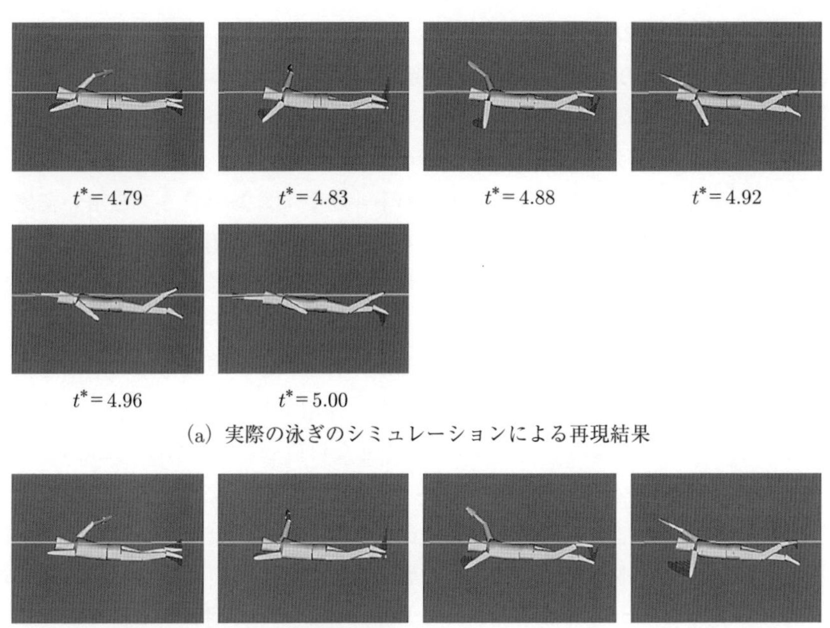

(a) 実際の泳ぎのシミュレーションによる再現結果

(b) 左腕のアームストロークの最適化結果

図 2.23 片前腕欠損のパラスイマーの実際の泳ぎの再現結果と最適化結果の比較[13)]

との泳ぎでは4.7%に過ぎないのに対し，最適化結果では25%にも達している．すなわち，このスイマーにとって，左腕でも右腕の $\frac{1}{4}$ 程度の推進力を生み出すことが可能であると示唆されている．

2.2.4　用具開発への応用

(1) パラスイマー用の用具（パドル，義足）の開発

前項で述べた身体運動のシミュレーションは，身体に装着する用具の開発にも応用できる．本項ではその例をいくつか示す．

まず，片前腕欠損のパラスイマー用のパドルがシミュレーションを用いて開発されている[14)]．水泳のトレーニングにおいては，手部に作用する流体力を増大させ負荷を高めて，泳ぎに重要な筋力を増強するなどの目的で，しばしば手部に装着するパドル（水かき）が用いられる．しかし，片前腕欠損のスイマーの場合，そもそもパドルの装着が困難である．上腕部から肘部にかけて通常のパドルを何らかの工夫により装着して用いることもあるが，作用する流体力の向きや大きさが必ずしも適切なものにならず，望むような適切な負荷をかけられないことが多い．

そこで，このような問題を解決するパドルが開発されている（図 **2.24**）．このパドルはパドル本体部とアタッチメント部からなり，アタッチメント部で上腕に装着される．パドル本体部は，肘関節の屈曲を模擬して 30° 屈曲させたジュラルミンパイプ先端とピボットで結合されており，ピボットで回転するようになっている．さらに，回転角はゴムチューブにより制限されている．このような構造によって，蹴伸び時のように水をかいておらず腕を前に伸ばしている際には，パドルが前方から来る水に対してピボットで回転し，風見鶏のように水の流れに対してまっすぐな方向を向き，結果としてほとんど流体力が生じなくなる．一方，スイマーが積極的に水をかこうとすると，ゴムチューブの制限に達してパドルの角

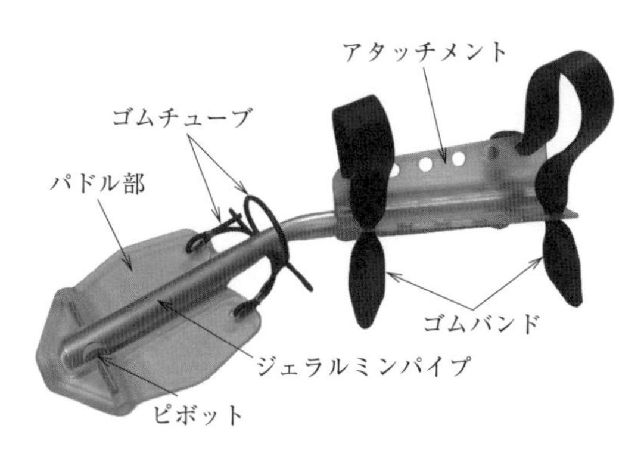

図 **2.24**　片前腕欠損のパラスイマーのために開発されたトレーニング用パドル

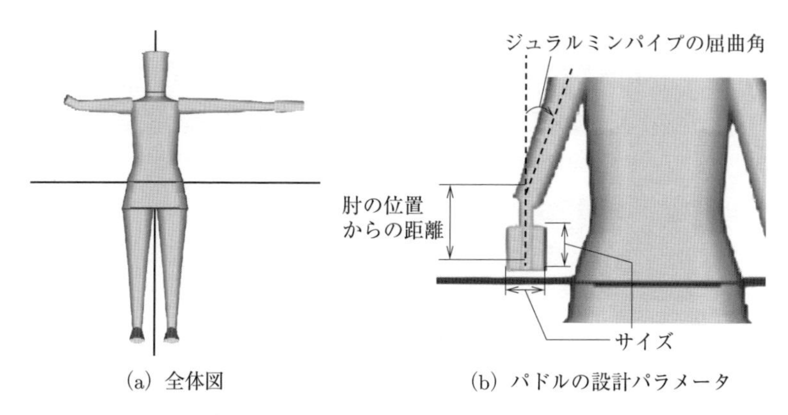

(a) 全体図　(b) パドルの設計パラメータ

図 2.25 片前腕欠損のパラスイマーのシミュレーションモデル

度が固定され，水をかけるようになる．

上記のパドルの設計パラメータとしては，パドルのサイズ，肘の位置からの距離，肘を模擬したジュラルミンパイプの屈曲角があげられる．これらの設計パラメータをさまざまに変化させるパラメータスタディがシミュレーション上で行われている．図 **2.25** にシミュレーションのモデル図を示す．図 2.25 (a) が全体図で，(b) がパドルの設計パラメータである．このモデルでは，ジュラルミンパイプが前腕の楕円錐台要素により表現され，パドルが手部の楕円錐台により表現されている．また，ゴムチューブで制限されたピボットまわりのパドルの回転角は，手首の関節角度として与えられている．図 **2.26** にシミュレーション結果の一例（20 周期目のアニメーション画像）を示す．右腕が欠損側であり，開発したパドルを装着した状態である．左腕は健常側であり，市販のパドルを装着した状態である．ここで，パドルの設計パラメータの決定にあたっては，健常側と欠損側における肩の負担（肩の関節トルク）の比が，パドルを装着していない状態と装着した状態とで，なるべく同じになることが指標とされている．前掲の図 2.24 に示すパドルは，このような解析にもとづいて決定された設計パラメータにより製作されている．実際にパラスイマーに装着して泳いでもらう実験も行われており，スイマーから良好な感想が得られている．

また，片大腿切断のパラスイマー向けの義足の開発も SWUM によるシミュレーションを利用して行われている[15]．基本的に競泳の大会では義手や義足の装着は

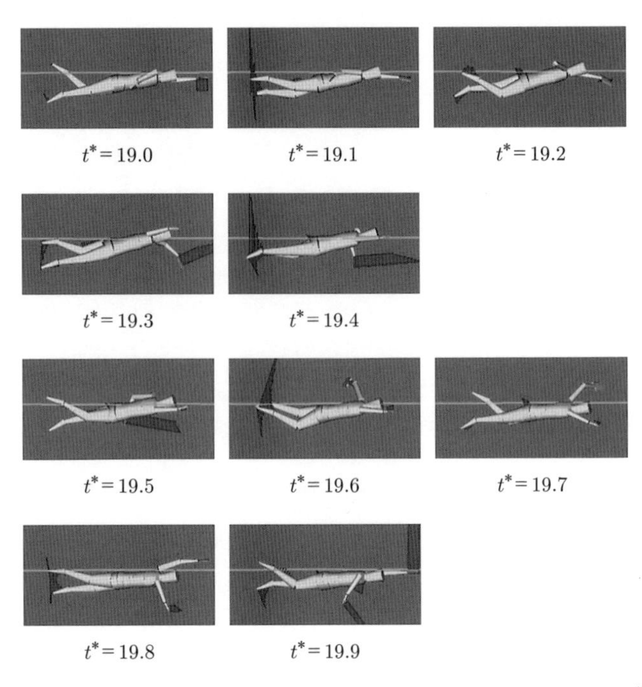

図 2.26　片前腕欠損のパラスイマーのシミュレーション結果[14)]

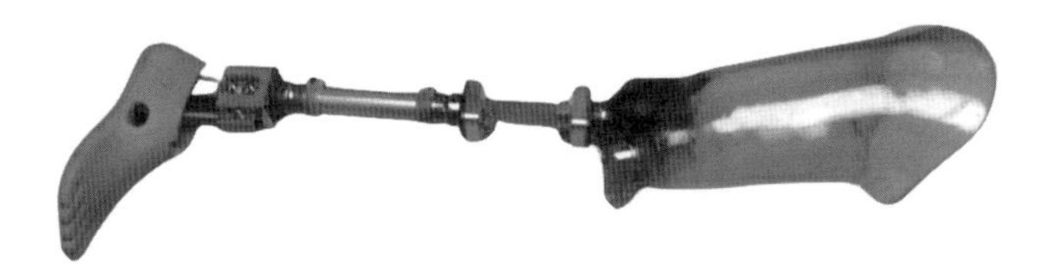

図 2.27　開発された片大腿切断のパラスイマー用義足[15)]
（膝関節と足首関節にばねが設けられている）

認められていないが，普段のレクリエーションやエクササイズで使用できる義手や義足を望むパラスイマーは少なくない．特に，片大腿切断の障がいを有している場合，通常の陸上では義足を装着した二足歩行が可能であっても，プールサイドの移動を義足を装着しないで片脚の状態で行うのは危険である．また，遊泳の際も切断側の脚では推進に有効なキックを打つことが難しい．そのような問題の解決を目的として，図 **2.27** に示す義足が開発されている．

開発された義足は，陸上の大腿義足と同様に，大腿をソケット部分に差し込む

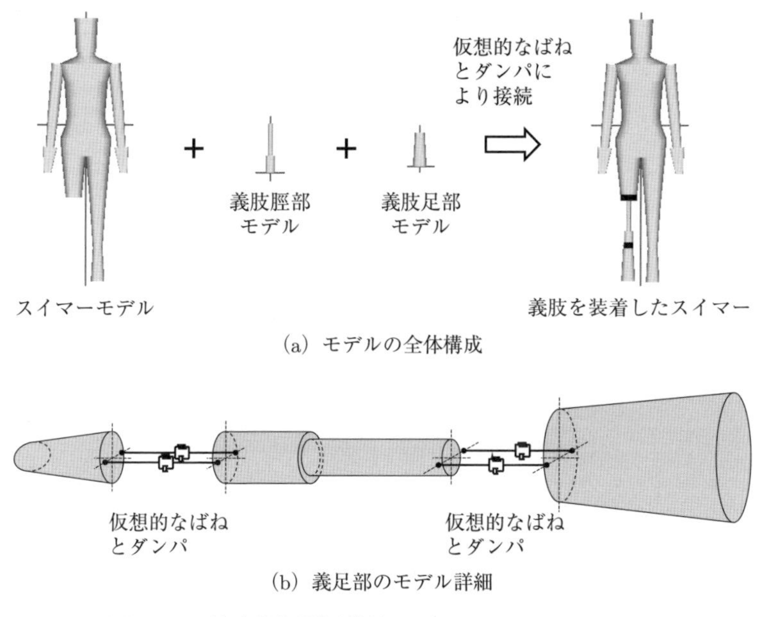

(a) モデルの全体構成

(b) 義足部のモデル詳細

図 **2.28** 片大腿切断用義足のシミュレーションモデル

構造を有している．また，膝関節部分は板ばねであり，クロールのバタ足の動作をすると，足部や脛部に作用する流体力を受けて板ばねが屈曲する．さらに，足首の関節にもばねが設けられており，通常は図 2.27 の状態のように，脛に対して足部が 90° 程度であるが，足部の甲側が流体力を受けると，つま先が伸びるように脛と平行になる角度にまで回転する構造としている．すなわち，陸上での歩行が可能，かつ，水中での効率的な推進力生成も可能な義足である．この義足の設計にあたっても，膝および足首のばねの強さが重要な設計パラメータとなるため，その決定に SWUM によるシミュレーションが利用された．図 **2.28** にシミュレーションモデルを示す．このシミュレーションでは，スイマーとしての 1 つの剛体だけでなく，義足の脛部と足部それぞれが 2 個の別の剛体としてモデル化されており，スイマーも含めた 3 個の剛体の運動方程式が同時に解かれるようになっている．これら 3 個の剛体は図 2.28 (b) のように，仮想的なばねとダンパにより接続されており，接続点での両剛体の並進運動のみが制限されている．さらに，回転運動に関しては，義足の実際の構造を再現するようになっている．すなわち，膝

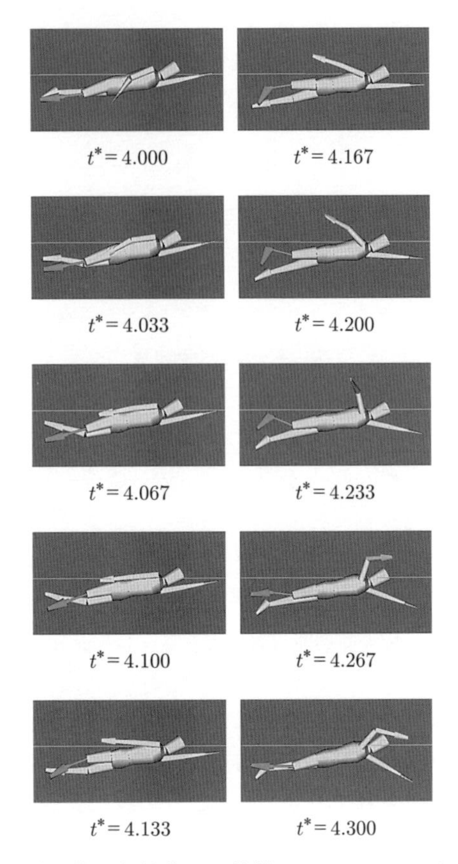

図 **2.29**　片大腿切断用義足を装着した状態でのクロールのシミュレーション結果[15)]

関節部については，板ばねを再現するように腿と脛の相対角に比例した復元モーメントが作用するように設定されており，足部についても実際を模擬したばねが設けられている．図 **2.29** に，この義足を装着した状態でのクロールのシミュレーション結果を示す．膝関節と足関節がほどよく屈曲しており，効率的なキックが行えている様子が確認できる．このシミュレーションを用いて，膝関節と足関節のばねの，ばね定数の適切な値が調べられた．前掲の図 2.27 の義足はその結果にもとづき製作されたものであり，実際のパラスイマーにも試泳してもらい，良好な感想が得られている．

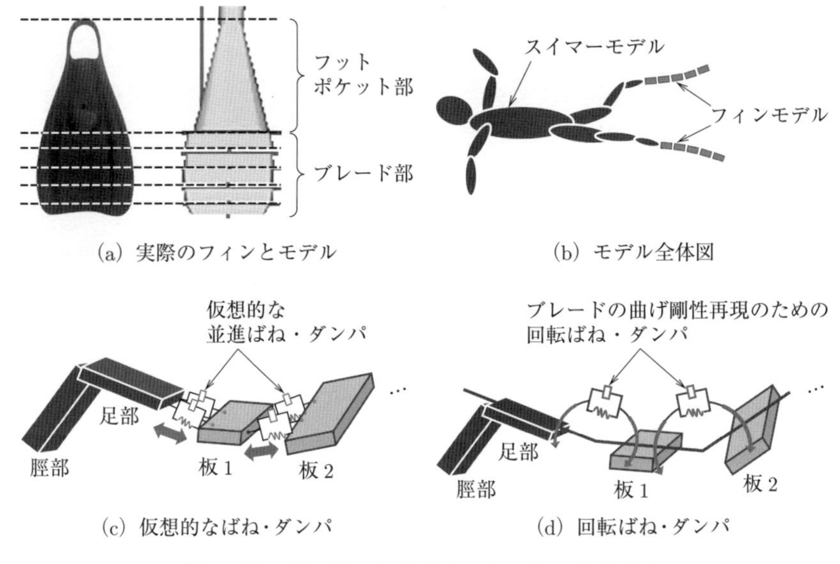

(a) 実際のフィンとモデル　(b) モデル全体図

(c) 仮想的なばね・ダンパ　(d) 回転ばね・ダンパ

図 2.30　ビーフィンのシミュレーションモデル

このほか，フィンスイミングの解析も行われている[16)]．競技としてのフィンスイミングは，両足を 1 つのフィンに装着するモノフィンと，片足ずつそれぞれに 1 つずつフィンを装着するビーフィンに分類される．このうち，特にビーフィンについては競技としての歴史も浅く，あまり多くの研究が行われていない．そこで，ビーフィンのシミュレーションが行われた．

図 2.30 にビーフィンのシミュレーションモデル図を示す．実際のフィンは図 2.30 (a) の左側にある写真のようであるが，このフィンの足を入れるフットポケット部がスイマーの足部としてモデル化されている．また，フィンのブレード部は連結された 5 枚の剛体板としてモデル化されている．このようにモデル化すると，図 2.30 (b) に示されるように，剛体の数としてはスイマーを表す 1 個に加えて各フィンのブレード部を表す 5 個ずつを合わせて 11 個となる．これら 11 個の剛体の運動方程式が時間的に同期されて同時に解かれている．

そして，スイマーモデルの足部およびフットポケット部と，各フィンのブレード部の 5 個の剛体（板）は，図 2.30 (c) に示されるように仮想的なばねでまず並進方向運動が制限されるように接続され，さらに図 2.30 (d) に示されるように，

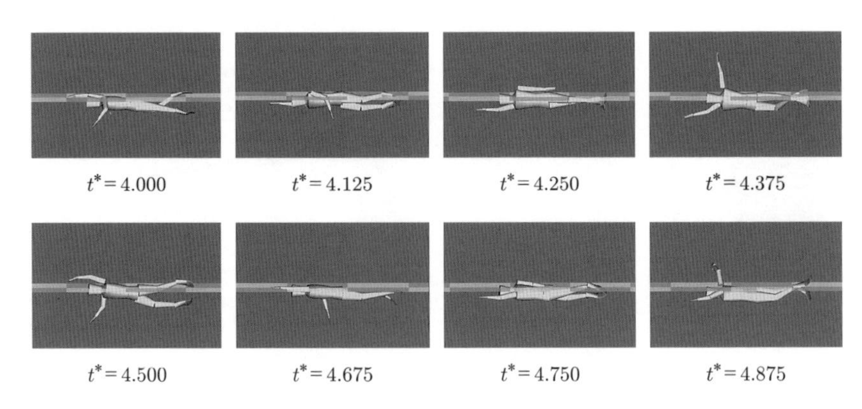

図 **2.31**　ビーフィンを装着したクロールのシミュレーション結果[16)]

それぞれの板間には実際のブレードの曲げ剛性を再現するよう回転のばねが設けられている．

以上によるシミュレーションの結果を図 **2.31** に示す．ここで，実際の実験参加者の水泳動作がモデルに入力されている．図をみると，特に $t^* = 4.875$ のときなどにフィンのブレード部が屈曲していることが確認できる．また，足関節の負担として足関節モーメントが算出されている．さらに，ビーフィンでは足関節は動かさず固定させたほうが泳速度が高くなることが本シミュレーションにより明らかにされている．今後，このようなシミュレーションをフィンの開発にも利用することが可能と考えられる．

2.3　実世界シミュレータとしてのロボット

2.3.1　実世界シミュレータとしてロボットを活用する意義

本節ではスポーツにおける身体運動の実世界シミュレータとしてロボットを活用する取組みについて説明する．

ここまで概観してきたように，スポーツにおける身体運動をコンピュータシミュレーションにより再現することは有用である．なぜなら，スポーツにおける身体運動をひとたびシミュレーション上で再現できれば，身体形状や関節角や装着する用具などのパラメータをさまざまに変化させた仮想実験が容易に可能になるからである．しかし，シミュレーションには，それが実現象ではないという短所がある．例えば，前節で述べた水泳のシミュレーションにおいては，スイマーが水から受ける流体力について，流体力のモデル化という近似がなされており，環境のモデルに近似による誤差があれば，それがシミュレーション結果に直接的な影響を及ぼす可能性がある．

よって，少なくともそのスポーツが行われる環境については，実世界をそのまま用いることが本来望ましいことは明らかである．しかしもしスポーツ選手が実環境で動作を行う場合，先に述べたような身体形状や関節角，装着する用具などのパラメータを，シミュレーションのようにコントロールすることは難しい．特に，関節角については，実際の人間ではまったく同じ動作を繰り返し行うことすら困難である．この問題の解決法として，実環境において，実際の人間のかわりにロボットを用いるアプローチが考えられる．ロボットであれば，正確に同じ動作を繰り返すことは容易であるし，ある瞬間の関節角を 10° だけ増加させるといった細かい調整も可能である．さらに，ロボット内部にセンサを埋め込み，さまざまな物理量を計測することも可能である．このような理由から，現在，実世界シミュレータとして，スポーツ動作を行うロボットを開発する取組みがなされている．以下では水泳を行うロボットを取り上げる．

2.3.2 水泳ヒューマノイドロボット

水泳を行うヒューマノイド（人型）ロボット「SWUMANOID（スワマノイド）」が開発されている[17, 18]．図 **2.32** に開発されたロボットのもととなった身体形状，全体写真，自由度の配置図，プールで浮かべたところを示す．このロボットの身体形状は，(a) に示される実際のスイマーの全身 3 次元ボディスキャンデータを用いて製作されている．ただし，(b) に示されるように，身長は実際のスイマーのちょうど半分の 1/2 スケールとなっている．また，(c) に示されるように，約 20 個の関節自由度があり，それぞれが内蔵されたサーボモータにより駆動される．外殻は 3D プリンタによる樹脂製であり，内蔵されたサーボモータは防水式ではないため，1 つひとつのモータごとに，ゴム製の防水用シールドである O リングおよび X リングを用いて内部への水の侵入を防いでいる．

ここで，それぞれのモータの関節角については，実際のスイマーの泳動作をもとにデータが作成されており，ロボット胴体部に搭載されたマイコンから各モー

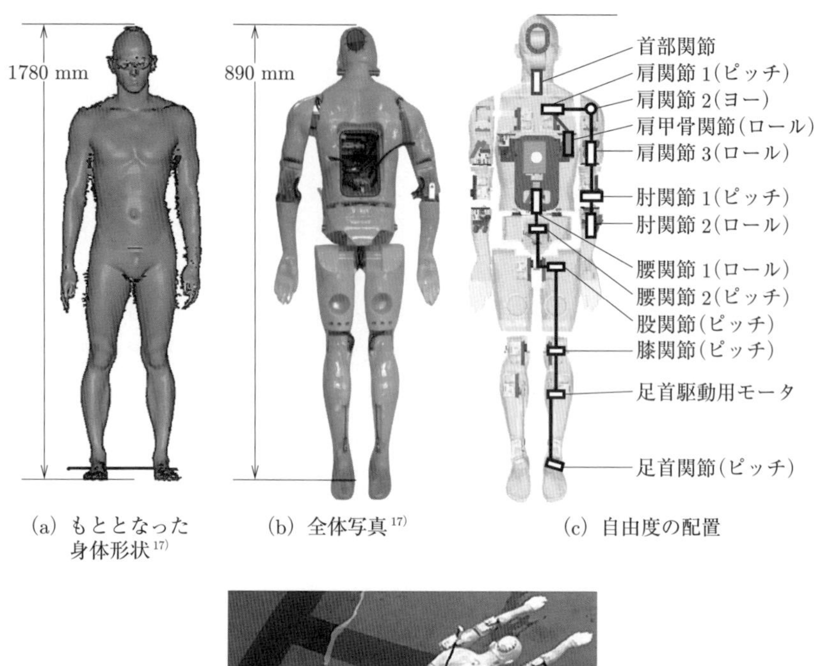

(a) もととなった身体形状[17]　(b) 全体写真[17]　(c) 自由度の配置

(d) プールで浮かべたところ[18]

図 **2.32**　水泳ヒューマノイドロボット「SWUMANOID」

タに逐一，指令信号が送られる．ロボット内にバッテリーが搭載されており，背中部から出たアンテナを介して陸上の PC との信号のやり取りは無線で行っており，ロボットは外部とはケーブル等でつながっていない．図 **2.33** に本ロボットのクロールによる遊泳の様子を示す．この遊泳時のストローク周期は 2.27 s であり，泳速度は 0.20 ～ 0.24 m/s であった．その後の改良により，ストローク周期 2.0 s において泳速度 0.32 m/s を達成している[19]．

また，本ロボットによる平泳ぎの遊泳も実現されている[20]．ただし，平泳ぎの

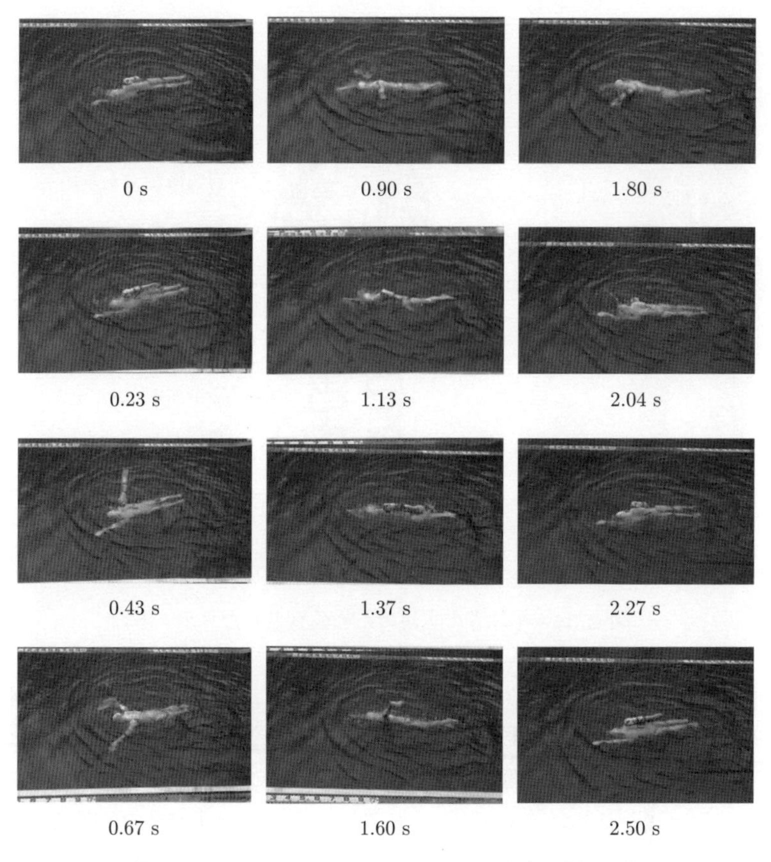

図 **2.33** ロボットのクロールによる遊泳の様子[18]

実現のため，股関節の自由度を1から3に増加させる改良がなされている．改良された下半身のCADイメージとロボット全体図を図**2.34**に示す．改良により，股関節の内転／外転（腿を横に上げ下げする動作）と内旋／外旋（腿の長手軸まわりの回転）が可能となり，平泳ぎのキック動作が可能となっている．本ロボットの平泳ぎによる遊泳の様子を図**2.35**に示す．ストローク周期2.3 sで泳速度0.12 m/sを達成している．

次いで，バタフライの遊泳も実現されている[21]．ここで，遊泳をより安定化させるため，先の平泳ぎの実現のために新規に設けられた股関節の内転／外転のモー

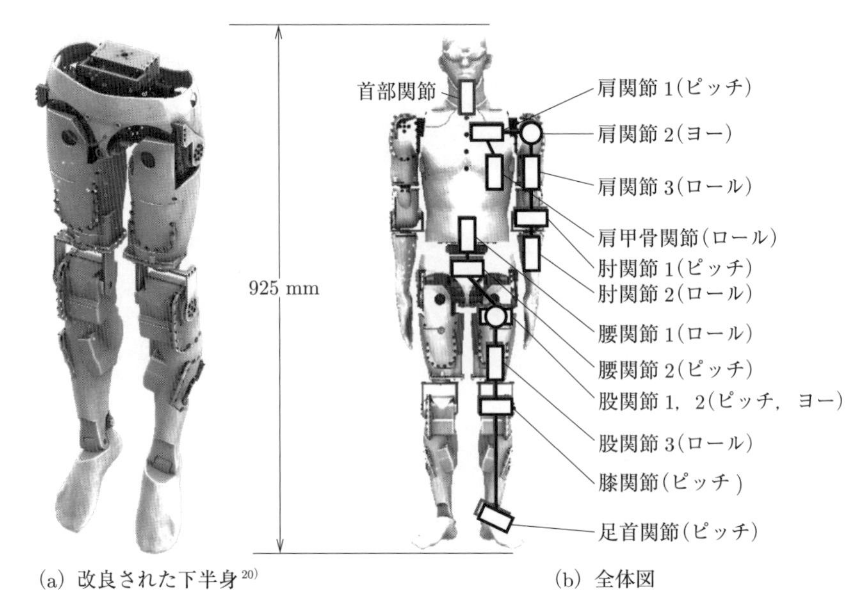

(a) 改良された下半身[20)]　(b) 全体図

図 **2.34** 平泳ぎの実現のため改良されたロボット

タを逆に取り外すことにより軽量化が図られている．また，バタフライは本来スイマーの身体全体が大きく上下するダイナミックな泳法であるが，本ロボットのアクチュエータ出力では人間のバタフライをそのまま模擬することは困難であることがシミュレーションにより明らかになったため，ストローク周期を 3.45 s と遅めに設定し，ゆったりとした泳ぎの形でバタフライの遊泳が実現されている．**図 2.36** に，本ロボットのバタフライによる遊泳の様子を示す．ストローク周期 3.45 s で泳速度は 0.18 m/s であった．さらに，本ロボットによる背泳ぎの遊泳も実現されている[22)]．バタフライのときと同様に股関節の内転／外転のモータが取り外され，かつ，ロボット用に関節角度の調整が行われた．**図 2.37** に本ロボットの背泳ぎによる遊泳の様子を示す．背泳ぎではストローク周期 2.3 s で泳速度 0.28 m/s であった．

上記のロボットを用いることにより，ロボットならではの測定実験を行うことができる．例えば，回流水槽に本ロボットを取り付け，ロボットに作用する推進方向の力を計測する試みが行われている[23)]．**図 2.38** にこの測定実験のセットアッ

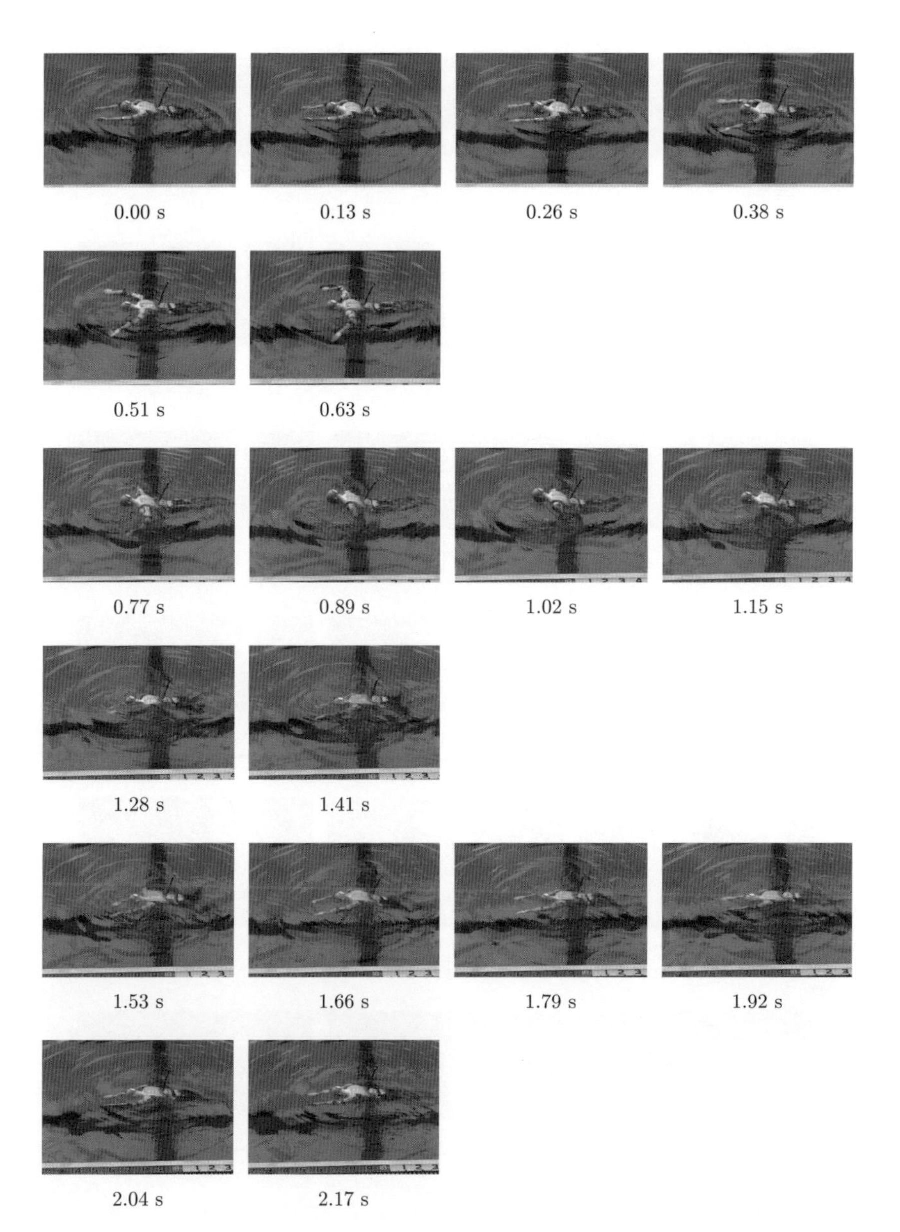

図 **2.35**　ロボットの平泳ぎによる遊泳の様子[20)]

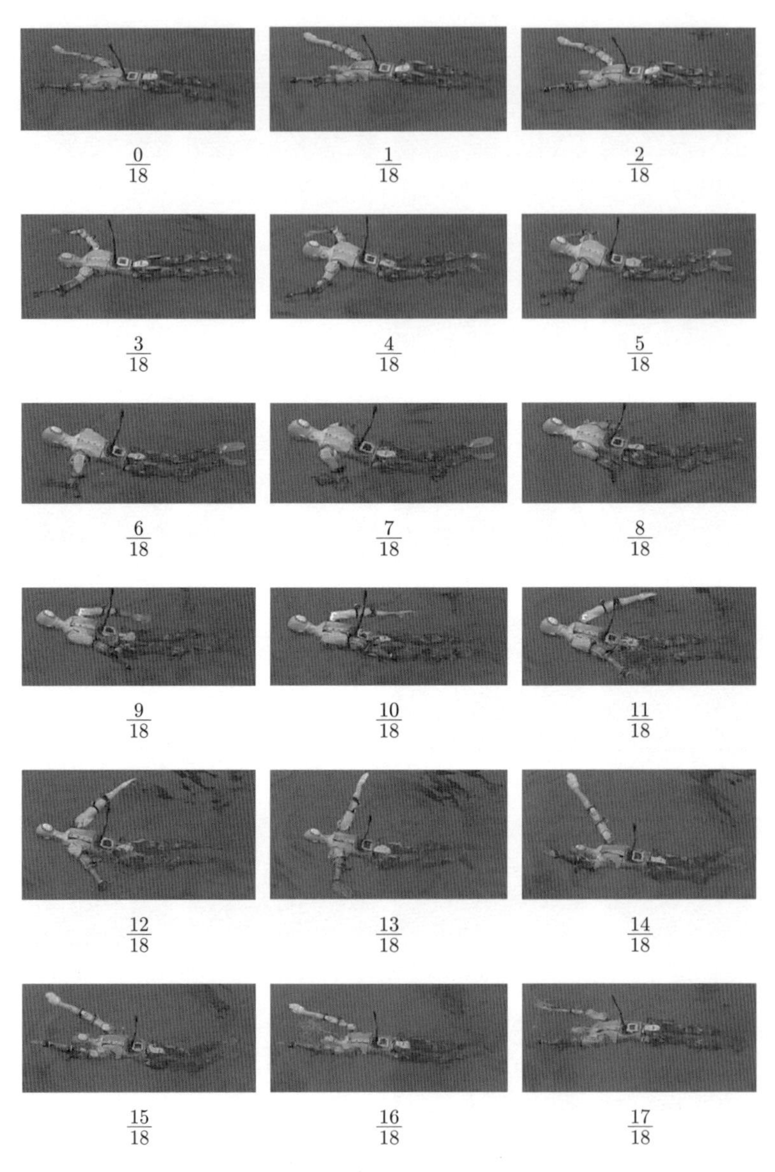

図 2.36　ロボットのバタフライによる遊泳の様子[21)]
（1 周期を 18 等分した瞬間ごとに示す）

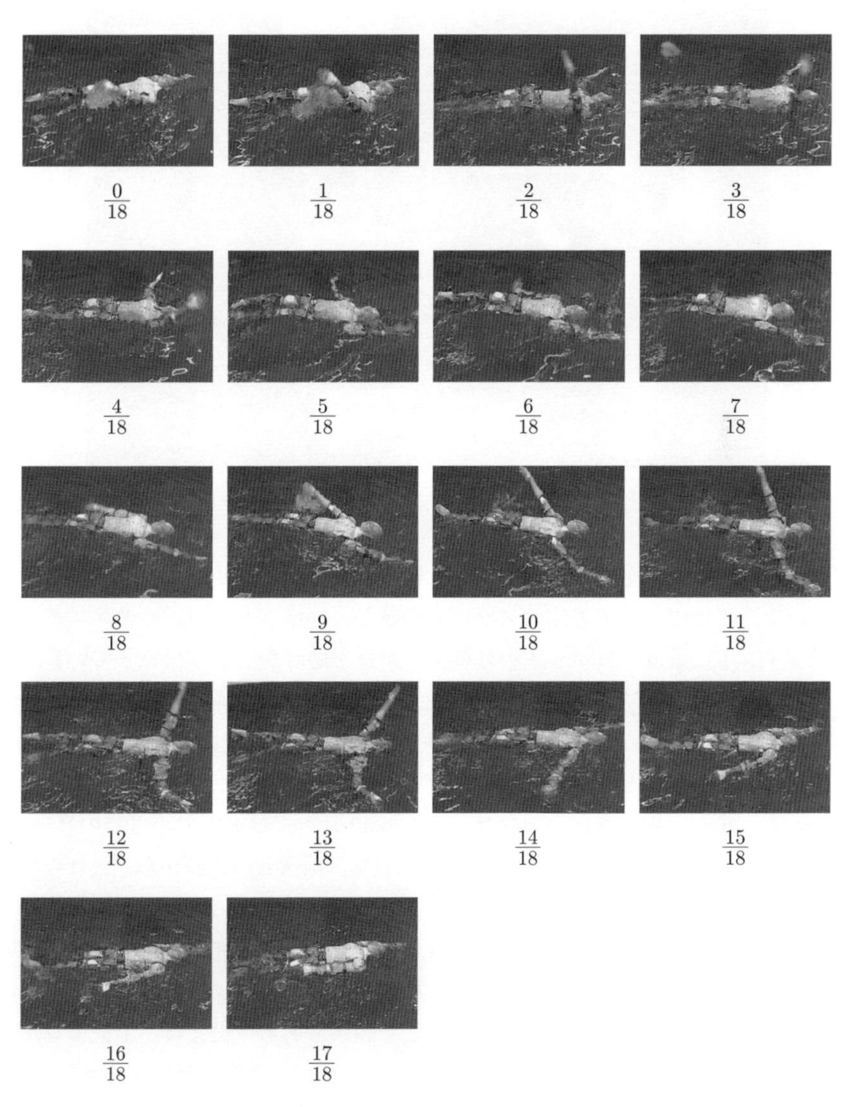

図 2.37　ロボットでの背泳ぎによる遊泳の様子[22)]
（1 周期を 18 等分した瞬間ごとに示す）

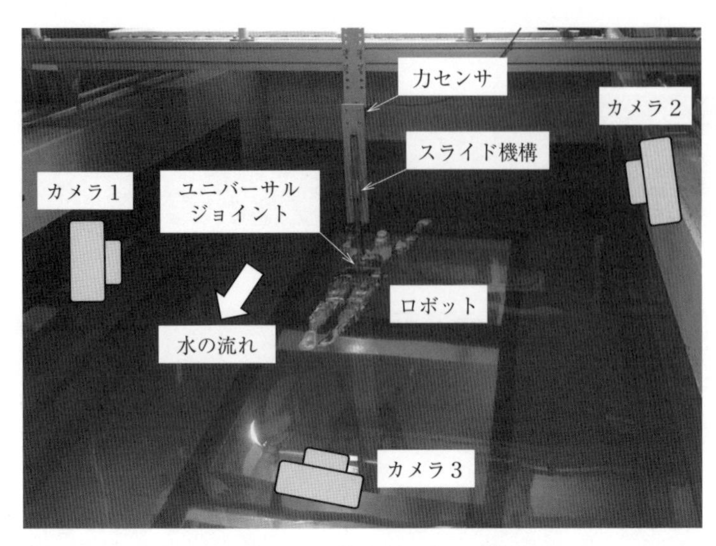

図 2.38 ロボットに作用する推進方向の力の測定実験のセットアップ

プを示す．ロボット全体が回流水槽の上側のはりに力センサなどを挟んで接続されている．ここで，上下方向のスライド機構と，ロボット背中近くのユニバーサルジョイントにより，ロボットの体幹部の動きを妨げないようになっている．

図 2.39 に，この環境下でのクロールと平泳ぎの測定結果を示す．クロールにおいては，無次元時間 $t^* = 0.30$ 付近と 0.90 付近で大きな推進力が発生しているが，画像との比較から，これらは右手と左手のかきにより発生した推進力であることがわかる．また，平泳ぎについては，$t^* = 0.40$ 付近で推進力の小さめのピーク，$t^* = 0.70$ 付近で大きめのピークが発生しており，画像との比較から，これらはそれぞれ手のかき，および脚のキックにより発生した推進力であることがわかる．

このようなスポーツ動作を再現するロボットを用いた研究により，人間を用いての実験では得られないデータが入手可能となり，スポーツ科学における新たな知見が得られることが期待される．ただし，課題もある．例えば，上記のロボットの場合，泳速度が人間のスイマーよりかなり遅く，今後の改善が必要である．泳速度は，アクチュエータとなるモータの出力の影響が大きいので，今後，アクチュエータの進歩によって解決されることが期待される．

また，人間の関節自由度は多大であり，それらをすべて完全に再現することは

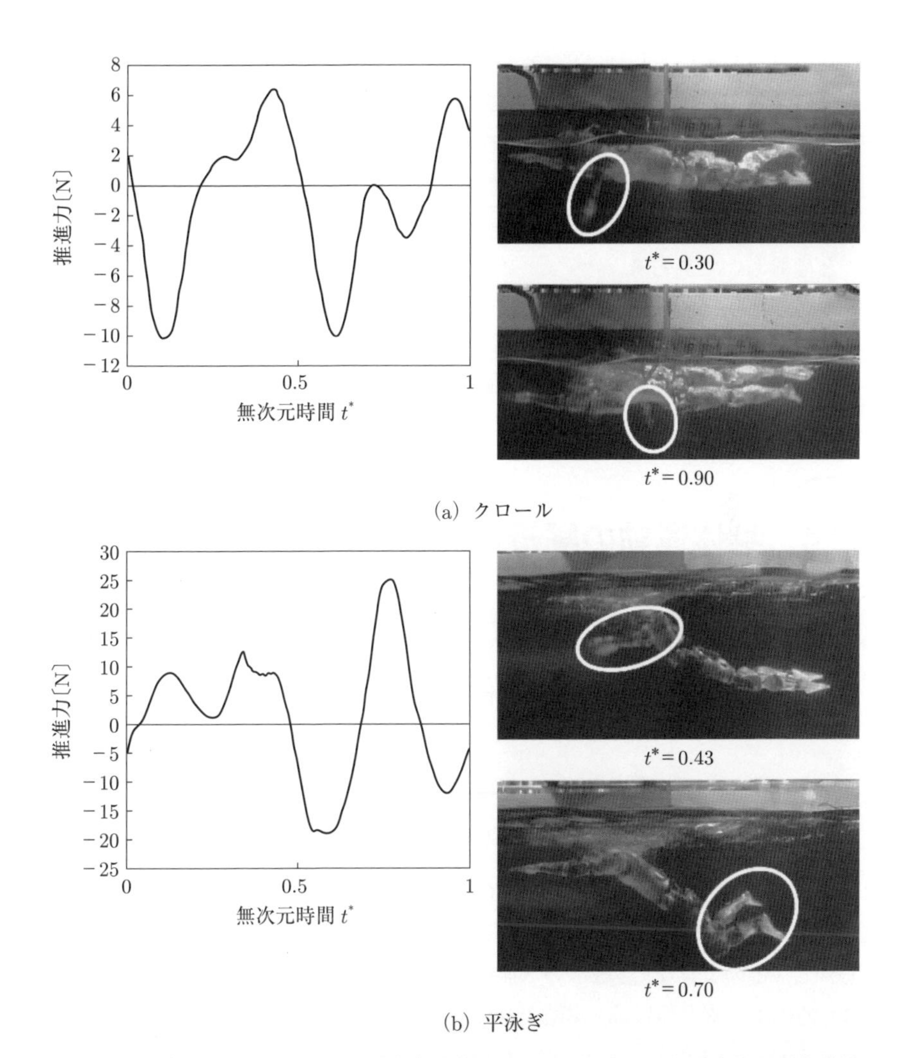

図 2.39　ロボットに作用する推進方向の力について，クロールと平泳ぎの測定結果

技術的にはまだ困難である．しかし，それぞれの解決すべき問題に対して，どの自由度を再現することが重要かをよく検討することによって，それぞれに適したロボットを設計・開発することは可能であろう．

加えて，スポーツ動作をロボットにより，どのように実現するのかということも問題である．上記のロボットも，現段階では，あらかじめプログラムされた関節運動を再現しているにすぎない．対して，人間は，そのときどきの自身の姿勢や身体によって受ける流体力の大きさなどの情報を感知し，リアルタイムで動作を調節している．しかし，このときのスイマーの制御アルゴリズムを，実験により明らかにすることは難しい．熟達したスイマーほど，繊細な制御を無意識のうちに行っていると考えられ，スイマーからインタビューで制御アルゴリズムを得ることは難しいであろう．

ただし，ロボットを用いて，まずは仮説のアルゴリズムをプログラムとして実装し，そのアルゴリズムの有効性を検証することは可能である．すなわち，ロボットで人間の動作を実現する，いわば構成論的なアプローチが，人間の動作原理解明の一助となることは期待できる．

2.4　身体運動の解析と評価

2.4.1　運動計測手法

スポーツ中の身体運動や人間と周辺環境の力学的相互作用を解析するにあたって人間の身体各部の，体節や関節の

- 姿勢データ（位置，角度）
- 運動データ（速度，加速度，角速度，角加速度）

は，身体運動の逆動力学解析においては入力として，順動力学解析においては算出された身体運動の妥当性を検証するためのベンチマークとして用いられる．

しかし，このような姿勢データや運動データを運動学（kinematics，キネマティクス）的に求めるためには，実際の身体運動を計測する必要がある．このために用いられる技術の1つがモーションキャプチャシステム（motion capture system）である．

特に，スポーツなど身体運動の計測においてよく用いられているモーションキャプチャシステムは，カメラベースの手法と，センサベースの手法とに大別できる（図 **2.40**）．カメラベースのシステムでは，複数の視点から人間を撮影した動画像について，まず観測値として，各フレームにおける関節やマーカなどの特徴点の位置データを手動・自動でデジタイズすることにより取得する．そして，デジタ

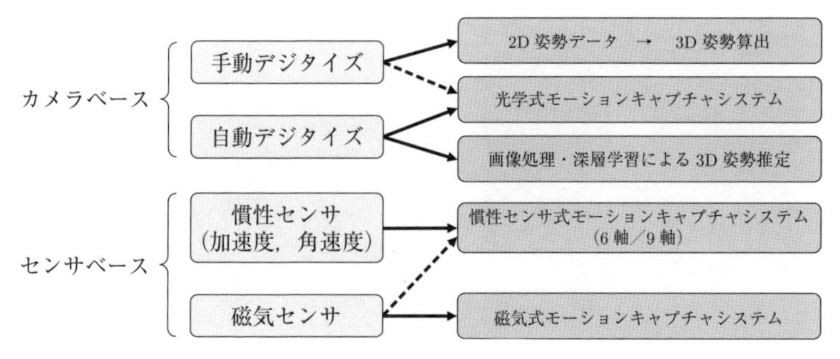

図 **2.40**　モーションキャプチャシステムの大まかな分類

イズ結果にもとづいて各時刻における姿勢データを算出するほか，そのデータを時間微分することにより，最終的に身体各部の運動データを得る．

一方，センサベースのシステムでは，まず身体各部に取り付けた慣性センサや磁気センサにより，観測値として各時刻における身体各部の運動データや向きを取得する．そして，その観測値から，身体各部の姿勢データを算出する．

以下，図 2.40 に示したそれぞれの手法について詳細を解説する．

(1) 手動デジタイズによる方法

手動デジタイズによる姿勢データ取得は，カメラで撮影した動画像について，解剖学的特徴点や関節位置などの注目点に対応する画像上の座標から，最終的に姿勢データを算出するものである．

これにはまず，一連の身体動作を撮影した動画の各フレームについて，注目点の画像上の座標を目視で確認しラベル付けしていく．ここで，注目点をわかりやすくするために，自発光式マーカ（図 **2.41**）が用いられる場合もある．特に水中では全体的に暗い画像になりやすいため，このような器具の利用はラベル付けにあたり便利である．

また，身体動作が矢状面や冠状面などの 1 つの平面内で収まる 2 次元的なものである場合は，その平面に垂直な視線をもつカメラ 1 台で身体動作を撮影すれば，注目点の移動の様子から各時刻における 2 次元的な姿勢データを得ることができる．ただし，カメラ 1 台では，基本的にその注目点の奥行方向の位置はわからない．

3 次元的な関節運動を含む身体動作を測定する場合は，複数台のカメラについて，あらかじめ各カメラのカメラモデル用パラメータを算出するためのキャリブ

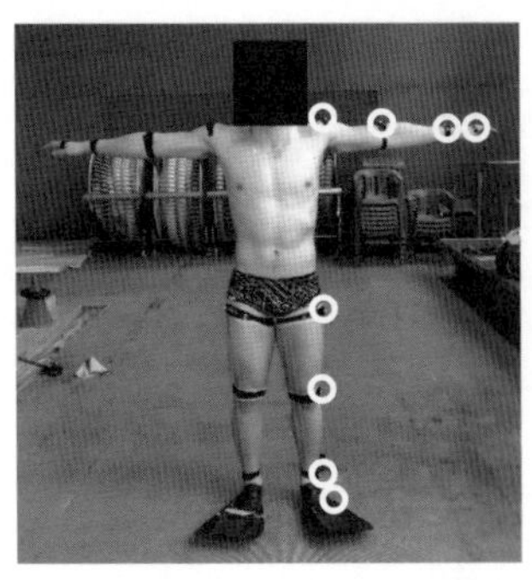

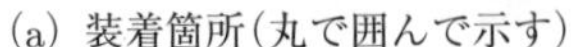

(a) 装着箇所（丸で囲んで示す）　　(b) 撮影画像の例

図 **2.41**　自発光式マーカを用いた水泳中の身体動作の撮影例[24]

レーション（calibration，較正）※5を実施しておく．次に，1つの身体動作を複数台のカメラで同時に撮影し，各カメラの各フレームに映る各注目点をラベル付けする．その後，各注目点について，カメラモデルを用いてカメラの撮像素子上の2次元座標（画素座標）を結ぶ直線をカメラごとに計算する．これによって，各注目点について，すべての直線の交点を3次元座標として算出する．

この一連の手順は，**DLT 法**（direct linear transformation method）と呼ばれる．しかし，DLT 法をすべて手作業で実施するのは煩雑である．かわって，次項に述べる光学式モーションキャプチャシステムによる自動デジタイズが利用されることが多い．

(2) 光学式モーションキャプチャシステム

光学式モーションキャプチャシステム（optical motion capture system）は，目印となるマーカを複数台のカメラで同時に撮影することにより，そのマーカの3次元位置を自動デジタイズで算出するものである．自動デジタイズのほかの方法と比較して絶対位置の精度が高いこと，マーカを人間だけでなく物体（スポーツ用具等）にも付けて記録できることなどから，スポーツ中の身体運動の測定においてよく用いられる．光学式モーションキャプチャシステムによる身体動作の計測は，以下の手順で実施される．

① 人間の身体の各部位や物体に，マーカを設置する

※5 既知の実空間座標と，カメラ画像上の画素位置の対応から，カメラパラメータを算出する作業のこと．

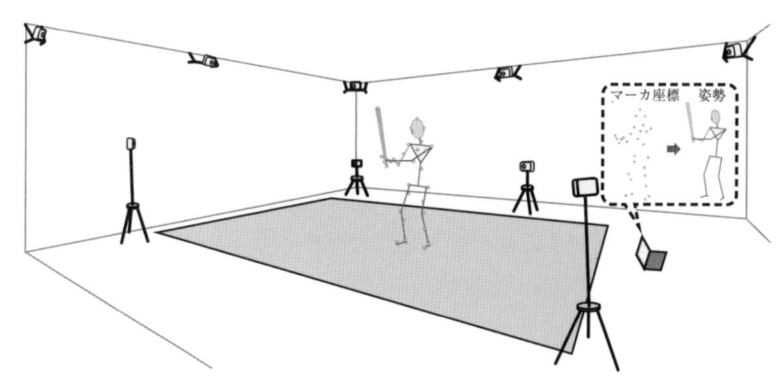

図 **2.42**　光学式モーションキャプチャシステムの模式図

② 身体動作中の各時刻において

i) 各マーカの位置を測定

ii) マーカの組合せから，骨格モデルの各セグメント（体節）の位置や向きを算出

iii) ジョイント（関節）の角度を算出

③ 算出された各値の時間微分により，各セグメントの並進速度・加速度，各関節の回転角速度・角加速度を算出

図 **2.42** に，光学式モーションキャプチャシステムを模式的に示す．最低 2 台の複数台のカメラで観察できる範囲内で，マーカを付けた人間や物体（骨格モデル）の動きを測定する．ここで，一般にカメラには赤外波長領域の電磁波を検出できる赤外光カメラが，マーカには反射材を用いた球状のものが用いられる．すなわち，マーカに赤外波長領域の電磁波を照射し，その反射を赤外光カメラで撮影することにより，**反射率画像**（reflectance image）を得る．ここで，反射率画像はマーカ付近で明るく，そのほかの場所では暗く映るので，明るく映る円形部分の重心位置を画像上のマーカ位置と見なして抽出する．なお，この抽出作業は，輝度値あるいは円形部分のサイズ等に関して適切な閾値を設定して，その閾値を超えたら抽出するなどの方法で自動的に行うことが多い．また，各マーカは複数台のカメラで同時に撮影されるが，事前に実施するカメラ間の相対位置・相対姿勢のキャリブレーションにもとづき，複数台のカメラで視認できるマーカの位置

合せを行い，それぞれ3次元座標を算出する．

さらに，算出されたマーカ位置の組合せから，骨格モデルの各セグメント（体節）の位置や向きを算出できる．なお，隣接するセグメントの相対姿勢は関節角として算出できる．

このように，光学式モーションキャプチャシステムは，各時刻における姿勢データ（位置，角度）を測定するものである．したがって，身体動作を表す運動データ（速度，加速度，角速度，角加速度）を得るには，姿勢データを数値微分する必要がある．一方，光学式モーションキャプチャシステムに用いられるカメラの多くは，数百フレーム／秒〔fps〕の高いフレームレートで撮影できることから，位置や角度のデータを数値微分して運動データを得る際にも大きな誤差が生じにくいという特長がある．

しかし，光学式モーションキャプチャシステムにもいくつか短所がある．まず，各マーカは最低2台のカメラから常に見えている必要があるため，キャプチャできる環境や範囲には制限がある．用具やそのほかの障害物，人間の動きなどにより遮蔽が生じ，カメラからマーカが一時的にも見えなくなると計測が不連続になる．このため，マーカの遮蔽を避ける目的で，多数のカメラを設置し冗長性を上げる必要があり，計測コストが増大する．

さらに，すべてのカメラで同期をとる（可能な限り同時に撮影する）必要がある点にも注意する必要がある．これには同期装置を用いるのが一般的であるが，同期装置が使えない場合は，各カメラのフレームレートを高めたうえで，各カメラでタイムスタンプ（撮影時刻情報）が最も近い画像どうしを同時と見なすなどの工夫が必要となる．

また，皮膚や衣服の上にマーカを固定しなければならないときは，その固定位置を適切に選ぶ必要がある．例えば上腕や前腕を手でつかんだ状態の場合，つかんだ手の位置を変えずに内旋・外旋※6や回内・回外※7を行うことができる．つまり，皮膚や衣服の変形が大きい部位においては身体動作とマーカの位置が必ずしも連動しない．これを避けるためには，皮膚や衣服の変形の影響を受けにくい箇

※6 上腕（肩から肘までの部位）を，骨の長軸を軸にして内側に回転させる動きを内旋，外側に回転させる動きを外旋という．これら2つの動作を総合して回旋という．

※7 前腕（肘から手首までの部位）を，骨の長軸を軸にして内側に向ける動きを回内，外側に向ける動きを回外という．

所にマーカを固定するか，皮膚や衣服の変形が生じにくいようにしたうえでマーカを固定する必要がある．身体動作中にマーカどうしで衝突したり，外れたりしないような配慮も必要である．

このほか，特にマーカを身体各部に貼付する都合上，マーカの存在自体が身体動作の自然さを損なう原因になる点にも注意が必要である．

(3) 画像処理・深層学習による 3 次元姿勢推定

近年，画像処理や機械学習の技術の発展にともない，身体上にマーカやセンサを付けることなく身体姿勢を推定する，**マーカレスモーションキャプチャシステム**（markerless motion capture system）が実用的になってきている．マーカレスなので，カメラのみ用意すればよく，簡便な測定が可能である．

また，マーカレスモーションキャプチャシステムは，大きく 2 種類に分けることができる．1 つは，通常のカラーカメラに加えて，デプスカメラを併用するシステムである．これはカラー画像と各画素に対応した奥行データ（対象物までの距離情報）を同時に取得できるものである．これらを訓練済みの機械学習モデルに入力することにより，身体各部の関節位置を検出し，最終的に 3 次元姿勢を推定することが可能である．Microsoft 社の Kinect シリーズや，Intel 社の Realsense シリーズなどもこの方法を採用している．なお，Kinect シリーズのデプスカメラは，特定のパターンを赤外線レーザで照射し，赤外線カメラで撮影した画像におけるそのパターンのゆがみを解析することにより，物体とカメラの距離を計算している．Realsense シリーズ（D400 系）のデプスカメラは，2 台の赤外線カメラの視差から深度を計算している．

もう 1 つは，カラーカメラで撮影された画像のみを入力として身体姿勢を推定するディープニューラルネットワーク（deep neural network; DNN）モデルを用いた手法である．この方法による身体動作の計測は，以下の手順で実施される．

① 身体をカメラで撮影

② 各撮影時刻の画像について

　i) 姿勢推定用 DNN モデルにカメラ画像を入力し，3 次元的な関節位置や関節角の推定値を得る

　ii) 推定値にもとづいて骨格モデルの各セグメント（体節）の位置や向きを算出

③　算出された値を時間微分することにより，各セグメント（体節）の並進速度・加速度，回転角速度・角加速度を算出

通常のカラーカメラに加えてデプスカメラを併用するシステムでは，まず画像上の関節位置（2次元姿勢）を検出する必要がある．この実装には，OpenPose[25]やAlphaPose[26]，DeepLabCut[27]などの広く知られたライブラリが利用可能である．対して，カラーカメラで撮影された画像のみを入力として3次元身体姿勢を推定するDNNモデルを用いた手法としては，教師あり学習により関節の奥行きを推定する手法[28]，教師なし学習により関節の奥行き[29]や関節角[30]を推定する手法などが提案されている．

ただし，機械学習を用いる3次元姿勢推定には，学習用データセットの用意が必須である．特に，教師あり学習を用いる場合は，教師データが必要になるが，3次元姿勢のアノテーション※8は難易度が高く，精度の高い教師データの準備には光学式モーションキャプチャシステムなどの機材が必要で簡単には収集できない．一方，既存の学習データセットの大半は実験室環境で作成されたものであるので，それによって訓練した3次元姿勢推定モデルをスポーツにおける姿勢推定にそのまま使用するのは適切ではない．これを転用するには，転移学習（transfer learning）※9やファインチューニング（fine tuning）※10の実施が必要となる．

対して，教師なし学習を用いる場合，記録した動画データのみから訓練が可能である．これにより関節の奥行きを推定するKudoらの方法では，2次元姿勢の学習データのみからネットワーク的に破綻のない3次元姿勢を推定できることが示されている[29]．また，Kuramotoらの関節角を推定する手法ではKudoらの方法を発展させ，解剖学的な知識として体節長や関節可動域の情報を利用すること

※8　データ1つひとつに対してタグやメタデータと呼ばれる情報を付与することをいう．教師あり学習においては，この付与された情報のうち座標やラベルなどの正解情報を教師データとして用いる．

※9　あるタスクを学習させる際に，別の類似したタスク向けの学習済みモデルを（部分的あるいは全体的に転用して）特徴抽出器として扱い，新たに出力層を追加するなどして新たなモデルを構築し学習させる機械学習の手法．転用する部分の重み付けなどは変更しないことが多い．教師データが少ない場合に用いられる．

※10　あるタスクを学習させる際に，別の類似したタスク向けの学習済みモデルの構造は変えずに，多くの教師データを用いてモデルの重み付けを調整する機械学習の手法．多くの教師データを準備できる場合に用いられる．

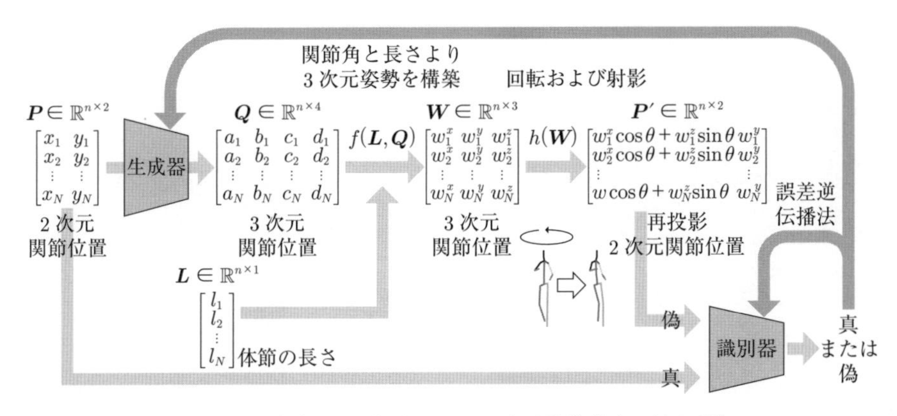

図 **2.43** 教師なし学習による 3 次元姿勢推定の流れ[30)]

により，常に破綻のない 3 次元姿勢を推定可能にしている（図 **2.43**）．このアプローチにより，教師データを用意する必要がないにもかかわらず，教師あり学習にやや劣る程度の 3 次元姿勢の推定精度が達成されている[30)]．さらに，いずれの手法でも，2 次元姿勢データのみを用いてカメラごとの設置環境へ適応させる追加学習が容易である．

また，マーカレスモーションキャプチャシステムの最も大きな長所は，簡便な測定が可能である点である．測定対象の人間の身体に何も付けないで，身体動作をカメラで撮影するだけでよいため，測定中に身体動作の自然さが損なわれる心配は少ない．一方で，遮蔽には非常に弱いことに注意が必要である．身体の一部が物体で隠れてしまって見えない場合だけでなく，真横を向いたときなど，身体の一部がそのほかの部位により遮蔽されてしまう場合，3 次元姿勢の推定精度は非常に悪くなってしまう．

(4) 慣性センサ式モーションキャプチャシステム

慣性センサ（inertial sensor）は，加速度センサ（3 軸）と角速度センサ（3 軸）からなる 6 軸のものや，さらに地磁気センサ（3 軸）も搭載した 9 軸のものがある．ここで，加速度センサ，角速度センサ，地磁気センサはそれぞれ，身体各部の体節の並進運動，回転運動，方位を測定するために用いられる．また，各関節の回転角（関節角）は，隣接する体節間の相対角として算出される．**慣性センサ式モーションキャプチャシステム**（inertial sensor motion capture system）によ

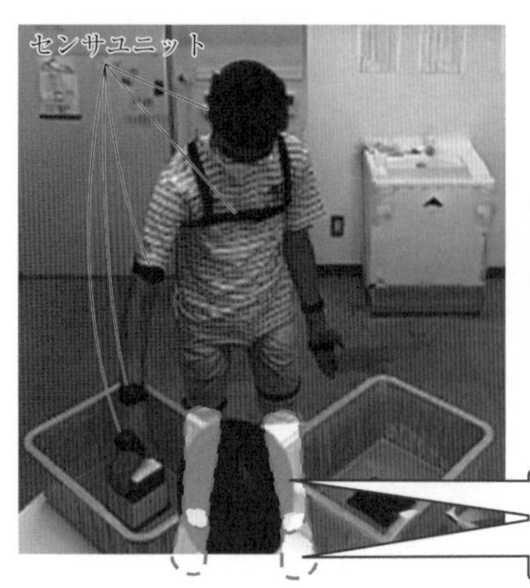

(a) センサユニットを各体節に装着し，身体動作を測定

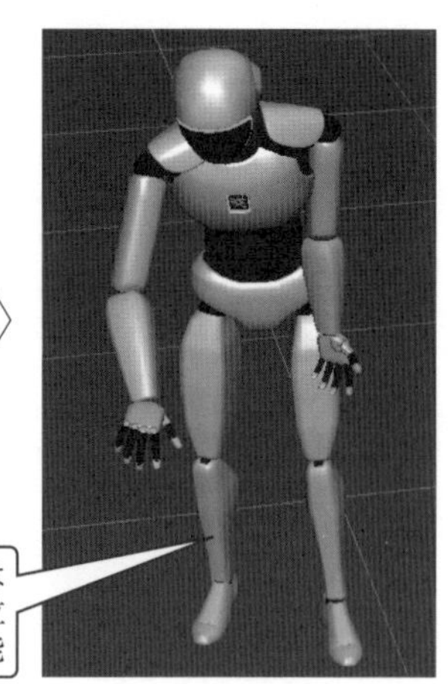

(b) 3次元姿勢データ

図 **2.44**　慣性センサ式モーションキャプチャシステムの模式図

る身体動作の計測は，以下の手順で実施される．

① 身体の各部位に慣性センサを装着する

② 各時刻において

　i) 身体各部の体節の加速度，角速度，方位（向き）を測定

　ii) 各センサのデータから，骨格モデルの各セグメント（体節）の運動を算出

　iii) 骨格モデルのジョイント（関節）の角度や角速度を算出

③ 算出された値の時間積分により，各体節の速度や移動量，各関節の角度を算出

図 **2.44** に慣性センサ式モーションキャプチャシステムによる身体動作の測定を模式的に示す．測定対象者は，このように身体各部に直接，慣性センサを設置するか，各体節に対応した慣性センサが埋め込まれているボディスーツを着ることになる．この方法の最も大きな長所は，光学的な遮蔽による影響がなく，光学式モーションキャプチャシステムによる測定が難しい環境（狭い場所など）においても測定可能であることである．さらに，無線型のシステムを利用すれば測定

範囲に制約がほぼなくなることや，観測データとして身体各部の運動データを得られることなども，慣性センサ式モーションキャプチャシステムならではの特長といえる．

一方で，慣性センサ式モーションキャプチャシステムでは，各時刻における身体各部の位置は，身体のある部位の位置を基準として算出される移動量を積算して得られるため，センサドリフト（sensor drift）※11の影響を非常に受けやすいことに注意が必要である．慣性センサ式モーションキャプチャシステムは各時刻において身体動作を表す運動データのうち，主に加速度と角速度を測定しており，角加速度は測定された角速度の数値微分により，速度や姿勢データ（位置，角度）は加速度や角速度の数値積分により算出される．つまりセンサのわずかな誤差が，結果的に得られる身体姿勢・動作データの精度を大きく低下させる場合がある．

また，慣性センサのサンプリングレートは通常数 kHz 以上に設定できるものの，観測ノイズは大きい．加速度や角速度については平滑化などにより観測ノイズの影響を抑制することもできるが，センサの方位や位置の算出にはそれぞれ 1 階積分，2 階積分が必要であり，その分，算出値の精度は低くなりやすい．この誤差を抑制するため，地磁気センサを用いた方位の測定値を用いられることもある．ただし地磁気センサも，金属や電子機器の周囲に存在する磁界の影響による誤差が生じやすい．そのため 9 軸すべてのデータを用いるカルマンフィルタや Madgwick Filter [31] などによる慣性センサ観測情報の補正が必要である．

(5) 磁気センサ式モーションキャプチャシステム

慣性センサ式モーションキャプチャシステムでは主に運動データ（加速度，角速度）を測定するため，各セグメント（体節）の速度や姿勢データ（位置や方位）の算出精度に課題があった．その補正に地磁気センサを用いる場合もあるが，地磁気も金属や電子機器など周辺環境の影響によりひずむため，誤差が生じやすい．

一方で，センサにより身体各部の位置や方位を観測する方式として，**磁気センサ式モーションキャプチャシステム**が存在する．これは，あらかじめ測定範囲内に人工的に磁場を発生させておき，その強度と方向から位置と方位を測定するものである（図 **2.45**）．磁気センサ式モーションキャプチャシステムによる身体動

※11 センサによる測定値の真値からのずれ．発生原因はさまざまだが，例えばセンサ内部の部品の温度がわずかに変化した場合にも測定値が異なってしまうことがある．

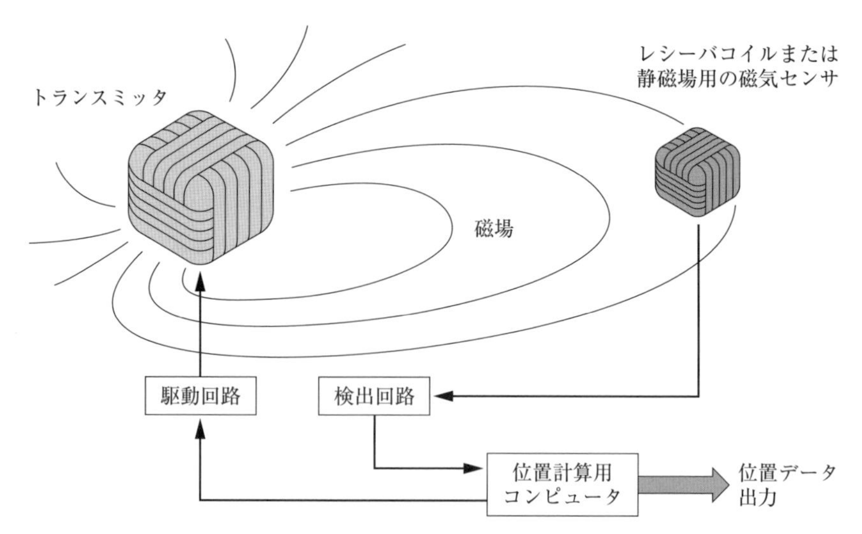

図 **2.45** 磁気センサ式モーションキャプチャシステムの模式図

作の計測は，以下の手順で実施される．

① 磁場発生用トランスミッタを設置し，身体の各部位に磁気センサを装着する

② 各時刻において

　i) 身体各部の体節の位置と方位を測定する

　ii) 骨格モデルのジョイント（関節）の角度を算出

③ 算出された値の時間微分により，各体節の運動データ（速度，加速度，角速度，角加速度）や，関節角の角速度，角加速度を算出

磁気センサ式モーションキャプチャシステムを用いた例として，作業動作測定実験の様子を図 **2.46** に示す．人工的に発生させた磁場において，各センサの位置や方位を磁場の強度と方向から算出するため，光学式モーションキャプチャシステムと同様に，センサドリフトがない点に大きな強みがある．矩形波型の静磁場を使った方式のものは，周辺金属の渦電流の発生が回避できるため，金属の影響を受けにくい．この点は，慣性センサ式モーションキャプチャシステムに対する大きな利点である．

ただし，磁気センサ式モーションキャプチャシステムにも弱点はある．発生で

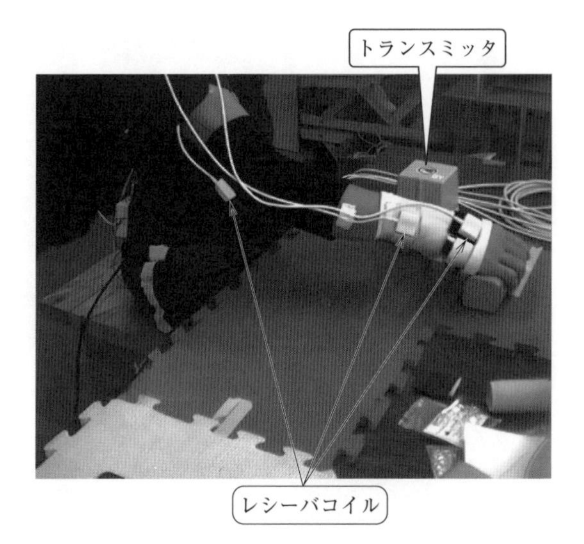

図 2.46 磁気センサ式モーションキャプチャシステムを用いた作業動作測定実験の例[32]

きる磁場の範囲に制限があり，測定場が限定される．市販品の場合，トランスミッタから最大でも数 m が測定の限界である．また，壁や床に埋設された鉄筋や電線など磁場を乱すものがあると，測定が難しくなる．

2.4.2 逆動力学解析による関節力評価

本項では，スポーツにおける身体運動の解析と評価の実例として，片前腕欠損のパラ陸上選手を対象とした，短距離走時の腕振り動作の逆動力学解析を説明する[33]．

陸上競技において，短距離走は非常にポピュラーな競技であり，学術的にもパフォーマンスの向上や傷害予防の目的から，多くの研究がなされている．それらの研究の中には上肢動作，すなわち腕振り（swing）についてのものもあり，腕振りが走行に及ぼす動力学的な影響は無視できないとされている．

現在，片方の腕の肘から先がほとんどない片前腕欠損／切断の障がいをもつ選手の短距離競技においては，義手を用いることが許されているが，片前腕欠損／切断選手の腕振りに関する研究はほとんどされていないのが現状である．そこで 2 名の片前腕欠損選手（男子選手 1 名，女子選手 1 名）の腕振り動作の解析と評

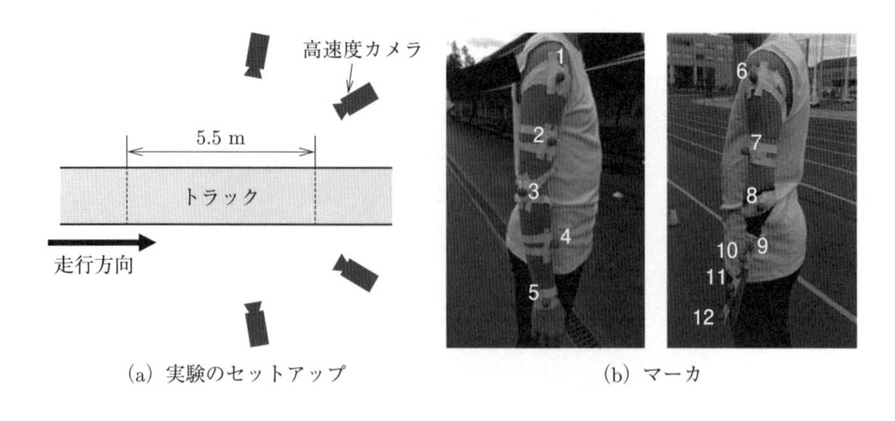

(a) 実験のセットアップ (b) マーカ

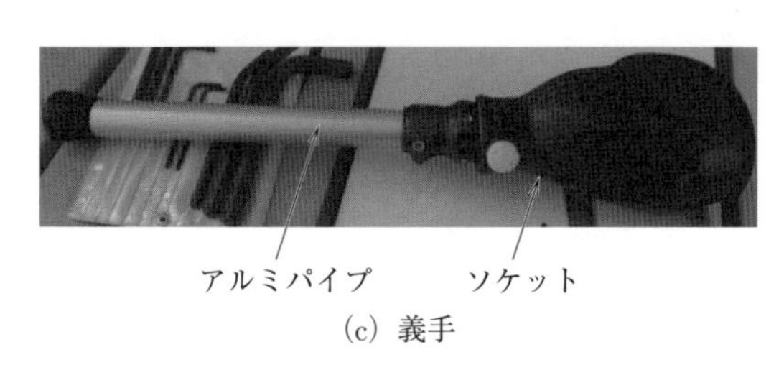

(c) 義手

図 **2.47** 腕振り動作の計測実験

価が行われている．図 **2.47** (a) に腕振り動作の計測のための実験のセットアップを示す．4台の高速カメラにより，5.5 m のトラックを走行する選手の腕振り動作が撮影されている．このうち，選手から見て右側のカメラ2台では右腕側が撮影され，左側のカメラ2台では左腕側が撮影されている．また，図 2.47 (b) に示されるように，選手の両腕および義手に，動きの変化を計測するための，計12個のマーカが貼付された．屋外環境であるため，マーカは赤外線反射タイプではなく，単純な赤色の球であった．使用する義手は図 2.47 (c) に示されるように，アルミパイプとソケット部からなり，ソケットに腕を差し込んで装着するタイプのものである．以上により，片腕ごとに，2台のカメラによる走行1周期分の撮影画像について，手動でマーカ点のデジタイズが行われ，DLT 法によりマーカ位置の3次元座標が算出された．

また，図 **2.48** に逆動力学解析のための剛体リンクモデルの模式図を示す．欠損側の腕が，義手ありの場合／なしの場合，および，健常側の腕の場合，の3種類

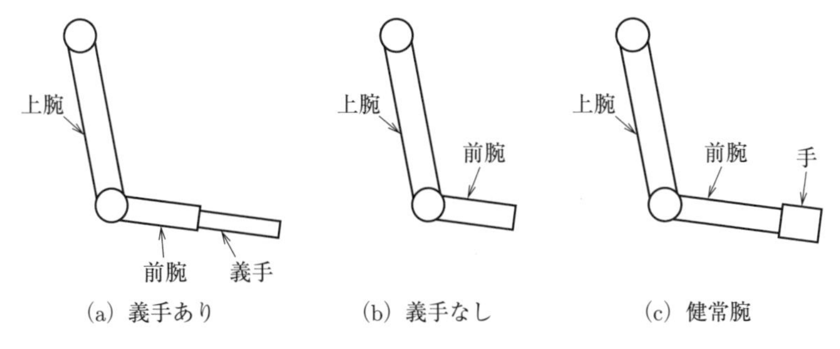

図 2.48 逆動力学解析のための剛体リンクモデル

のモデルが用いられている．一方，義手の有無により腕振り動作自体が変化してしまう影響を排除するため，実験は義手を装着した場合のみで行われる，その同じ腕振り動作について，義手ありとなしのモデルを解析で使い分けて，それぞれの場合の逆動力学解析が行われている※12.

図 2.49 は，解析結果として，肩関節において腕から体幹に作用する鉛直方向の力の時間変化を示している．横軸は走行 1 サイクルを 100%として，欠損の腕の側における足が接地した瞬間を 0%としている．また，走行 1 周期のうち，グレーで示された領域は足の接地期間を表しており，肩の最大屈曲のタイミングは破線で示されている．縦軸の，正の上向きの力は，腕がランナーの身体を引き上げようとする力が発生していることを意味し，縦軸の，負の下向きの力は，腕がランナーの身体を地面側に押し付けようとする力が発生していることを意味する．グラフをみると，接地期間において腕からの力は概ね下向きになっており，腕を上向きに振り上げることによって下向きの力が発生し，この力が地面をより強く踏み込めるような効果を生むことがわかる．一方，グレーでない領域は両足とも接地していない空中期であり，この期間においては，腕からの力は概ね上向きになっており，この力が滞空期間を延ばすような効果を生むことがわかる．よって基本的に腕振り動作はパフォーマンス向上の観点からはポジティブな効果を生むと考えられる．

さらに，義手側の腕と健常側の腕を比較すると，男子選手，女子選手ともに，健常側の腕のほうが力が大きくなっている．これは，健常側のほうが質量が大きい

※12 図 2.48 のモデルは平面的にみえるが，実際の解析は 3 次元で行われている．

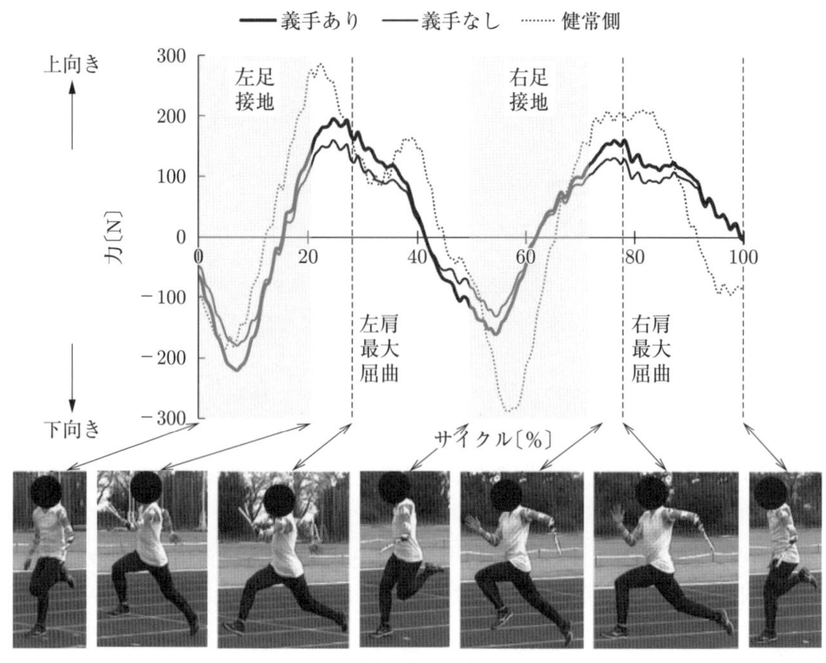

(a) 男子選手

ことが主な原因と考えられるが，大きさだけでなく波形も健常側と義手側では異なっており，左右の腕振り動作に各選手特有の癖による非対称性があることがわかる．また，義手の有無で比較すると，上向きの力の最大値は 21 ～ 31%，下向きの力の最大値は 22 ～ 27%であり，義手ありの場合のほうが大きくなっている．よって義手装着により，腕振りのポジティブな効果が 2 割から 3 割近くまで増加することがこの解析から示唆される．

2.4.3　筋骨格解析による筋力評価

筋骨格解析による筋力評価の実例として，前項で逆動力学解析の例として取り上げた，片前腕欠損のパラ陸上選手を対象とした短距離走時の腕振り動作についての筋骨格解析を説明する[33)]．前項で行った逆動力学解析のための実験により，腕部の運動のデータは取得されていたため，これを用いて筋骨格解析が行われている．具体的には，市販の筋骨格解析ソフトウェアの AnyBody Modeling System を

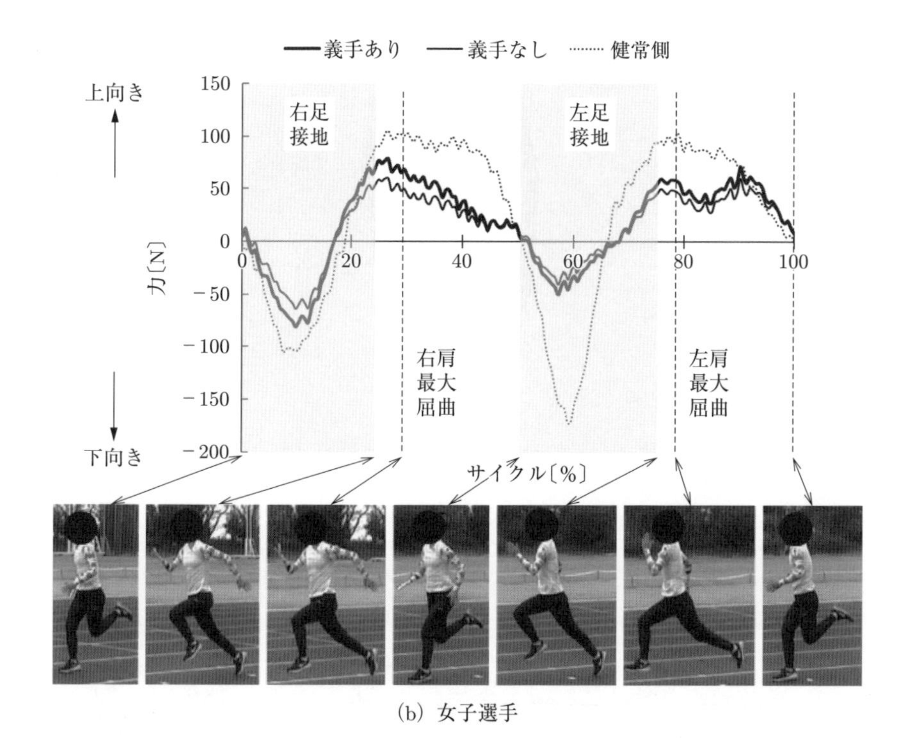

(b) 女子選手

図 **2.49** 逆動力学解析結果
(肩関節において腕から体幹に作用する鉛直方向の力の時間変化を示す)

用いて，義手を用いた腕振り動作の解析のための筋骨格モデルが構築されている．

図 2.50 に構築された筋骨格モデルを示す．このモデルでは，健常の腕のモデルから手部をなくし，前腕の長さを短くし，さらに前腕に付着する筋の起始・停止を変更することにより，前腕の欠損が表現されている．そして，義手のパイプ部分の慣性特性を再現するための楕円体が前腕部に装着されている．

図 2.51 に，筋骨格解析の結果として，男子選手の上腕三頭筋および大胸筋上部の筋力の時間変化を示す．本来，腕振り動作は左右対称に近い動作であるので，筋力も健常側と欠損側で類似した波形が得られると考えられる．実際，図 2.51 (a) の上腕三頭筋は概ねそのような結果となっており，健常側と欠損側（義手あり，および，義手なし）の波形がただ半周期ずれたようになっている．ただし欠損側は質量が健常側より小さいため，ピーク値は健常側よりずっと小さくなっている．

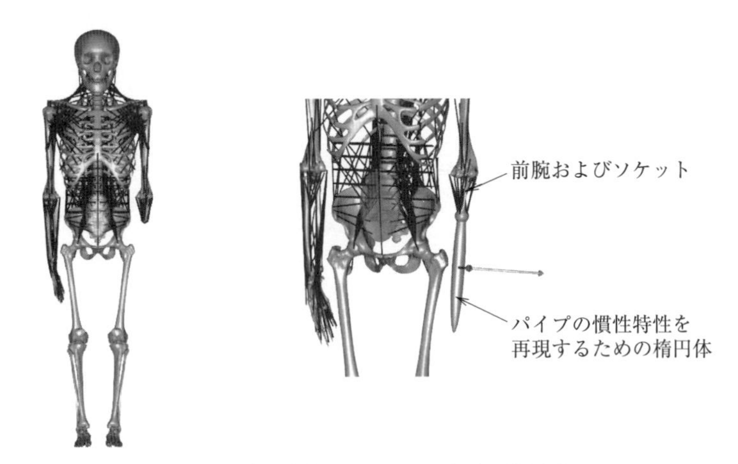

図 **2.50** 片前腕欠損のパラ陸上選手の筋骨格モデル

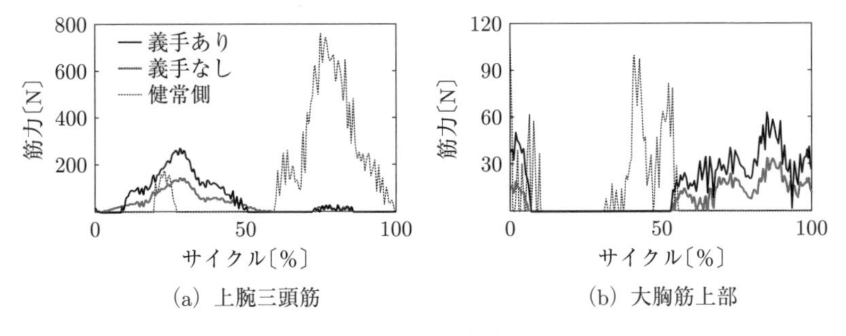

(a) 上腕三頭筋　(b) 大胸筋上部

図 **2.51** 筋骨格解析結果
(男子選手についての筋力の時間変化)

一方，図 2.51 (b) の大胸筋上部については，健常側と欠損側で波形自体が大きく異なっている．これは前項でも述べたとおり，腕振り動作に各選手特有の癖による左右の非対称性があるためである．

さらに，筋の負担を調べるため，筋力に時間をかけた力積を調べると，大胸筋上部の場合は上腕三頭筋の場合と違って，欠損側のほうが筋力発揮している期間が長く，欠損側のほうが義手の装着によってむしろ健常側より筋の負担が大きくなることがわかる．すなわち，義手の装着によって，欠損側の筋の負担が大きくなる可能性がある．そこで，筋骨格モデルにおいて腕振り動作に寄与する筋すべてについて，負担を調べるために筋力の 1 周期分の力積が計算されている．その

表 **2.3**　筋の負担としての筋力の 1 周期分における力積の解析結果

（健常側の値に対する比として表されている）

筋肉	力積比（男子）〔%〕		力積比（女子）〔%〕	
	NP/I	**P/I**	**NP/I**	**P/I**
上腕二頭筋	12.7	26.8	8.87	16.0
上腕筋	13.5	27.3	6.84	10.8
腕橈骨筋	4.5	27.9	7.23	31.5
上腕三頭筋	23.9	40.9	9.78	18.7
肘筋	0.0	0.0	2.12	1.13
烏口腕筋	25.0	50.2	57.9	109
三角筋前部	22.2	42.4	14.9	27.1
三角筋側部	16.6	26.5	23.7	37.5
三角筋後部	23.8	41.6	17.4	28.6
大円筋	20.2	38.6	14.0	24.8
小円筋	30.6	56.8	17.9	32.0
棘上筋	29.5	51.9	22.8	38.8
棘下筋	28.4	49.9	23.0	39.5
肩甲下筋	11.4	20.2	15.9	26.6
大胸筋上部	71.7	150	18.2	33.6
大胸筋下部	26.9	56.8	16.1	29.6
広背筋	19.3	37.2	16.3	29.4

※　$\mathrm{NP/I} = \dfrac{\text{義手がない場合の欠損側の力積}}{\text{健常側の力積}}$,　$\mathrm{P/I} = \dfrac{\text{義手がある場合の欠損側の力積}}{\text{健常側の力積}}$

結果を表 **2.3** に示す．男子選手，女子選手それぞれについて，健常側の値に対する比をとった欠損側の力積が義手あり／なしの 2 種類の場合で示されている．義手なしの場合には，ほとんどの場合で 50%以下の値となっているが，男子選手では大胸筋上部，女子選手では烏口腕筋という筋について 50%を超える値となっている．一方，義手ありの場合，これらの筋の負担が 100%を超えている，すなわち健常側よりも筋の負担が大きくなることがわかる．

以上より，義手の装着はパフォーマンス向上にポジティブな効果をもつが，筋力という点では，選手の腕振りのフォームによって，特定の筋に多大な負担が生じうるというデメリットもあることが示唆される．よって，肘から先に棒状の義手を装着するのではなく，上腕におもりのようなものを装着するなど，デメリットをなくしてメリットだけ得るような工夫が必要となると考えられる．

第3章　戦術の生成と解析

本章では，対戦型スポーツにおけるロボット・AI 技術の戦術に関する問題について取り上げる．これは大きく，「戦術をどのように生成すればよいのか」という**順問題**と，「外部から戦術をどのように推定するのか」という**逆問題**に分けられる．

順問題で戦術が生成できれば，後は戦術を実行できるエージェントを用いたシミュレーション（実世界も含む）を繰り返すことで，その戦術を評価，洗練していくことができる．一方，逆問題で戦術を推定できれば，推定した相手の戦術に合わせて自チームの戦術を立てるというような戦術の生成への寄与が可能となる．さらに，戦術を分析することによってその評価が可能となり，内部を直接操作，観測できない人間の戦術の理解が進むことも期待できる．このように，順問題と逆問題の双方を解くことを通して個々の対戦型スポーツにおける戦術の理解が深まり，戦術の発展に寄与することが期待できる．

従来，スポーツを題材としたシミュレーションやロボットにかかわる研究では順問題と逆問題，スポーツにかかわる人間の解析においては逆問題が扱われてきた．今後，これらの間で知見を相互に活かすことが重要と考えられるが，観測可能な情報や各エージェントの行動の粒度など，前提条件がそれぞれにおいて異なるため，それらの違いを正しく理解したうえで融合させていくことが求められる．

3.1 節でまず本章の理解に必要な基礎知識についてまとめる．次に，3.2 節では，サッカーのシミュレーションエージェントの行動生成を題材として，順問題である戦術行動の生成法について説明する．3.3 節では，サッカーロボットにおける戦術の実現と相手の戦術の推定を通して，ロボットにおける順問題と逆問題について説明する．また，3.4 節では，人間の競技における戦術の解析を取り上げ，戦術評価のための逆問題について説明する．最後に，3.5 節において，シミュレーション，ロボット，人間の競技における各前提条件を整理し，今後の融合に向けた可能性について論じる．

3.1 戦術の基礎知識

3.1.1 ロボットと人間の解析に関する共通の背景

対戦型スポーツにおいては，第2章で説明された身体運動に加え，戦術的な動きも重要である．すなわち，多くの対戦型スポーツでは，競技者のフィジカルの強さや技術の上手さ（身体と運動）だけでなく，戦術の取決めや実行によっても試合の結果が大きく左右される．例えば，サッカーなどでは，味方のためにスペースを空ける動きや，協力して守備を行うシーンが頻繁にみられる．したがって，サッカーを題材として戦術の生成と解析を行うことは，その戦術的な要素を理解し，よりよいプレイを探求するために価値があるといえる．特にスポーツロボティクスの分野では，このような戦術の解析が，ロボットの振舞いや戦術的な判断を最適化するうえでの大きな手助けとなる．

先に，よく使用されるが，読む人によって意味や範囲が異なると思われる「戦術」「戦略」「戦法」という3つの用語について，対戦型スポーツを対象とする本章での意味について明確にしておきたい．一般的に，戦術（tactics）は特定の状況や局面における具体的な行動や配置の取決めを指すことが多い．例として，サッカーにおける攻撃および守備における選手の配置やプレイのパターンなどがあげられる．

また，戦略（strategy）は全体的な目的や方針を達成するための長期的な計画やアプローチを指す．例えば，シーズン全体を通じての勝利のための方針や，特定の試合での勝利を目指すための戦術の選択などがこれに該当する．一方，戦法（operation）は複数の戦術や戦略を組み合わせて構築される一連のアプローチやプランを指すことが多く，特定の試合や状況に応じて適切な戦術や戦略を選択し，それらを組み合わせて実行することを意味する．

本章では，表題にもあるように，「戦術」的な動きの生成や，データ解析について主に考える．つまり，サッカーを例にすると，特定の状況や局面における具体的な行動や配置の取決めとして攻撃や守備における集団全体のフォーメーションのような話から，局所的な（例えば1対1や2対2のような局面での）相手との競争・味方の協力のような動きを「戦術」としてとらえ，主に説明する．そのため，人間やロボットの巧みな関節運動や，「戦略」といったほうがよい長期にわたる計画のような話は対象外とする．

続いて，戦術的な動きの生成やデータ解析を行うための，ロボット・人間の解析で共通となるデータの基礎知識について述べる．戦術を分析する際には，選手やボールの**位置データ**（location data）と，シュートやパスなどの**イベントデータ**（event data）を用いることが多い[※1]．位置データは，各選手やボールのフィールド上での位置の時系列データであり，これにより各選手の動きや配置の変化，戦術の実行状況などを可視化・分析することができる．また，イベントデータは，パスやシュートなどの具体的なプレイの種類とその時刻を表すデータである．これら位置データとイベントデータを組み合わせることで，戦術的な動きを詳細に解析することが可能となる．

一方，ロボットのサッカーにおける動きの生成と人間の行動分析では，問題やアプローチには共通点があるものの，相違点がある．これを理解するために必要になるのが，**順問題**（forward problem）と**逆問題**（inverse problem）という概念である．一般に順問題とは，既知の原因（モデル）から結果（データ）を生成する問題をいい，逆問題とは，既知の結果（データ）から原因（モデル）を推定する問題をいう（図 **3.1**）．サッカーでいえば，順問題は，特定の戦術や配置からその結果を生成・予測することである．ロボットやシミュレーションを用いた研究においては，事前に定義された行動や戦術から結果をシミュレートするという形で取り扱われることが多い．この方法を**順解析**（forward analysis）という．

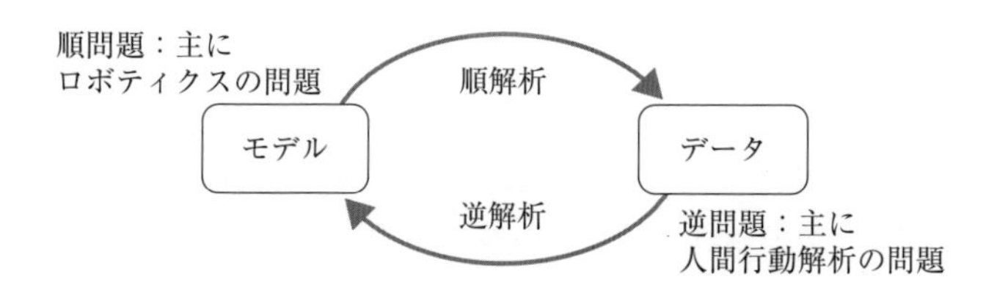

図 **3.1** 順問題と逆問題の概念図
（モデルからデータを生成するのが順問題であり，データからモデルを推定するのが逆問題である）

※1 そのほかにもあるが，共通して重要なこの 2 つについて説明している．

一方，逆問題は，実際の試合結果やデータからその原因や背後にある戦術を解析することであり，人間の監督や選手も試合後の分析としてよく行っている．この方法を逆解析（inverse analysis）という．しかし，人間のように知的に振る舞うロボットを取り扱う際や，人間の頭の中で行われるシミュレーションを再現するような問題においては，順解析と逆解析の両方が必要になる場合があるため，単純化することはできない．例えば，ロボットの位置や戦術の推定は逆問題であり，人間の行動解析における軌道予測は順問題である．これらの詳細は後述する．

3.1.2　ロボットと人間の解析に関する問題設定

ここでは，ロボットと人間の解析に関する問題設定，つまり，各コンテキストにおける特有の問題点や課題について説明する．長い歴史をもつ人間のサッカーの問題設定と，ロボカップサッカーの2Dシミュレーションおよび中型リーグの問題設定，そして，それらの比較について説明する．

簡単にサッカーについて説明しておこう．現代のサッカーは1863年にイギリスのロンドンで設立されたThe Football Associationにその起源をもつといわれている．1つのボールを用いて，1チームが11人の計2チームの間で行われる対戦型スポーツの1つであり，主に足を用いてボールを操作しなければならない．敵チームのゴールにボールを運び入れることで，1点を得ることができる．決められた試合時間の間に多くの点を獲得したほうのチームが勝ちとなる．手や腕でなければ，足以外の身体部分でボールを操作してもよい．ただし，各チーム1名のゴールキーパーは，ペナルティエリアという範囲内であれば，手や腕を含めてボールを操作することができる．このようなルールをもつサッカーは，個人の運動能力やボールを扱う技術だけでなく，集団としての協調による敵との競合的な振舞い，すなわち，チームワークが勝敗に大きく関与することが特徴である．

(1) ロボカップサッカー2Dシミュレーションの問題設定

ロボカップサッカー2Dシミュレーション（以下，2Dサッカー）は，サッカーのチームワークに焦点を当てた研究プラットフォームである．コンピュータ上でのプログラムによる仮想的なサッカーであるものの，人間が行う11対11のサッカーとほぼ同じルールでの競技を実現している．シミュレータとなるプログラムが用意されており，シミュレータ上で動作する選手やコーチの思考アルゴルズムの研究開発が進められている．

2D サッカーのシミュレータは完全な自律分散システムとして設計されており，シミュレータ上で動作する選手やコーチのプログラムは独立に意思決定を行う．このような自律的な意思決定を行うプログラムを，ソフトウェアエージェント (software agent) または単にエージェントと呼ぶことがある※2．選手やコーチの間で意思疎通するためのコミュニケーションチャネルは制限されており，互いに何を考えているかを正確に知ることはできない．さらに，選手の視野方向や視野角も制限されており，得られる情報には意図的にノイズが含まれる．これらの制限によって，人間の知覚・認知の情報処理をシミュレーション上で再現しようとしている．各選手やコーチは不完全・不正確な知覚情報から外部の状態を自身の中で再構成し，自分以外のエージェントの意図を互いに推定しながら，チームワークを実現しなければならない．このようにソフトウェアエージェントを複数動作させ，単体のエージェントでは対処困難な問題を扱うしくみを一般にマルチエージェントシステム (multiagent systems) という．2D サッカーはマルチエージェントシステムのテストベッド（実験用プラットフォーム）としても知られている．

このようにチームワーク研究に焦点を当てる一方で，2D サッカーでは，サッカー選手として運動制御の面にはあまり注目していない．2D サッカーでは，画像・音声などのセンサ情報処理や関節運動といったロボット制御に関する多くの問題が省略されている．選手の行動にノイズが混入されるため，必ずしも意図どおりの結果は得られないが，現実世界と比較すれば想定外の事態・事故は発生しにくくなっている．このような省略・簡略化を行っている理由は，ロボットが人間と同等の環境認識と運動の能力をもった先に集団内でどのように意思決定させるか，という問題に注目しているからである．

2D サッカーは，ロボットの行うサッカーと人間の行うサッカーとの中間に位置し，ロボットによる人間の集団行動の模倣，さらには，人間を超える集団行動の制御を目指している位置付けとなっているといえるだろう．

(2) ロボカップ中型リーグの問題設定

実体をもつロボットによるサッカーでは，各ロボットの視界や共有する知識は，

※2 エージェント (agent) は一般に「代理人」を指す英単語であるが，コンピュータ上のエージェントについては，「ある環境をセンサである受容器 (detector) で知覚 (percept) し，効果器 (effector) を通して行動 (action) するもの」と，Stuart Russell らは定義している [14]．

ロボットに搭載するセンサおよびネットワーク等の設計に依存することとなる．また，運動性能は，二足歩行，四足歩行，車輪型などの移動方式に加えて，ボールのコントロール方式，使用するモータのトルクや制御方法により大きく異なってくる．すなわち，実体をもつロボットによるサッカーにおいては，戦術以前の過程も重要であるといえる．

しかし，人間の試合でも，サムライブルーとなでしこジャパンが一緒にプレイする公式戦はみたことがないし，アンプティサッカーやブラインドサッカーの選手がともに試合をする公式戦は存在しない．あまりにもかけ離れた特徴をもつ選手どうしより，似た特徴をもつ選手どうしのほうが同じルール内で公平性の高い試合が可能になるからであると考えられる．

また，ロボカップの最終目標は「2050年までに，人間のサッカーの世界チャンピオンチームに勝てる，自律移動のヒューマノイドロボットのチームをつくる」ことである．これには，人間のサッカーの世界チャンピオンチームに所属している選手たちと同じ特徴（規格）を獲得する必要があるが，ロボカップ中型リーグにおいても，この点で数年模索が続いている．

なぜなら，人間を上回る性能（コントロール抜群なシュート力，絶対に通るパスルートの計算アルゴリズム，どんな外乱の中でもボールの位置を把握し続けるロバスト性）以上に，人間と試合をするうえでは対戦相手の人間にとっての安全性が求められるからである．つまり，人間がフィールドにいる状態で，ロボットがルールにどう折り合いをつけていくかが求められる．例えば，衝突しても人間が負傷しないようにカバーを付けなければならないし，人間の目に大きく危害を加えるおそれのあるレーザは使用しない必要がある．誤って人間の足を蹴ってしまったら骨が折れてしまうほどのキック力を実現するアクチュエータも使用できない．

このように，実体をもつロボットによるサッカーでは，ハードおよびソフトの設計段階から戦術を練り込むことが可能である一方，人間の規格から大きく外れることが許されないという制約がある．

また，実体をもつロボットによるサッカーでは戦術を生成するにあたり，環境認識によって得られる情報（自己位置・速度，ボール位置・速度，障害物の位置・速度，味方選手の位置・速度など）は，実世界で行われるがゆえに，常にノイズを含んだものとなる．したがって，信頼度を算出して，確率的にあたりをつける必要がある．例えば，ボールの位置が正確とはいえないから，ボールととらえている物体が本当にボールかどうかをチェックできなければならない．また，ロボットとボール間の距離推定値，自己位置推定もチェックできなければならない．このためには，カメラのキャリブレーション，画像処理の閾値設定，自己位置推定のためのフィルタのパラメータ最適化の機能が必要である．

さらに，不測の事態が多く，場合分けが多くなる傾向がある．いくつかの条件が固定されているセットプレイ（キックオフ，コーナーキック，ペナルティーキックなど）でさえも，自陣ターンなのか敵陣ターンなのか，自分がパスを出す選手なのかパスを受ける選手なのか，そのほかなのか，そして，ボールの位置は把握できているのか把握できていないのか，そもそも，自陣の選手は全員フィールドに出ているのか欠けているのかなど，100 を超える場合分けがある．それぞれの場合に応じて行動をはめ込んでいく，あるいは共通項を抜き出しながら想定していない事態を排除していかなければならない．さらに，セットプレイ以外では，そもそもボールをどちらのチームがコントロールしているかの判断が難しい．自陣，敵陣，ボールすべての位置や速度が同じ場合でも，試合の流れにより，ボールをコントロールしているチームがどちらかが異なってくるからである．

したがって，戦術の解析時には，ロボットの行動がはたしてロボットにプログラミングされた意図どおりのものかどうかを精査する必要がある．仮に，ロボットが絶妙なタイミングで絶妙な位置からシュートして得点した場合であっても，それがプログラマの成果であるとは限らない．

(3) 人間のサッカーの問題設定

上記のシミュレーションやロボットと比べた際の人間のサッカーの問題設定を図 **3.2** に整理する．

人間のサッカーの競技データを定量的に分析するためには，まず動きのデータ，例えば選手とボールの位置データを取得する必要がある．ここでシミュレーションやロボットの場合との大きな違いは，選手がどのように観測したのかの情報がまったく得られず，外部からみた動きの観察データしか得られない（それも後に述べるように限定的）ことである．よって，人間のサッカーについては観察されたデータにもとづくプレイ結果の分析が主流である．

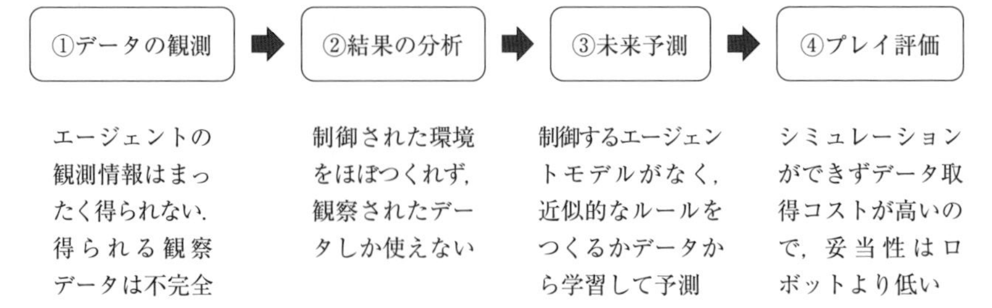

図 3.2 シミュレーションやロボットと比べた際の人間のサッカーの問題設定
（上はデータの流れ，下は人間の競技とシミュレーション，ロボットとの違い）

また，予測[※3]およびプレイ評価についても，シミュレーションやロボットと違いが生じる．まず，予測を行うには何らかのエージェントが必要であるが，人間のサッカーにおいては制御できるエージェントが存在しないので，近似的なルール（数理モデル）をつくるかデータから機械学習を用いて予測することになる．プレイ評価においても，人間のサッカーではデータ取得コストが高いにもかかわらず得られるデータ量が少ない．このためプレイ評価の妥当性がシミュレーションやロボットに比べて低い．

これらの問題があるため，人間のサッカーの解析は本質的に逆解析とならざるをえない．シミュレーションやロボットでは順解析が可能であるから，人間のサッカーの問題設定には大きな違いがあるといえる．

3.1.3 モデルに関する前提知識

ここで，本章のシミュレーション・ロボット・人間の解析で共通してよく用いられるモデル（およびモデル化）という用語について説明する．一般に，モデル化（modelling）とは，現実世界の事象や現象を抽象化し，理解しやすく表現する手法のことである．私たちの社会は，多くの複雑なシステムとプロセスに取り囲まれており，気候変動，市場動向，人々の行動といった事象は，その複雑性ゆえに，直感や経験だけで理解することは難しい．そこでモデル化をして，現象を理解し，予測しようとするのである．

[※3] シミュレーションやロボットでは制御することがメインになるのに対して，人間では制御することができないので予測がメインになる．

モデルには数理モデル，ルールベースモデル，機械学習モデルなどがある．

数理モデル（mathematical model）は，物理学，経済学，生物学などさまざまな分野で使われているモデル化で，現実の現象を数学的な形（数式や関数）で表現するものである．特に，物理的な法則や明確な数学的原理にもとづいて構築され，システムの未来の挙動を予測したり，システム設計の指針として利用される．3.2 節に示す運動方程式で記述される運動モデルや，3.3 節に示すドロネー三角形分割，3.4 節に示すボロノイ領域などの空間を分割する方法も数理モデルの 1 つである．

対して，**ルールベースモデル**（rule-based model）は，私たちの周囲のシステムや行動に隠れた「ルール」を人間がコンピュータに教える（プログラミング言語によって記述する）ことで，複雑な現象を単純なルールの集合体とするモデル化である．なお，3.2 節に示すフォーメーション設定などは人間が直接ルールを実装するが，ルールベースモデルに分類される．

機械学習モデル（machine learning model）は，入力データから有用なパターンや知識を機械（コンピュータ）に自動的に抽出させるモデル化である．これによって，未知のデータに対して予測や分類を行うことが目的である．すなわち，人間が直接プログラムで指定しない特徴やルールを，コンピュータがデータをもとに「学習」するモデルである．これは画像認識，自然言語処理，医療診断や自動運転など，適用範囲が広いのが特長であるが，大量のデータと計算資源を必要とする．

さらに，機械学習モデルによる動きの順解析・逆解析は，大きくいって，データから特徴を抽出する手法と，ある行動をシミュレート・制御する手法とに分けられる[26)]．データから特徴を抽出する手法の多くは逆解析である．

図 3.3 は，これらの下に，機械学習の代表的な手法（教師なし学習，教師あり学習，強化学習など）を配置したものである[※4]．

データから特徴を抽出する手法は，教師なし学習，教師あり学習とそれらの組合せによって行われる．ここで，**教師なし学習**（unsupervised learning）とは，目的変数（＝教師データ，スポーツデータ解析の例ではプレイの種類や得点など）を用いない学習であり，次元削減やクラスタリングなどの手法がある．対して，

※4 ただし，3.4 節でも少し述べるように現在はこれらが融合することが多く，便宜的な分け方となっているということに注意してほしい．

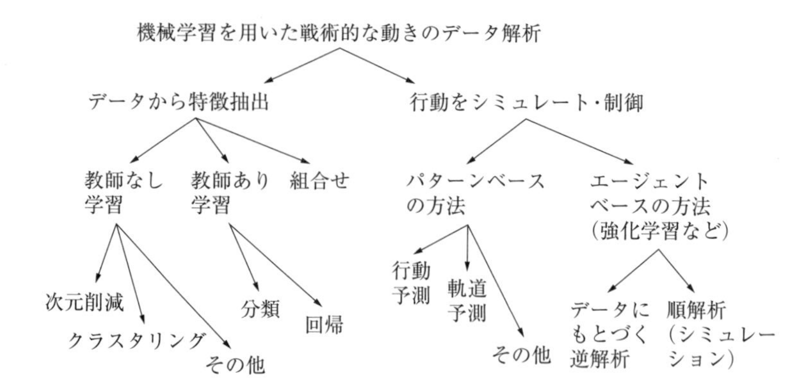

図 3.3 機械学習を用いた戦術的な動きのデータ解析の分類体系
(大きく分けると，データからの特徴抽出と，ある行動をシミュレート・制御する方向性がある．それらを実現する方法として，教師あり学習，教師なし学習，強化学習やそれらの組合せが考えられる)

教師あり学習（supervised learning）とは，目的変数（＝教師データ）に沿うようにする学習である．特に，目的変数がプレイの種類のように離散的な値をとる場合，**分類**（classification）といい，位置データや得点のように連続的な値をとる場合，**回帰**（regression）という．このようなデータから特徴を抽出する手法では，人間の学校のテストと同じく，いわゆるカンニング防止のために学習時とは異なるデータセット（テストデータ）を用いて検証を行うのが基本である（3.4 節参照）．

また，ある行動をシミュレート・制御する手法は，パターンベース，またはエージェントベースで行われる．**パターンベース**とは，教師あり学習などを用いて，選手の行動や移動軌跡を予測して，シミュレーションを行うことである．あくまでパターンをモデル化し，エージェント自体をモデル化しているわけではない．対して，**エージェントベース**はエージェント自体をモデル化するが，これには強化学習などが適用できる．**強化学習**（reinforcement learning）は，報酬を獲得するエージェントをモデル化して，状態から行動を出力する方策を学習するものである．一方，強化学習の考え方はデータにもとづく逆解析にも応用できるが，基本的に人間の選手を正確にモデル化することは難しいため，状態や行動の評価，方策や報酬の推定（それぞれ，**模倣学習**（imitation learning）や**逆強化学習**（inverse reinforcement learning）ともいう）のような部分問題にとどまることが多い．一方で，順解析はロボットやシミュレーションと同じく，理想的な条件において同条件の相手に勝つことを志向するため，逆解析とは目的が異なることが一般的である．ただし，観測されたデータを抽象化しつつ知的なシミュレーションを行うような場合では，これらの手法の融合が必要な場合がある．

以上，次節以降で詳細に説明するシミュレーション，ロボット，人間の解析を理解するうえでの前提知識として，共通となる専門用語やそれぞれの問題設定，共通の問題と異なる問題などについてまとめた．さらに，順解析・逆解析という概念と，それぞれに必要なモデル化に関する事前知識として，数理モデルやルールベースモデル，機械学習モデルについて説明した．それぞれ異なるアプローチであっても，「未知の事象やデータに対して予測や理解を深める」ことは共通している．このために，数理モデルでは理論や原理にもとづいて事象を説明し，機械学習モデルではデータに隠されたパターンを発見して新しい事象を予測する．それぞれの手法がもつ長所と短所を理解し，適切なコンテキストで適切なモデルを選択することが，その特定の課題の解決につながると考えられる．

3.2 シミュレーションにおける戦術的行動の生成

3.2.1 サッカーシミュレーション

サッカーをコンピュータ上でシミュレーションすることを目的とした，さまざまなソフトウェアが公開されている[6,8–10]．実機ロボットによるサッカーを想定して始まったロボカップにおいても，コンピュータシミュレーションによる競技が開催されている．これがロボカップサッカーシミュレーションリーグである．ロボカップサッカーシミュレーションリーグは 1996 年のプレロボカップの時点から実施されており，ロボカップの中でも最も古い競技の 1 つである．

2024 年時点で，ロボカップサッカーシミュレーションリーグには 2D と 3D の 2 つの部門がある．2D はロボカップ発足当初から開催されている競技で，その名のとおり，2 次元平面上でのコンピュータシミュレーションによる競技である．実際の人間の競技よりも物理モデルが簡略化されているものの，チームワーク研究のプラットフォームとなるシミュレーション環境として設計されている．もう一

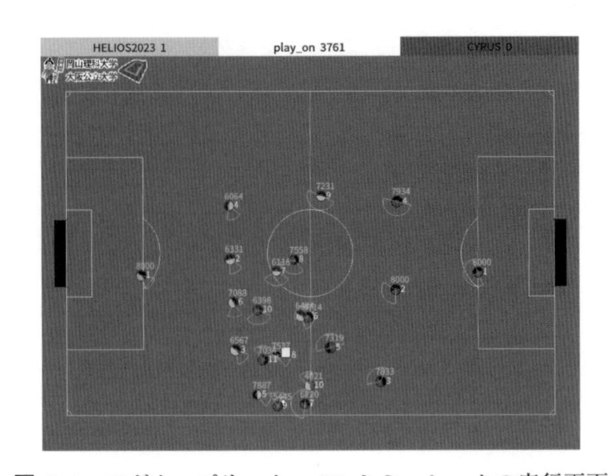

図 3.4　ロボカップサッカー 2D シミュレータの実行画面
（このようなビューワプログラムを用いて，シミュレーションの進行状況をリアルタイムに表示することができる．2 次元平面でのシミュレーションであるため，サッカーフィールドを真上から見下ろした視点で表示される）

方の 3D は，3 次元空間による高さの概念を導入した競技である．2004 年から開始され，2007 年からは二足歩行ロボットのシミュレーションによる競技を行っている．3D ではリアルロボットシミュレーションが志向されており，ロボット個体の制御技術に重きが置かれる傾向がある．

図 3.4 はロボカップサッカー 2D シミュレータ（2D シミュレータ）の実行画面である．2D シミュレータではボールや選手は円で表現されており，いずれも空中を飛ぶことはない．ほかにもさまざまな点で簡略化，抽象化がなされたモデルが採用されており，現実の人間やロボット，および，物理現象を忠実に再現しようとはしていない．2D シミュレータがこのような仕様となっている理由は，マルチエージェントによるチームワーク研究に焦点を合わせているからである．チームワークに焦点を当てたことによって，人間とほぼ同じルールによる 11 対 11 の競技がロボカップ発足当初から実現されている．そのため，3D に比べて 2D のほうがチーム競技としてより人間に近い試合展開を実現できている．

2D シミュレータは 1993 年に電子技術総合研究所（現 産業技術総合研究所）の野田によって最初のバージョンが開発された[10)]．以後，さまざまな人の手による改良を経て，2024 年にはバージョン 19 がリリースされている．シミュレーター式はオープンソースソフトウェアとして公開されており[※5]，サッカーシミュレーションリーグの Maintenance Committee によって保守されている．

シミュレーター一式は Linux での動作を想定して開発されている．ほかの OS 上でも試験的に動作確認はされているが，安定して動作させるためには Linux 環境が推奨される．シミュレーションを実行し，画面表示まで行うには，rcssserver と rcssmonitor という 2 つのソフトウェアをインストールする必要がある．インストール手順は公式リポジトリの README に記載されている．そのほか，シミュレータのより詳細な仕様についてはマニュアル等を参照してほしい[※6]．

3.2.2 シミュレータとエージェントライブラリ

(1) 分散シミュレーションのしくみ

2D シミュレータにおいては，以下のようなサーバ・クライアント方式が採用されている．図 **3.5** はシミュレーション実行時の各ソフトウェアの関係を模式化したものである．シミュレータ本体（rcssserver）はサーバプログラムであり，シミュレータ上で動作する選手やコーチはサーバと通信するクライアントプログラムである．シミュレーション状態を可視化するビューワ（rcssmonitor）もクライ

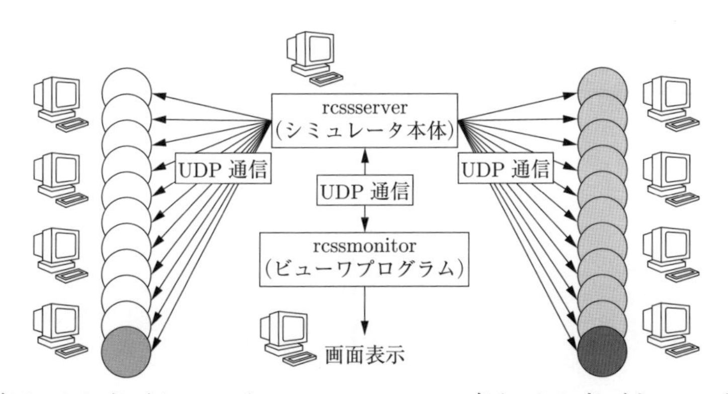

図 **3.5** 2D サッカーシミュレータの構造
（シミュレータ本体はサーバプログラムとして動作する．選手・コーチ・ビューワなどはクライアントプログラムとしてサーバと通信する．すべての通信はサーバを介して行われる）

※5 https://github.com/rcsoccersim
※6 https://rcsoccersim.readthedocs.io/

アントプログラムとしてサーバと通信するように設計されている．このしくみにより，完全な分散マルチエージェントシミュレーションが実現されている．

選手やコーチのプログラムは，センサ情報メッセージをサーバから受信して内部状態を更新し，意思決定を行った後，制御コマンドメッセージをサーバへ送信する．このメッセージの送受信を繰り返すことで，シミュレーションが進行していく．サーバとの通信を確立し，プロトコルを解釈することができれば，エージェントの実装には任意のプログラム言語を使用可能である．

(2) 座標系と物体の観測

2D シミュレータのフィールドの座標系を図 **3.6** に示す．フィールドは 2 次元の連続空間であり，フィールドの中心を原点として，右方向が X 軸正方向，下方向が Y 軸正方向となる左手座標系が採用されている．

選手はフィールド上に設置されているランドマークを観測することで自己位置推定を行う．フィールド上の物体の情報は，視覚情報としてサーバから選手へ自動的に送信される．ただし，選手の視覚には人間を模した制限が設けられている．選手は，体の向き，視野方向，視野角をそれぞれもっており，視野に含まれる物体の情報しか観測できない．選手は特別な視覚デバイスをもっているものとし，観測した物体の識別子，距離，方向などの数値情報がテキストのセンサ情報メッ

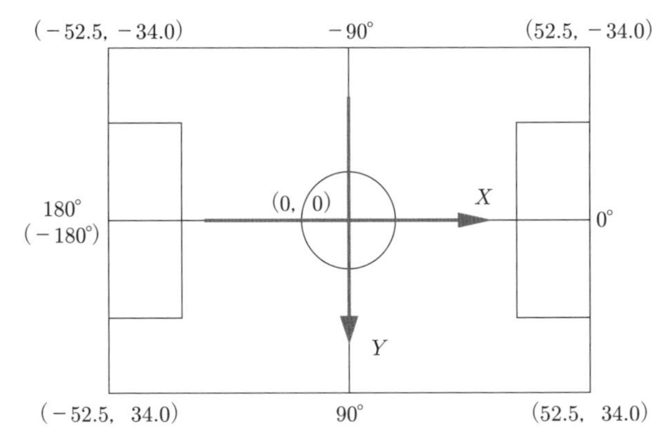

図 **3.6** フィールドの座標系
（フィールドの中心を原点とした座標系となっており，この座標系にもとづいてランドマーク物体が配置されている．選手はそれらのランドマークの観測結果にもとづいて自己位置推定を行う）

セージとしてサーバから送信される．この視覚情報に対してサーバ側でノイズが混入されているため，選手はノイズを考慮して物体の位置と速度を推定しなければならない．

自己を含めた物体の位置と速度の推定は，2D シミュレータにおいても対処が必要となるタスクである．オープンソースのライブラリが充実してきているため，位置速度推定を一から実装する必要はなくなりつつあるものの，視覚情報による選手の内部状態更新には十分に実装が進んでいない問題が残されている．例えば，選手の識別（選手の所属チームや背番号を特定する処理）があげられる．観測対象の選手との位置関係によってはその所属チームや背番号の情報を得られない場合があるため，誤識別が発生することがある．誤識別を減らす技術はいまだにチャレンジングな課題であり，原理的には誤識別を完全にゼロにすることはできない．これは現実にも起こりうることである．よって，実世界の問題における誤識別と同等の対応が必要になる．

(3) 時間モデル

2D シミュレータでは離散時間モデルが採用されており，すべての物体の位置・速度情報はシミュレーションサイクル更新時に一斉に更新される．標準の設定では，シミュレーションサイクルは 100 ms に 1 回更新される．サーバはエージェントからのコマンド送信を待たずにサイクルを進めるため，エージェントはシミュレーションサイクル更新に遅れないようにコマンド送信を完了させなければならない．

(4) 運動モデル

2D シミュレータでは，非常に簡略化された運動モデルが採用されている．物体と地面との摩擦係数や跳ね返りは正しく考慮しておらず，かわりに速度減衰率というパラメータで模擬的にこれらの物理現象を表現している．

シミュレーションサイクル更新時，ボールまたは選手の移動の計算は以下のように行われる：

$$
\begin{cases}
(u_x^{t+1}, u_y^{t+1}) = (v_x^t, v_y^t) + (a_x^t, a_y^t) & \text{（加速）} \\
(p_x^{t+1}, p_y^{t+1}) = (p_x^t, p_y^t) + (u_x^{t+1}, u_y^{t+1}) & \text{（移動）} \\
(v_x^{t+1}, v_y^{t+1}) = \mathrm{decay} \cdot (u_x^{t+1}, u_y^{t+1}) & \text{（速度減衰）} \\
(a_x^{t+1}, a_y^{t+1}) = (0, 0) & \text{（加速度リセット）}
\end{cases}
$$

ここで，(p_x^t, p_y^t) と (v_x^t, v_y^t) はそれぞれシミュレーションサイクル t における物体の位置と速度，decay は物体ごとに設定されている速度減衰率，(a_x^t, a_y^t) は物体の加速度である．加速度は，選手が送信するコマンドによって自分自身やボールに対して与えられ，位置と速度の更新後は常に 0 へリセットされる．さらに，位置の更新時には，物体ごとに設定されているノイズパラメータにしたがったノイズが混入される．

(5) エージェントライブラリ

2D シミュレータ上で動作するエージェントを開発するには，通信と同期，センサメッセージの解析と情報の再構築，基本的な運動制御などの数多くの問題をチームワーク以前の問題として解決しなければならない．そのため，最低限の動作を行う選手プログラムを開発するだけでも数千から数万行のプログラム開発が必要となる．このような開発規模と思考にかけられる計算時間の制約から，チーム開発のためのプログラミング言語として C++が採用されることが大半である．

現在では，比較的低レイヤの問題を解決済みのエージェントライブラリが競技参加チームによって公開されており，これからチーム開発を始める場合はそれらライブラリを利用できる．本書では，エージェントライブラリとして最も広く使われている HELIOS Base を紹介する．HELIOS Base を用いると，チームの戦術的特徴を変化させる程度であれば，C++の知識をほとんど必要とせずに独自のチームをつくることも可能である．

HELIOS Base は秋山らが開発したエージェントライブラリ[※7]であり，ロボカップ世界大会で複数回優勝した経験があるチーム，HELIOS の基幹部分をオープンソース化したものである [4)]．HELIOS Base は以下の 3 つのコンポーネントで構成されている．

- librcsc: 通信，幾何計算，位置速度推定等のエージェント開発に必要なクラスライブラリを提供する．
- helios-base: librcsc を用いたチーム実装のサンプル．サッカー選手としてのマクロ行動（移動，パス，ドリブル，シュート）が提供され，そのままでもチームとして機能する．さらに，本節で説明する戦略的選手配置と行動列

※7 https://github.com/helios-base

探索の枠組みが実装されており，プログラミングをほとんど必要とせずにチーム戦術をある程度変更できる．

- soccerwindow2: rcssmonitor 互換の高機能ビューワプログラム．エージェントの内部状態をリアルタイム表示するビジュアルデバッガや，選手配置を編集するフォーメーションエディタの機能をもつ．

3.2.3 戦略的選手配置の実現

ここでは，ロボカップサッカーシミュレーションにおいて広く用いられている戦略的選手配置の手法を説明する．

(1) SBSP

2D シミュレーションでは，ロボカップ初期のころより状況に応じた選手配置の重要性が認識され，さまざまなアイデアが提案されてきている．その中でも，革命的なアイデアが 2000 年に登場した **SBSP** (situation based strategic positioning)[11] である．

SBSP では，ボールの位置座標を入力とし，そのボール位置に対する選手の移動目標位置座標を出力する関数を用意する．これに移動可能領域の制約条件を組み合わせることで，各選手の最終的な移動位置座標を決定する．さらに，関数と制約条件のパラメータを複数パターン用意しておき，試合状況に応じて切り替えることで，選手配置の戦略的な管理も実現する．選手の移動目標位置を求める最も単純な計算式は以下のようなものである．

$$(p_x^{(n,s)}, p_y^{(n,s)}) = (r_x^{(n)}, r_y^{(n)}) + (b_x^{(s)} a_x^{(n)}, b_y^{(s)} a_y^{(n)}) \tag{3.1}$$

ここで，$(p_x^{(n,s)}, p_y^{(n,s)})$ は状態 s における選手 n の移動目標位置，$(r_x^{(n)}, r_y^{(n)})$ は選手 n の基準位置，$(a_x^{(n)}, a_y^{(n)})$ は選手 n に割り当てられた引力パラメータ，$(b_x^{(s)}, b_y^{(s)})$ は状態 s でのボール位置である．フィールドの中央が座標系の原点であるため，$(b_x^{(s)}, b_y^{(s)})$ はフィールド中央からのボールの相対位置でもある．つまり，選手 n の移動目標位置は，$(r_x^{(n)}, r_y^{(n)})$ の位置を中心として，フィールド中央からのボールの移動量に応じてシフトした位置となる．

式 (3.1) は，ボール位置を入力とし，選手の移動目標位置を出力とする関数である，と考えることができる．$(r_x^{(n)}, r_y^{(n)})$ と $(a_x^{(n)}, a_y^{(n)})$ は選手ごとに異なる値をもつパラメータであり，1チーム11人分のパラメータ集合 $(r_x^{(1)}, r_y^{(1)}, a_x^{(1)}, a_y^{(1)}, \ldots, r_x^{(11)}, r_y^{(11)}, a_x^{(11)}, a_y^{(11)},)$ によって1つの選手配置パターンを表すことができる．さらに，選手配置パターンの集合を用意すれば，戦略的に選手配置を切り替えることができる．

これら一連のアイデアを用いると，チーム内での移動行動連携の確実性が飛躍的に増大する．その結果，「ボールを追いかけない場合の移動目標位置は SBSP で決定し，ボールを蹴る行動は常に敵ゴールに向かって全力で蹴るのみ」というサンプルチームが，1999年までに競技に参加していたすべてのチームに勝利してしまう事態となった．

サッカーのような球技においてはボールが最も重要な注目対象であるので，ボールの位置を最も重要な状態変数とする SBSP の考えは自然である．ボール以外にも考慮すべき状態変数は存在するはずであるが，2D サッカーにおいては，ボール以外の情報を用いて戦略的選手配置に十分な性能を発揮した例はいまだに報告されていない．選手間の意図を適切に同期するには，選手全員が常に認識していると期待でき，かつ，観測誤差が小さい状態変数でなければならず，そのような条件を満たすのはボールの位置のみであるためであろう．

(2) 三角形分割と線形補間による関数表現

SBSP は強力なアイデアではあるが，初期の提案では選手の移動目標位置をボールの動きに対して引力パラメータでシフトさせるのみであった．そのため，試合局面に応じた柔軟な調整は難しかった．これを解決する手法として，ニューラルネットワークなどの非線形関数近似モデルの適用が試みられてきた．それらの中で，実用的に最も成功しているのは三角形分割と線形補間を組み合わせたモデルである [1,2]．ここでは，このモデルを**三角形分割モデル**と呼ぶ．

三角形分割モデルは，対象となる空間を三角形分割し，三角形の各頂点で得られる出力値の線形補間を行う．三角形分割の手法としてドロネー三角形分割，線形補間の手法として単純な内挿法を用いている．

ドロネー三角形分割（Delaunay triangulation）とは，「平面上の点集合 P の三角形分割 T を構成した場合に，T に含まれる任意の三角形の外接円がその内部に P の点を含まない」分割のことで，各三角形の最小の内角を最大にする（すなわち，三角形をなるべく細長くしない）という特徴をもつ．よって，ドロネー三角

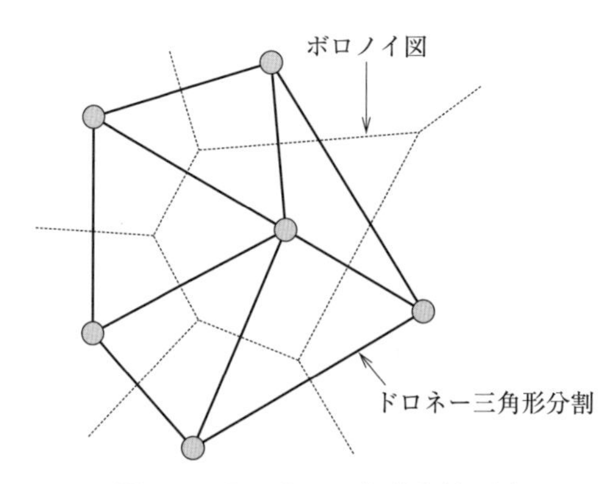

図 **3.7**　ドロネー三角形分割の例
（平面上の点集合に対して三角形分割を構成することができ，各三角形の最小の内角を最大にする一意な分割を得られる）

形分割を求めることで，与えられた点集合に対して最も均質で安定な三角形分割を得ることができる．図 **3.7** にドロネー三角形分割の例を示す．図中には，ドロネー三角形分割と双対な関係にあるボロノイ図（Voronoi diagram）も描かれている[※8]．

与えられた点集合の要素数が 3 以上の場合，ドロネー三角形分割を求めることで，その点集合に対して一意な三角形分割が得られる．ドロネー三角形分割を求めるアルゴリズムはいくつか知られており，最も高速なアルゴリズムの計算量は $O(n \log n)$ である．よって，人間が把握できる程度の数の点集合であれば，リアルタイム性を損なうことなく，実時間での三角形分割の導出が可能である．

三角形分割モデルでは，与えられた点の位置をボール位置座標と見なし，さらに，各点はそのボール位置に対する選手の移動目標位置を保持している．点集合に含まれる 3 点で三角形が構成されると，三角形の頂点がもつ 3 つの移動目標位置座標から補間することで，その三角形内部にボールが存在している場合の選手の移動目標位置座標を求めることができる．この補間のアルゴリズムとしてさまざまなものが考えられるが，三角形分割モデルでは線形補間を採用している．線形補間

[※8] ボロノイ図とは，平面の点集合に対して，各点からの距離が最も近い領域で平面を分割した場合の領域の集合である．ボロノイ図の各領域はボロノイ領域と呼ばれ，ドロネー三角形分割はボロノイ領域の隣接関係を示している．

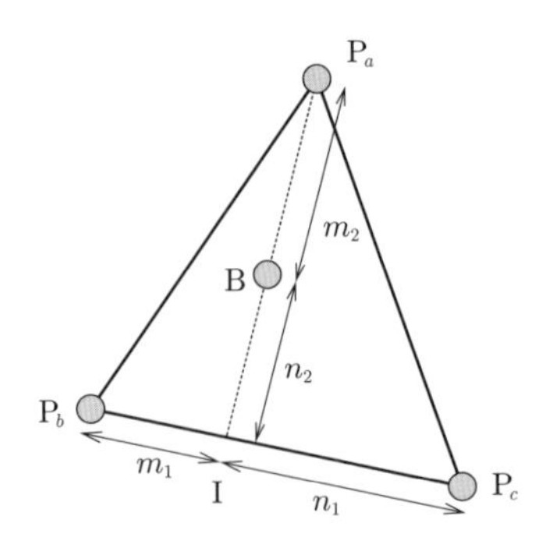

図 3.8 グローシェーディングアルゴリズムによる線形補間
(三角形の頂点 $\mathrm{P}_a,\mathrm{P}_b,\mathrm{P}_c$ がもつ法線ベクトルから，三角形内部の点 B における法線ベクトルを近似する．点 B における法線ベクトルは，3 頂点がもつ法線ベクトルの平均値である)

手法としては，実行速度を重視して，単純な3点の**内挿法** (interpolation method) を用いる．これは，3次元コンピュータグラフィックにおける陰影付け手法の1つである**グローシェーディングアルゴリズム** (Gouraud shading algorithm)[7] と同じ計算方法である．以下に，グローシェーディングアルゴリズムの計算過程を示す．

三角形の頂点 P_a，P_b，P_c から得られる出力をそれぞれ $o(\mathrm{P}_a)$，$o(\mathrm{P}_b)$，$o(\mathrm{P}_c)$ とすると，三角形の内部に含まれる点 B における出力 $o(\mathrm{B})$ は次の手順で求められる（図 **3.8**）．

① P_a と B を通る直線と線分 $\mathrm{P}_b\mathrm{P}_c$ との交点 I を求める

② $|\overrightarrow{\mathrm{P}_b\mathrm{I}}| = m_1$，$|\overrightarrow{\mathrm{P}_c\mathrm{I}}| = n_1$ として，I における出力値 $o(\mathrm{I})$ を求める

$$o(\mathrm{I}) = o(\mathrm{P}_b) + (o(\mathrm{P}_c) - o(\mathrm{P}_b))\frac{m_1}{m_1 + n_1}$$

③ $|\overrightarrow{\mathrm{P}_a\mathrm{B}}| = m_2$，$|\overrightarrow{\mathrm{BI}}| = n_2$ として，B における出力値 $o(\mathrm{B})$ を求める

$$o(\mathrm{B}) = o(\mathrm{P}_a) + (o(\mathrm{I}) - o(\mathrm{P}_a))\frac{m_2}{m_2 + n_2}$$

(3) フォーメーションエディタによる選手配置の編集

前述の HELIOS Base の選手は，自分よりも早くボールに追いつける選手がほかに存在する場合，三角形分割モデルで定められている配置にもとづいた移動動作を実行する．三角形分割モデルで表現される選手配置は，フォーメーション設

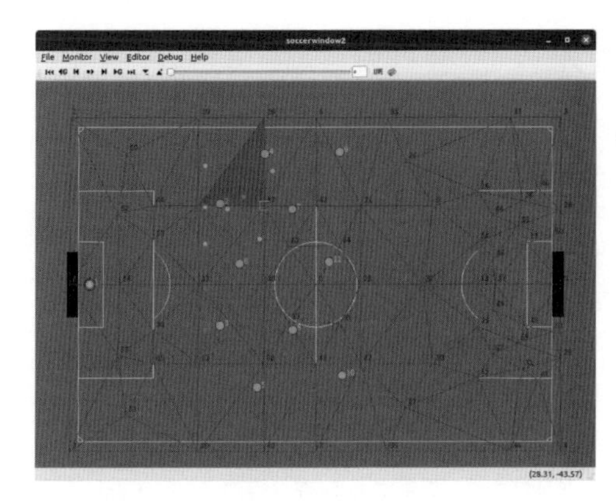

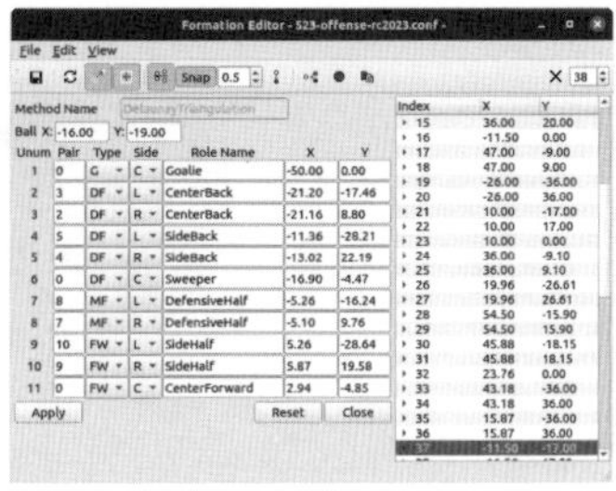

図 **3.9** soccerwindow2 のフォーメーション編集機能を実行した様子
（画面上でボールや選手をマウス操作で移動させ，三角形分割モデルのための点を追加・編集することができる．画面上でボールを動かすと三角形分割モデルの出力による選手配置が自動的に表示され，現在の点集合で得られる選手配置を確認できる）

定ファイルとして保存される．フォーメーション設定ファイルはプログラムソースと独立しているため，プログラムを編集することなく，選手配置のみを変更してチームの特徴を変化させることができる．

効果的な選手配置を形成するには，人間による俯瞰的な視点からの観察と，その観察にもとづく直感的な調整が現状ではまだ必要とされている．三角形分割モデルの代表点の編集作業を GUI（graphical user interface）で可能とする機能が soccerwindow2 に搭載されている（図 **3.9**）．この機能を使うことで，選手配置の形成過程を視覚的に確認しつつ，訓練データとなる代表点を編集することができる．

3.2.4 行動列探索による戦術的行動の生成

ここでは，戦術的行動を実現する方法の 1 つとして，探索木による協調行動列探索手法について説明する．

(1) 背景

サッカーのようにチームで対戦するゲームでは，戦術や戦略にもとづいて複数の選手が連携して行動できなければ，チームとしてのパフォーマンスを向上させることは難しい．これを実現するために，2D シミュレーションにおいては，戦略や戦術を事前にチーム内（選手やコーチのプログラム）で共有しておき，その方

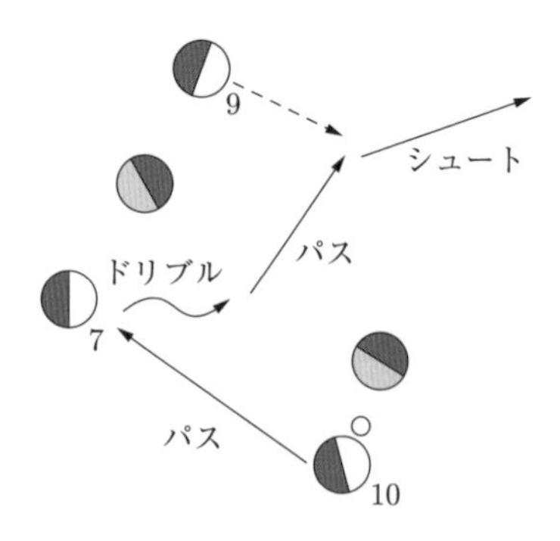

図 **3.10**　行動連鎖のイメージ図
(10 番から 7 番へのパス → 7 番によるドリブル → 7 番から 9 番へのパス → 9 番によるシュートという行動連鎖を表す)

針にしたがって意思決定を行うトップダウンなアプローチが採用されることが多い．例えば，前述の SBSP や Locker Room Agreement[13] などは，チーム内で戦略や戦術を事前知識として共有しておく方法である．しかしながら，事前知識の共有だけでは未知の状況に対応できず，対戦相手に応じた戦術的な振舞いの変化を実現するには不十分である．

この問題を解決するには，ある目標状態に向けて，複数の選手による行動の連鎖を動的にプランニングする必要がある．これを実現するには，適切な行動列をオンラインで（＝その場その場で）探索しなければならない．ボールを蹴る行動に限定すれば，複数の選手間の行動連鎖をプランニングする機構が HELIOS Base に実装されている [4]．

(2) 探索木の構造

HELIOS Base が提供する複数の選手間の行動連鎖をプランニングする機構は，自分と他者を含めた複数の選手によって実行されうるマクロ行動（パス，ドリブル，シュートなど）を生成し，それらの予測状態を探索木のノードとして格納していくことで有効な行動連鎖の探索を実行する．図 **3.10** は行動連鎖のイメージ図であり，10 番の選手によって発見された，ボールを扱う 4 つの行動の連鎖を表している．

HELIOS Base では**多分探索木**（multiple-path search tree）によって行動連鎖探索を実行する機能が提供されている．多分探索木の例を図 **3.11** に示す．図に示

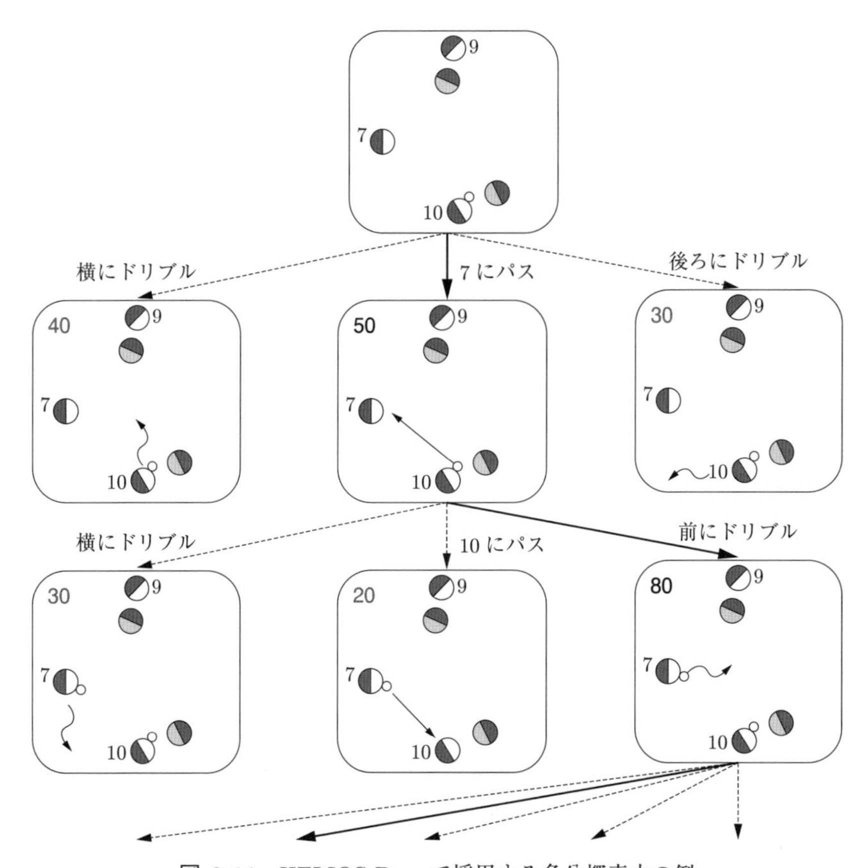

図 3.11　HELIOS Base で採用する多分探索木の例
（ルートノードは現在の状態，枝は生成された行動，子ノードは行動結果の予測状態を表す．各ノードに評価値が割り当てられ，木の走査・生成に用いられる．最も評価値の高いノードが最終的に選択され，ルートノードからそのノードまでをつなげた行動連鎖がプランとして出力される）

されているように，木の枝は行動，木のノードはフィールドの状態を表している．ルートノードは行動連鎖を生成する選手がもつ現在のフィールド状態であり，子ノードは枝に対応する行動を実行した後の予測状態を表す．木のノードには評価値が割り当てられ，この値が大きいほど有利な状態であることを表す．木のルートノードから葉ノードまでのノード列をつなげると，1 つの行動連鎖が得られる．

多分探索木の走査アルゴリズムとして，HELIOS Base では単純な最良優先探索を採用している．生成された行動による予測状態のノードが追加されると，そのノードの評価値が算出される．新規ノードが追加されるごとに，評価値にもとづいてノードを格納する優先順位付きキューが更新される．ノードの走査は優先順位付きキューでの格納順に実行される．手順は以下のようになる．

⓪ 現在の状態をルートノードとし，対象ノードとする
① 対象ノードの状態において実行しうる行動候補群を生成する
② 行動結果の予測状態を新たな子ノードとして木に追加する
③ 追加された各ノードに評価値を割り当て，キューへ入れる
④ キューの先頭ノードを取り出し，対象ノードとして①へ戻る

HELIOS Baseの実装では，以下の条件を満たした場合に探索木の生成と走査を終了する．

- 走査した全ノード数があらかじめ設定した最大数を超えた場合
- キューにノードが存在しない場合

葉ノードにおいて以下の条件のいずれかを満たす場合は，その葉ノードでの新規の子ノードの生成は行われない．

- 深さがあらかじめ設定した最大数を超えた場合
- 入力された予測状態から行動を生成できなかった場合
- 行動連鎖の終了と設定されている行動（例えばシュート）が生成された場合

行動連鎖の探索において，その走査過程と結果に大きく影響するのは以下の3要素となる．

- 行動の生成方法
- 状態の予測方法
- 行動連鎖の評価方法

HELIOS Baseでは，いずれも人手によるつくり込みでの実装となっている．シミュレータの仕様を深く理解しなければ行動生成の実装は難しく，状態の予測に関してはいまだに有効な解決方法が得られていない．

(3) 一般的なゲーム木探索との違い

ゲーム木探索（game tree search）は，知的で複雑なボードゲームとされるチェス，将棋，囲碁等を対象として発展してきたアプローチである．これらのいわゆる二人ゼロ和有限確定完全情報ゲームにおいては，2 人のプレイヤがターン制で行動し，行動と状態は離散化されて有限であり，行動を失敗することがなく，プレイヤは盤面（状態）のすべての情報を正確に観測可能である．一方で，サッカーでは，選手は敵と味方を合わせて 22 人が同時に行動し，行動と状態のパラメータは連続値であり，行動を失敗することがあり，各選手が観測できる情報は部分的である．このため，選手全員がとりうる行動を探索木に入れようとすると，木のノードはすぐに爆発的に増えてしまう．さらに，各選手が自律的に動くだけでなく，物体の動きに外的なノイズがあり，選手が観測できる情報は常に部分的かつノイズを含んでいる．つまり，個々の選手が先の状態を予測しても，そのとおりに展開することはまずありえない．したがって，サッカーにおける行動生成では一般的なゲーム木探索をそのまま用いることはできず，行動の種類や予測状態を限定し，近似的な木の展開を行う必要がある．

HELIOS Base では，探索木の展開において，パス・ドリブル・シュートといったマクロな上位行動の生成に限定し，状態の予測では「ボールにかかわる選手の位置のみを更新して，そのほかの選手はその場にとどまらせる」という実装にとどめている．すなわち，HELIOS Base における探索木は，先の展開を正確に予測して手を打つ網羅的探索ではなく，最終判断を下すための近似シミュレーションを選手内部で行うものである．

(4) 評価関数の設計

探索木で生成される行動連鎖の評価方法を調整することで，チームの戦術的挙動を変化させることができる．**評価関数**（evaluation function）とは，ボードゲーム研究の文脈においては，ゲーム局面の有利度合いを数値化するものである．モンテカルロ木探索から発展した AlphaZero アルゴリズムは，事前知識なしの強化学習のみで，2017 年にチェス，将棋，囲碁のすべてで人間を上回る強さを獲得している[12)]．これは，AlphaZero アルゴリズムが人間を上回る性能の評価関数を獲得したことを意味する．

サッカーにおいても同様のアプローチを適用しようとするのは自然な発想であり，実際にさまざまな手法が試みられている[3)]．しかしながら，2024 年時点では，人手で設計した評価関数を上回る性能を機械学習で獲得できた事例はまだ存在しない．

行動連鎖を評価する最も単純な方法は，行動連鎖を表現している特徴量をいくつか用意し，それらの重み付き線形和で評価関数をモデル化することである．このような線形モデルは人間にとって理解しやすく，実装が容易であり，人手でも比較的調整しやすい．ロボカップの実戦ではこの方法で調整された評価関数が用いられることが大半である．特徴量としては，ボールが到達する位置座標，他選手の予測位置などを用いたり，敵ゴールとの距離，敵選手との距離，パスコースの数など，サッカーの知識を取り入れたものを使用できる．サッカーの試合局面の評価は人間サッカーの分析でも盛んに研究されており，人間のサッカーで得られた知見をシミュレーションに利用することも有効であろう．

特徴量の線形和を用いる場合，各特徴量に対応する重みを決定する方法が必要となる．線形モデルであるので，機械学習によってパラメータを獲得することは可能である．しかし，サッカーの場合，十分な数の高精度な訓練データを用意することが難しいことが問題である．既存の試合データからの学習だけでは未知の対戦相手に対して想定外（= 人間からみておかしい行動連鎖）の結果を出力することがありうる．例えば，機械学習で獲得した評価関数で競技に参加し，概ね良好な結果が得られたものの，特定のチームに対してボールをまったく動かさなくなる現象が観察された例がある．機械学習を適用する場合，大量の試行を短時間で実行する計算資源や，人間の判断による最終調整を反映できるしくみが求められる．

HELIOS Base では実装例となる評価関数を提供しており，ソースツリー内の sample_field_evaluator.cpp で見つけることができる．この実装では，ボールの到達位置が敵ゴールラインに近いほど線形に評価値（評価関数による出力）が高まり，さらに，敵ゴールから 40 m 以内であれば敵ゴールに近づくほど線形に評価値が高まるように設定されている．他選手との位置関係などはまったく考慮されていないものの，実際に動作させてみると，これだけでもそれらしい動きをみせることが確認できるはずである．

3.2.5 試合データ生成

(1) 2D シミュレータとチームの実行

ここでは，具体的に 2D シミュレータとチームを実行し，試合データを生成する方法について説明する．

2D シミュレータをインストールし，動作するチームバイナリを用意できれば，試合を実行することができる．ロボカップ世界大会に参加したチームの Linux バイナリは公開されることになっているので，ほとんどのチームを自分の手もとの環境で動作させることができる．過去のチームバイナリのほとんどは，有志が運営する Web サイト[※9]から入手できる．最新のものは各競技会の運営ページからリンクされており，2D の公式サイト[※10]からアクセスするのが容易である．

2D シミュレータを起動するには，端末で以下のコマンドを実行する．

```
$ rcsoccersim
```

rcssserver が起動し，ビューワプログラムの接続と画面表示（ボール，選手，試合時間などの描画）までを確認できれば，正常に実行できている．

次に，チームを起動する．ここでは，2 チームとも HELIOS Base を実行する場合の手順を説明する．HELIOS Base では，コンパイル時にチーム起動スクリプトが同時に生成される．この起動スクリプトを端末で実行すると，全選手とコーチのプログラムをまとめて起動できる．シミュレータを実行した端末とは別に新しい端末を立ち上げ，以下のようにスクリプトを実行する．

```
$ cd helios-base/src
$ ./start.sh
```

チームの起動とサーバへの接続に成功すれば，画面上に選手が配置される．

ここまでで左サイドのチームが動いているが，まだ右サイドのチームが存在しない．対戦相手として HELIOS Base をもう 1 チーム起動する．rcssserver への同一チーム名での多重接続はできないため，チーム名を変更しなければならない．チーム名は起動スクリプトのコマンドラインオプションによって変更できる．端

[※9] https://archive.robocup.info/Soccer/Simulation/2D/binaries/RoboCup/
[※10] https://rcsoccersim.github.io/

末をさらにもう1つ立ち上げて，以下のようにオプションを指定してスクリプトを実行すると，「Enemy」というチーム名で右サイドのチームとして選手を接続することができる:

```
$ ./start.sh -t Enemy
```

2チームの接続を確認できれば，rcssmonitorのメニューから“Kick Off”を実行する．画面上の試合時間のカウントが始まり，両チームの選手が動き始め，試合が進行していく．rcssserverの標準設定ではKick offのみ人間が実行する．rcssserverには自動審判が組み込まれているため，ハーフ途中で人間が試合に介入する必要はない．rcsoccersimでシミュレータを起動した場合，シミュレータを終了するにはrcssmonitorを閉じるだけでよい．rcssmonitorを閉じるとrcssserverも含めてすべて終了し，試合ログが保存される．

過去の競技会に参加したチームバイナリを実行する場合も手順は同様であり，サーバを起動してから各チームを起動すればよい．ただし，起動スクリプトの仕様がチームによって異なるため，実行環境に合わせた修正が必要になることがある．

(2) 試合ログの利用

2Dシミュレータを終了させると，rcg，rclという拡張子をもつファイルがrcsoccersimを実行したディレクトリに生成される．rcgファイルは試合を再生するためのログファイルであり，ボールや選手の位置速度情報などが記録されている．2Dシミュレータが直接記録するログファイルであるため，位置速度などの物体情報に誤差は含まれず，選手の状態を示すフラグ情報も記録されている．試合分析には主にこのrcgファイルを使用する．

試合を再生するには，次のようにrcssmonitorにrcgファイルを引数で与えて起動する．

```
$ rcssmonitor xxxxxxxx.rcg
```

rcgファイルはテキストデータであるが，S式[※11]で情報が記録されており，そのままではデータ分析に利用しにくい．librcscが提供するrcg2csvを用いれば，rcgファイルをcsv形式へ変換することができる．ボールや選手の位置情報を取り出

[※11] プログラミング言語Lispのために考案された，ネストされた木構造のデータ表現方法．

すだけであれば，このrcg2csvを使うのが最も簡単だろう．rcg2csvは標準出力へプリントする単純なツールであるため，ファイル保存したい場合はリダイレクト等を使用する．

```
$ rcg2csv xxxxxxxx.rcg > xxxxxxxx.csv
```

もう一方のrclファイルは，選手から送信されたコマンドが記録されたログファイルである．各選手の行動内容をより詳細に調査したい場合にはこれを使用する．

(3) 試合の自動実行

rcssserverには多くのオプションがあり，実験のために試合を自動で開始・終了するためのオプションも用意されている．したがって，試合を繰り返し自動実行するスクリプトをつくることも容易である．また，100 msごとのサイクル更新を圧縮し，待ち時間のないシミュレーションを実行することもできる．

これらをうまく活用すれば12~13分かかる1試合のシミュレーションを1~2分で終了させることができ，さらに分散実行すれば，数百，数千の試合数であっても数分で終了させることが可能となる．

rcssserverを一度起動すると，ホームディレクトリ直下に`~/.rcssserver`というディレクトリが生成される．このディレクトリ以下に設定ファイルが格納されており，server.confが全般的な設定ファイルである．利用できるオプションの詳細はマニュアルに記載されている．

3.3 ロボットへの戦術の適用

3.3.1 ロボカップ実機サッカーロボット

ロボカップ実機サッカーリーグとしては

- 完全自作の二足歩行ロボットどうしで競技するヒューマノイドリーグ（HL，図 **3.12**，123ページ）
- 既存二足歩行ロボットNAO（アルデバランロボティクス社製）どうしで競技するスタンダードプラットフォームリーグ（SPL，図 **3.13**，123ページ）
- 車輪移動型オムニロボットで競技する中型リーグ（MSL, 図 **3.14**, 123ページ）

- 中型リーグの小規模競技であり，環境認識としてのカメラがロボット外部に設置されている小型リーグ（SSL，図 **3.15**，123 ページ）

などが現存するが，以下では，ロボカップにおいて最も体格や運動性能が人間に近いであろう，中型リーグに着目する．

中型リーグは，2023 年時点においては，14 m × 22 m のフィールドで試合を行う．試合に参加可能なロボットは各チーム 5 台までとなっており，ロボットの大きさは 52 cm × 52 cm，高さ 80 cm 以下と規定されている（ただし，ゴールキーパーロボットは 1 秒間のみ，60 cm × 60 cm，高さ 90 cm まで拡大可能）．各ロボットは搭載されたカメラなどのセンサ情報から環境を認識し，自律行動を行う．試合は前後半 15 分の合計 30 分で行われる．

また，2017 年から，試合中のロボットの自己位置・障害物認識状態などの情報をリアルタイムに近い状態で提出することが義務化されている．すなわち，ロボットや障害物，ボールに関するすべての座標データは，どのチームも定義された 3 次元空間のデカルト座標系で提出しなければならない．これは，試合中のデバッグだけではなく，統計分析のためのデータ標準化も目的としている．提出された全参加チームデータは，インターネット上に公開されており，研究・開発などに誰でも利用可能である．

このようなルールのもと，中型リーグに出場している実機ロボットに戦術を実装していく場合の課題について考える．

3.3.2 課題その 1：実機ロボットの不確かさ

行動主体であるエージェントが実機ロボットである場合，戦術の導入は明らかにややこしくなる．

まず最初に直面する課題として，環境認識の不確かさがある．実機ロボットは，ボールや白線，他ロボットの位置，足回りを担うモータのエンコーダ値，ボールの保持判別などについて，数多くのセンシングデバイスの値により把握している．一例として，国際大会に出場している中型リーグサッカーロボット「Musashi150」（九州工業大学発，大学合同チーム「Hibikino-Musashi」）のロボット機体を図 **3.16** に示す．

しかし，ロボットに搭載されているセンサでは，すべての測定値に誤差が含ま

図 **3.12** RoboCup ヒューマノイドリーグ
（ヒト型，自律型 2 足歩行ロボット使用）

図 **3.13** RoboCup スタンダードプラットフォームリーグ
（コミュニケーションロボット「NAO」使用）

図 **3.14** RoboCup 中型リーグ
（50 cm 四方，高さ 80 cm のオムニロボット使用）

図 **3.15** RoboCup 小型リーグ
（直径 18 cm，高さ 15 cm の小型オムニロボット使用）

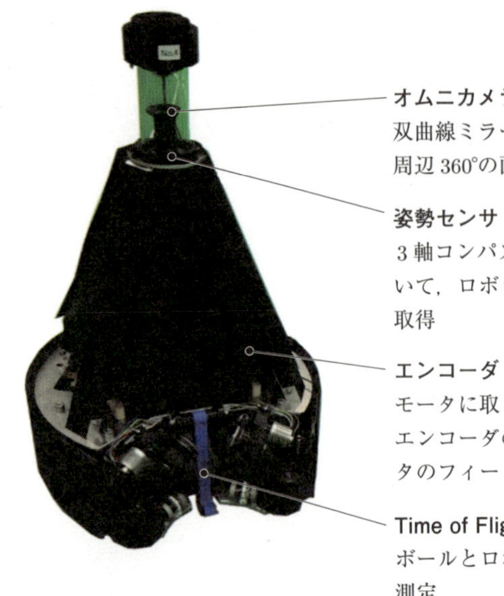

図 3.16 ロボカップ中型リーグロボット搭載センサ例
（Hibikino-Musashi ロボット機体）

れる．また，他ロボットや試合を統括するコンピュータとの通信も含めて，各ロボットにおいて受信する必要のあるパラメータすべての同期をとることが難しいため，環境認識のための情報だけでなく時間的誤差も便乗してくる．

このような不確かさがつきまとう環境において，各ロボットは自己位置推定をした後，ボールの軌道予測をし，障害物回避をしながら，仲間ロボットにパス，そして，ゴールエリア内において最もシュートの成功率が高いスペースにシュートを繰り出さなければならない．よって，戦術は，それら基本的な行動が可能であるという前提のもと，チームとして統率のとれた一連の行動選択によって生み出させる技術であるといえる．

3.3.3 課題その２：自動と自律

次に，課題としてあげられるのは，自律移動型ロボットとしての制御方法である．

これが難しいために，ロボカップでは，自律移動型ロボットに焦点を当ててはいるが，制御が必ずしも各エージェントごとで完結しているルールとはなっていない．例えば，小型リーグのルールではロボットの姿勢を含めた位置情報として，エージェント外のカメラにて観測している情報を利用する．中型リーグにおいても，各エージェントが環境認識のためのセンシングデバイスを有してはいるが，仲間ロボットが取得した環境データを参照してはならないなどのルール・規制は存在しない．実際，ボールの位置や自己位置推定の結果が仲間エージェント間で共有されており，確率的にその存在位置を推定しているチームが多い．

このようなシステムにおいて，戦術をロボットにインストールする場合，各エージェントの役割（FW や DF など）は臨機応変に流動するほうが効率的である．なぜなら，人間サッカーのように攻め／守りが強い選手がいて，選手の能力にばらつきがあるわけではなく，チーム内の各ロボットが同じ身体的特徴（環境認識や行動選択のスペック）をもち合わせているからである．

一方，行動選択として各ロボットの役割を決定したり，攻守のスイッチング，あるいはパスを回しながら相手チームの守りに穴を開けるなどの作戦を各ロボットで計算させると，環境認識の不安定さも相まって，チームとしての統率がとれなくなることが十分に考えられる．加えて，綿密なプログラム構築が必要となってくる．そこで，環境情報の共有と同様に，戦術についてもある 1 つのコンピュータが導き出した結果を共有することが有効となる．例えば，全エージェントに試合進行の指令を出しているコーチ役のロボットにすべてのデータを集約して，戦術となる行動選択，特に各ロボットの役割を振ることで，チームとしての統率のとれたプレイが実現可能となる．このようなシステムにおける各ロボットが「自律している」といえるかは別として，2D シミュレーションリーグ等で培われてきた戦術を導入する近道とはなりうるだろう．

3.3.4 課題その 3：ルールと戦術

最後の課題としてあげるのは，行動選択の階層問題である．

当然ではあるが，実機サッカーロボットも人間サッカーの試合ルール（FIFA（国際サッカー連盟）公式）に準拠した公式ルールが各リーグにあり，毎年そのルールは，人間とのサッカーの試合を実現するという最終目標により近づいていけるよう，更新されている．例えば，中型リーグにおけるフィールドの大きさは，初めて試合が開催された 1997 年当初は 8.2 m × 4.6 m と，バドミントンコートよりも小さいサイズであったが，25 年後の 2022 年においては 22 m × 14 m と，バスケットコートと同じぐらいにまで大きくなった．また，より技術を高め合うために，「セットプレイからシュートまでには必ずパスをしなければならない」「ドリブルは継続して3mまでしかできない」などの人間のサッカーの公式ルールには「ない」ものも追加されている．

つまり，このように毎年難易度が高くなるルールを守りつつ，戦術を導入するためには，行動選択において，その階層（優先順位）を分けることが有効である．これと同様の問題は人間サッカーにも存在している．例えば，相手の攻撃を阻止するためにボールの軌道を変えるような足さばきは許されるが，その足が相手の選手に向いてしまった場合はファールをとられる．ところが，そのプレイがよいプレイである場合もある．たとえファールになってしまったとしても相手の攻撃を阻止することが重要である場面では，そのようなプレイが暗黙的に許可されているからである．

一方，選手が人間からロボットに置き換わると，このようなプレイが否定されることが大半である．まず，ルールにおいて，ロボットは他ロボットに衝突してはならないとしているから，衝突した時点でファールとなる．しかし，勝敗を優先するなら，相手チームの支配下にあるボールはなんとしてでも奪う必要がある．すると，ボール周辺に相手ロボットが存在する場合，衝突が避けられない．一般的には，ルールは戦術より優先されるレイヤに存在しなければならないが，それによってボールの支配権を奪う機会が訪れないとすれば，競技そのものの魅力が失われてしまう．実際，中型リーグにおいてもこのジレンマに陥り，あるチームは障害物を完全に無視する方針に，あるチームはずっと相手にボールを譲ってしまう方針をとり，問題となったことがある．

さらに，この問題をより難しくするのは，最終目標が人間とロボットが真剣にサッカーをすることであることである．勝つためならば人間に危害を加えることを優先するロボットを，人間は受け入れられないであろう．将来的には，ロボットは人間をはるかに凌駕する身体能力と計算能力を身に付けるため，人間に配慮できる必要が生じるのである．このような課題を文化の違う世界中の研究者と議論しながら技術や知識に加え，倫理さえも高め合うことこそ，ランドマークプロジェクトであるロボカップの面白さなのであろう．

3.3.5 ロボットの観察

実際にロボットに戦術を導入する場合に，どのような戦術を導入することが勝利への近道であろうか．ロボットサッカーでは基本的行動を連鎖させることで戦術を実現していくが，その戦術の試合への寄与を評価することは非常に難しく，人間サッカーにおいて有名な「オフサイドトラップ」や「チャレンジ&カバー」「ダブルボランチ」などの戦術についても，定量的に戦術を評価した研究はいまだない．

戦術の定量的な評価が難しいという状況において適切な戦術を導入をするための有効な手段として，相手チームの戦術を観察することがあげられる．中型リーグにおいては試合ログを残すことが義務化されているので，相手チームのすべてのロボットの状態および行動を時系列データで誰でも取得することが可能である．このデータを解析し，相手チームの戦術，さらには行動判断基準を理解できれば，その対抗策をとるという方法で最適な戦術の導入が可能となる．

一方，試合ログから得られるデータ形式は時系列データであり

$$\text{データ数} = \text{時間} \times \text{ロボット数 (相手および仲間)} \times \text{パラメータ数}$$

であることから，1 試合が 30 分程度で 5 Hz での取得間隔であったとしても，9 万 × パラメータ数のデータ数となり，これはビックデータといえる規模である．解析に用いるパラメータを取捨選択することも考えられるが，データの大きさからいって根本的にデータの次元を削減する必要がある．次元を削減する代表的な方法として，主成分分析（primary component analysis; PCA）や多次元尺度構成法（multi-dimensional scaling; MDS）などがあげられるが，上記のとおり，データ形式が 3 次元テンソル（ここでは 3 次元配列）であることから，テンソルデータへの拡張が可能な，入力情報の類似度をマップ上での距離で表現する自己組織化マップ（self-organizing map; SOM）を用いると効果的である．

ある戦術がプログラムされたロボットのログデータに逆解析をかけ，ロボットの行動モデルを推定してみよう．いま，ロボットの数を 3 とし，各ロボットを α, β, γ とする．単純ではあるが，α が攻めに，β がサポート，γ が守りの行動をとるようデザインし，その行動フローは図 **3.17** に示すとおりとする．

試合ログ（行動結果）をテンソルデータへ拡張した SOM によってクラスタリング（次元削減）し，もとの行動フローと同じ行動判断モデルをテンソルへ拡張し

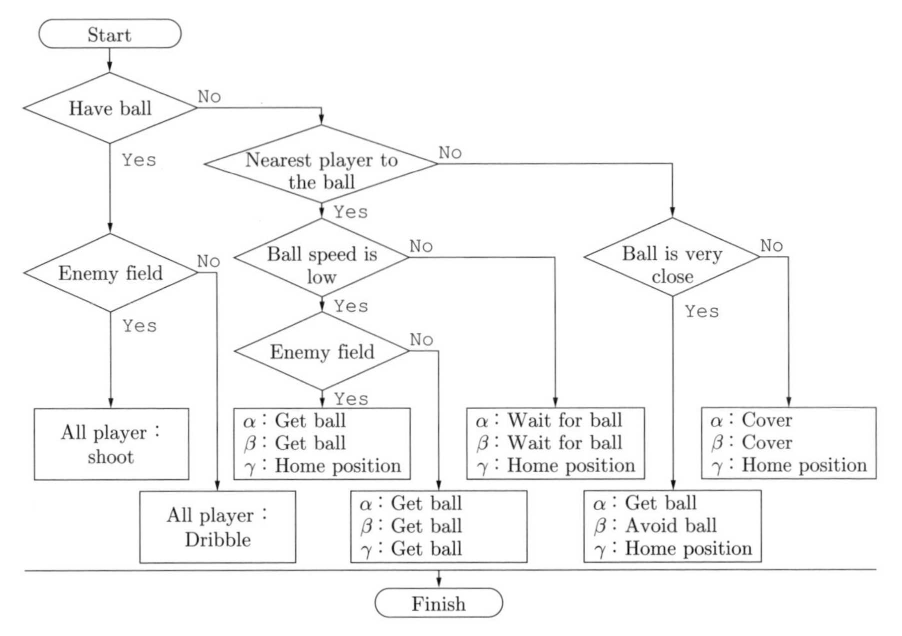

図 **3.17** エージェントの行動判断フロー
(各ロボット α, β, γ の行動判断基準)

たSOMによってモデリング，そして，このモデルで再度行動を選択したものを**図3.18**に示す．ここで，試合ログから用いたものは，全ロボットおよびボールの座標，ターゲットとしているロボットからの距離，行動のコマンド（Shoot, Get ball, Home position など）である．縦軸に並んでいる行動は上部に行けばいくほど攻撃的になるよう並べている．

各ロボットにより個体差はあるが，図3.18により，学習に用いた試合ログと推定されたモデルから選択された行動とにおいて，同じタイミングで似た行動がとられていることがわかる．

このように，プログラムが静的であれば，相手チームの試合ログからその行動判断モデルの推定をすることが可能である．

3.3.6 人間の選手の観察

ロボットによるスポーツの研究の目的にはロボットの高性能化，特に，人間に

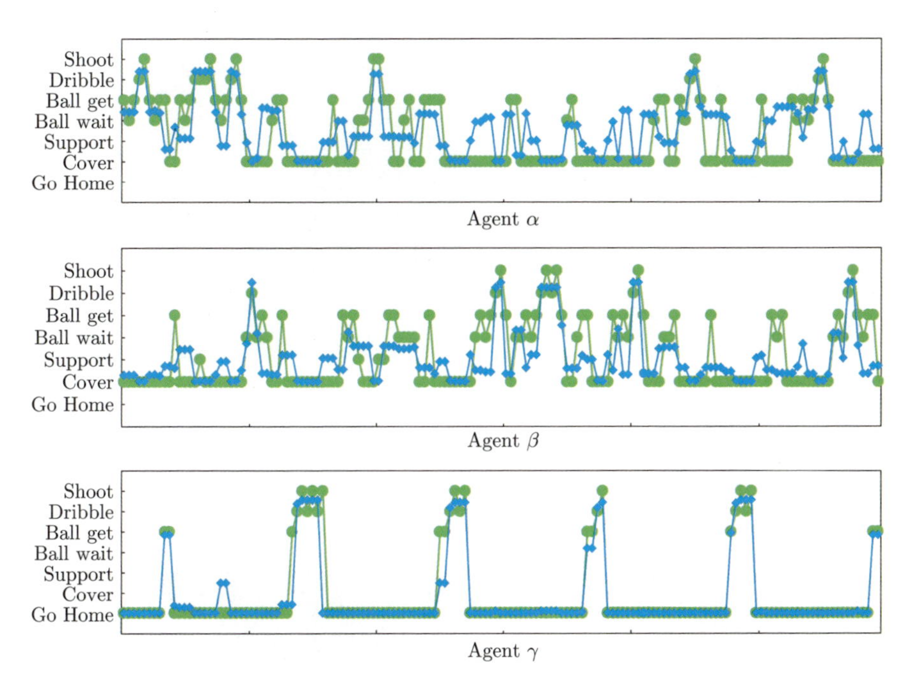

図 3.18　学習に用いた試合ログ（緑色）と推定されたモデルから選択された行動（青色）

よるマルチエージェントシステムへ介入できる高性能なロボットの実現が含まれている．すなわち，人間社会へロボットを導入する際の課題の抽出，および，その解決のためのテストフィールドとしての役割を担っている側面があると考えられる．

実際，RoboCupper（ロボカップへの参加者）は単なるものづくりではなく，人間–ロボット共生社会へ向けたものづくりを考えさせられている．ロボットを研究しながらも，人間の社会性を解明しようとしている論文の発表も数多い．ここでは，人間およびロボットのサッカー戦術の違いに着目して観察してみる．

(1) ベテラン v.s. 素人

富永らは，日ごろから同じチームで競技している選手たちと，チームとして初めて競技をすることになった選手たちの立ち振舞いのどちらも逆解析が可能であるかどうかを SOM を用いて検証している[15)]．この結果である特徴マップを図 **3.19** と図 **3.20** に示す．いずれの図も（a）の U-Matrix 法では，各ユニット（グリッ

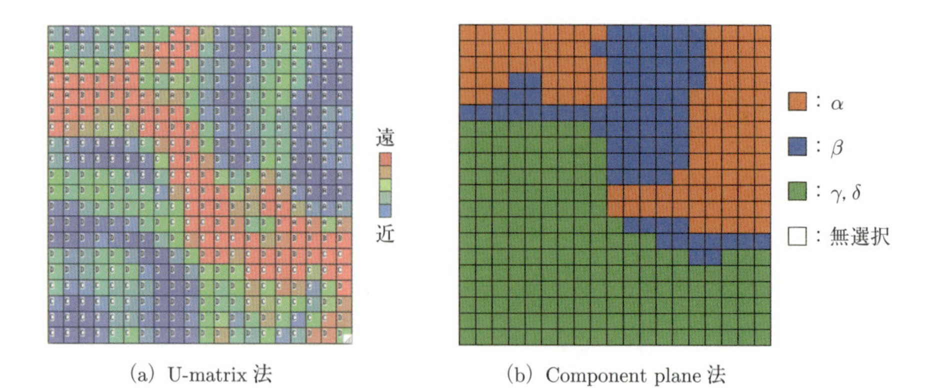

(a) U-matrix 法　　(b) Component plane 法

図 3.19　日ごろから同じチームで競技している選手たちの立ち振舞いのクラスタリング結果

（U-Matrix 法で赤色で区切られている部分がクラスタの境界線であり，α，β と γ，δ が分かれ違うクラスタに分類されていることがわかる）

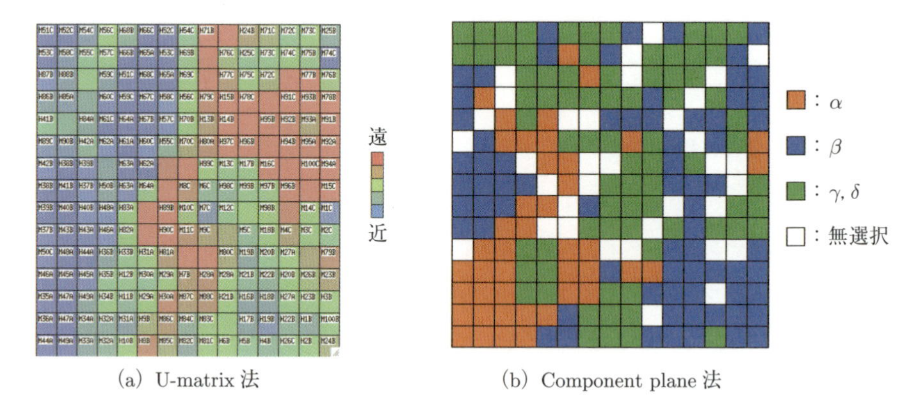

(a) U-matrix 法　　(b) Component plane 法

図 3.20　チームとして初めて競技をすることになった選手たちのクラスタリング結果

（U-Matrix 法での赤い部分で α，β と γ，δ が分かれてはおらず，選手のボールまでの近さと立ち振舞いとの関連性が薄いことがわかる）

ド）とその周辺のユニットとのデータの近さを表しており，青は似ているデータが集まっており，赤になるにつれてデータの違いが顕著になっていることを示す．また，いずれの図も（b）の Component plane 法では，ある1つのコンポーネント（要素）を抜き出して表現する方法であり，ここでは各ユニットを入力データ

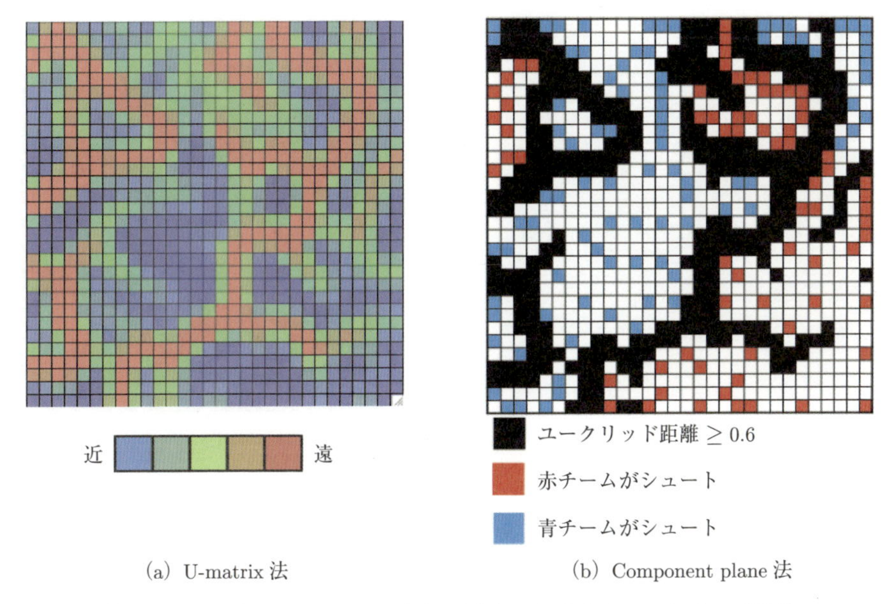

(a) U-matrix 法　　(b) Component plane 法

図 3.21 ロボットのチームどうしの試合におけるクラスタリング結果
(Component plane 法の黒い部分についてはまわりのユニットとのデータの違いが大きい部分を示しており，ここでクラスタが分かれていることを示している)

に最も近いニューロン，すなわち BMU (best matching unit) として選択したログデータの選手について色分けして表示している．(a)，(b) どちらの特徴マップもマップ中における絶対位置に意味をもたず，両マップの同位置にあるデータは同じデータを指すことに注意してほしい．

図 3.20 では，各選手 (α，β，γ，δ) のうち，ボールに最も近い選手が α，最も遠い選手が δ となっている．

ここで，クラスタの数が多いほど，行動選択における判断がより細かくなされていることがわかる．この結果より，人間であってもチーム内で，ある程度の行動判断を共有していなければ，戦術的行動 ($\approx$ 規則性) を見出すことができず，行動選択が難しいことがわかる．

(2) ロボット v.s. 人間

次に，日ごろから同じチームで競技している人間の選手たちの試合と，ロボットのチームどうしの試合における各ロボットの行動についてクラスタリングした

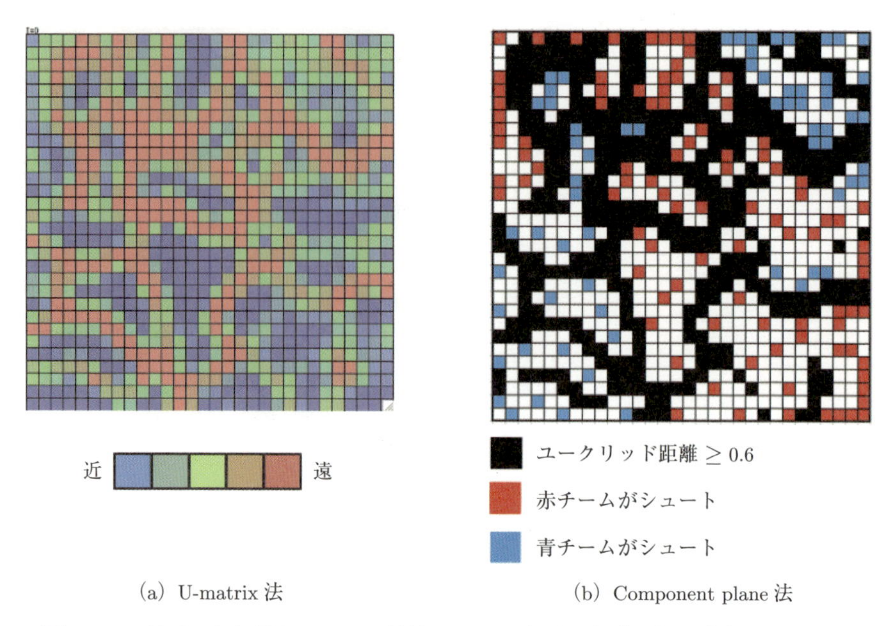

(a) U-matrix 法　　(b) Component plane 法

図 3.22　日ごろから同じチームで競技している人間の選手たちの試合のクラスタリング結果
(Component plane 法の黒い部分についてはまわりのユニットとのデータの違いが大きい部分を示しており，ここでクラスタが分かれていることを示している)

結果を比較してみる．この結果を図 **3.21**，図 **3.22** に示す．今回の Component plane 法では，試合をしている 2 チームを赤チーム，青チームと分け，試合において最終的にゴールポストにシュートを打ったチームが赤チームの場合は赤，青チームの場合は青で示している．つまり，青ユニットは青チームが優勢で試合が進んだシチュエーションであり，反対に赤ユニットは赤チーム優勢で試合が進んだシチュエーションある．

これらを比較すると，図 3.22 のほうがクラスタ数が多く，より細かく選手の立ち振舞いが分類されていることがわかる．

以上より，人間であっても，共通の行動判断基準がないと行動選択が適切にならないこと，また，人間が細かくプログラミングしたロボットであっても，人間がサッカーをする際の行動選択に及ばないことがわかる．このように人間社会におけるロボットの導入，共生の研究において，スポーツというテストベッドの中で人間の行動を解析すること，また，それらをロボットへ導入することは非常に有用である．さらなる研究の進展においては，「チームではない人間群」の中におけるロボットの立ち振舞いについても考えていくことが求められる．

3.4 人間における戦術のデータ解析

そもそもスポーツは人間が，自ら楽しむために生み出したものである．したがって，当然ながらロボットがスポーツをするずっと以前から人間はスポーツを行ってきており，いまでも年々その動きの質は高度化している．

人間が行うスポーツの解析は，人間をロボットのように外部から制御することは難しいため，主にデータからモデルを推定する逆解析が中心になる．スポーツの解析としては，まず勝敗や得点などの試合結果を用いるのが，収集にかかる手間のうえでも，分析のアプローチとしても最もシンプルである．シュートやパスの回数などに関しても，古くからデータ収集の対象であり，分析も行われてきた．最近では，それらのデータに対して計測技術やコンピュータ，データ解析技術の発達によって，統計的な分析や将来予測，選手の評価なども行われている．このうち本節での主な興味は，「その試合結果はどのように定量的に説明・評価できるか？」「次のゲームではどのようにプレイしたらよいか？」などの，戦術的な複数人の動きに関するデータ解析である．

本節でのトピックの流れを図 **3.23** に示す．人間の競技データの分析においては，選手やボールの位置データのような動きの情報を用いるのが基本となっている．位置データは，外部からの観察データであり，選手の内部視点にもとづく観測情報を得ることが難しいからである．ロボットサッカーの分析との根本的な違いはここにある．つまり，ロボットサッカーではロボット（エージェント）の動きを直接制御し，観察することが可能であるのに対して，人間サッカーでは選手の観測データを直接得ることが難しいため，主として外部から得られた限定的な観察データにもとづいて分析が行われる．いいかえれば，人間サッカーにおけるプレイ分析は，主に実際の試合で得られたデータにもとづくものである．したがって，統制された環境を前提とすることは困難であり，実際の試合における観察データに大きく依存していることが課題である．

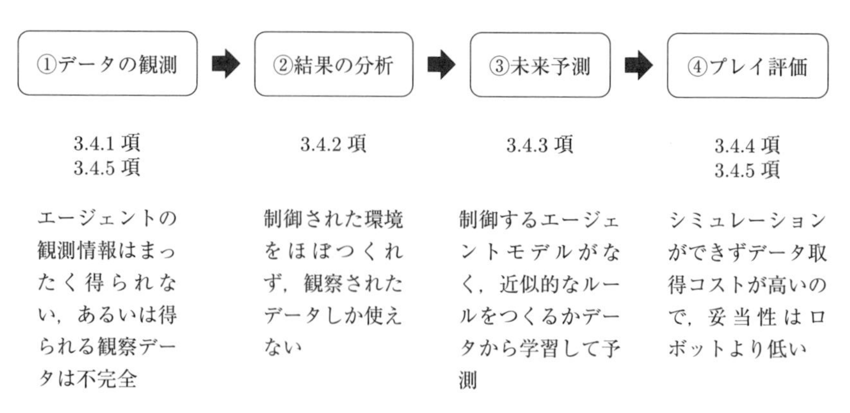

図 3.23　本節の概要とロボカップサッカーとの違い
（上は本節でのトピック，中央は対応する項，下は人間の競技におけるロボカップサッカーとの違いを示す）

さらに，未来予測やプレイ評価においても，ロボットサッカーとは異なる点が多い．ロボットサッカーでは，ロボットの動作モデルを予測に用いることができるが，人間サッカーではそもそも動作モデルが存在しないため，近似的な数理モデルの構築や機械学習によるデータからモデルを推定するアプローチが必要となる．人間サッカーでは高度なシミュレーションが難しく，データ取得のコストが高いため，利用できるデータ量が限られている．結果，人間サッカーにおけるプレイ評価の妥当性は，ロボットサッカーに比べて低いと考えられる．

整理すると，人間サッカーの競技分析は本質的に逆問題の性質をもち，限られた使用可能なデータから動作モデルを推定することが求められ，ロボットサッカーのような動作モデルからデータを生成する直接的な方法がとれない．したがって，ロボットサッカーとは異なる分析の難しさがあるといえる．以上を踏まえて，人間サッカーにおける戦術のデータ解析について，各課題を部分的に解決する最近の研究を紹介したい．

まず人間サッカーのデータ計測から説明を行い，起こった結果にもとづくデータ解析の方法，数理モデルや機械学習を用いた予測手法と，それらを用いた戦術的なプレイの評価手法について説明する．最後に，未開拓なこの分野に関する今後の展望について説明する．それぞれにおいて，ロボットサッカーとの共通点・相違点も説明し，最終的にはロボットサッカーとの融合を考えられると，人間サッ

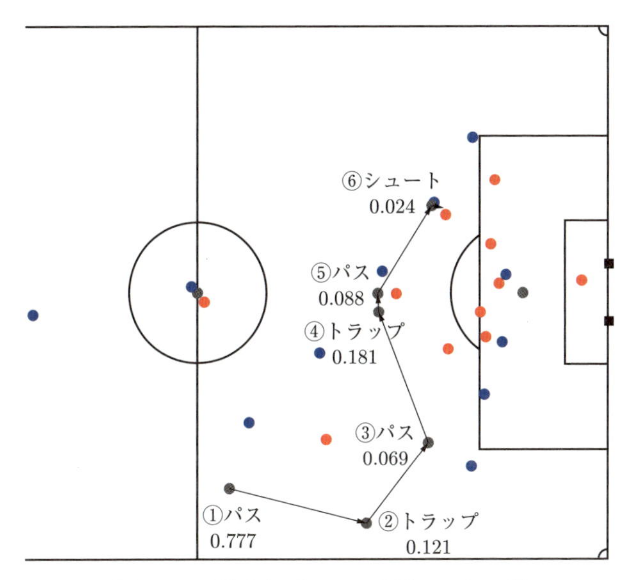

図 3.24 選手とボールの位置データの例
(選手の位置はシュート時の配置だが，ボールの位置は各イベント①〜⑥ごとに可視化している．数値は守備が今後 5 イベント以内にボール奪取または被有効攻撃される確率にもとづき算出された守備の評価指標（後述）である)[16)]

カーのデータ解析にも有用であることを述べたい．

3.4.1 人間サッカーのデータ計測

現在でも，人間サッカーのデータの収集方法といえば人間による目視がほとんどである．しかし，目視によるデータ収集では，人間なら誰でも同じように定義できて，現実的な時間で人間が集計が可能なプレイしか集めることができない．インターネットを介したチーム内の映像共有や外部への業務委託により大量の人間を動員してこの問題の解決を図ろうとする試みもあるが，予算が豊富でなければ行えないので，本節ではその他の方法について説明することにしたい．

前述のとおり，人間サッカーの分析では，選手やボールの位置データのような動きの情報を用いるのが基本となっている．ここで，動きの計測には，主に 2 つの方法がある．1 つはセンサなどを選手に装着する方法で，もう 1 つは選手に何も装着せずにカメラなどから計測する方法である．前者では例えば，GPS (global

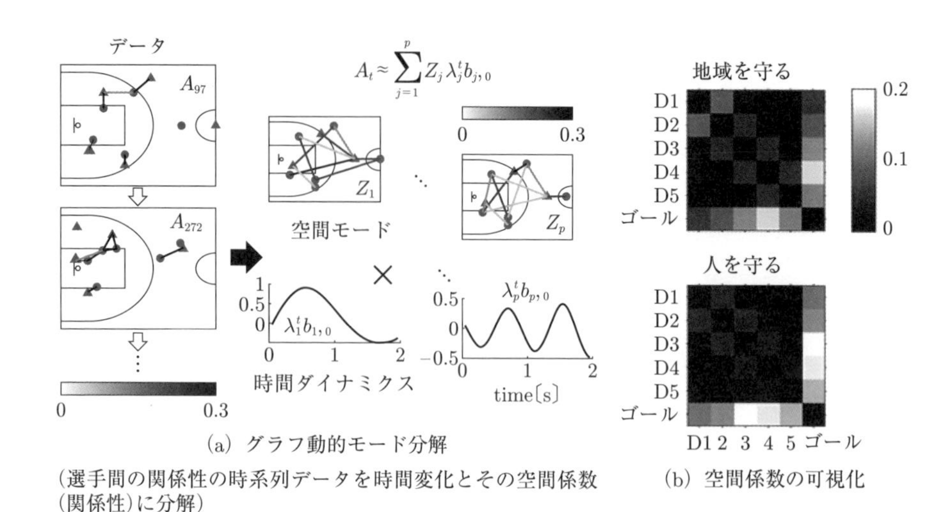

(a) グラフ動的モード分解
(選手間の関係性の時系列データを時間変化とその空間係数(関係性)に分解)

(b) 空間係数の可視化

図 3.25 機械学習を用いた教師なし学習と教師あり学習の組合せによる分類[18)]
((b) は守備戦術 (地域を守るか／人を守るか) について分類したものである※12. D1〜D5 はそれぞれボールから 1〜5 番目に近い守備選手を示す. 白に近いほど値が高く, (選手間の意味のある振動と考えられる) 低周波の時間変化をもっていると解釈できる. すなわち, 地域を守る守備のほうが, 互いに近くの守備選手どうしが振動している (協調している) ことがわかる. 対して, 人を守る守備では, ゴールとの距離に対する強い振動を示す)

positioning system; 全地球測位システム) や無線システムを用いた LPS (local positioning system), 反射マーカを用いてマーカ位置を推定する光学式モーションキャプチャ (optical motion capture) を用いた計測などがある. GPS は安価で使用しやすいが, 空間解像度や屋外という制約により, 用途が限られている. 一方, LPS はシステムが高価であるが, 空間解像度が高く, 設置場所の制約はあまりないので, 導入できれば使いやすい. 光学式モーションキャプチャによる計測は, 導入コストは LPS と同様に高く, 空間解像度は最も高いが, 装着する反射マーカが選手の動きを大きく阻害することが難点である. 計測の正確性を重視する学術研究ではよく用いられるが, 実際の試合で計測に使用するのは非現実的である.

一方, カメラなどから計測する非接触的な方法であれば, 選手は何も装着しないため, 実際の試合で利用しやすいが, 従来はビデオカメラの動画像に人手で点を

※12 このほか, 文献 4) では攻撃戦術 (協力があるかないか) についても同じ方法で分類している.

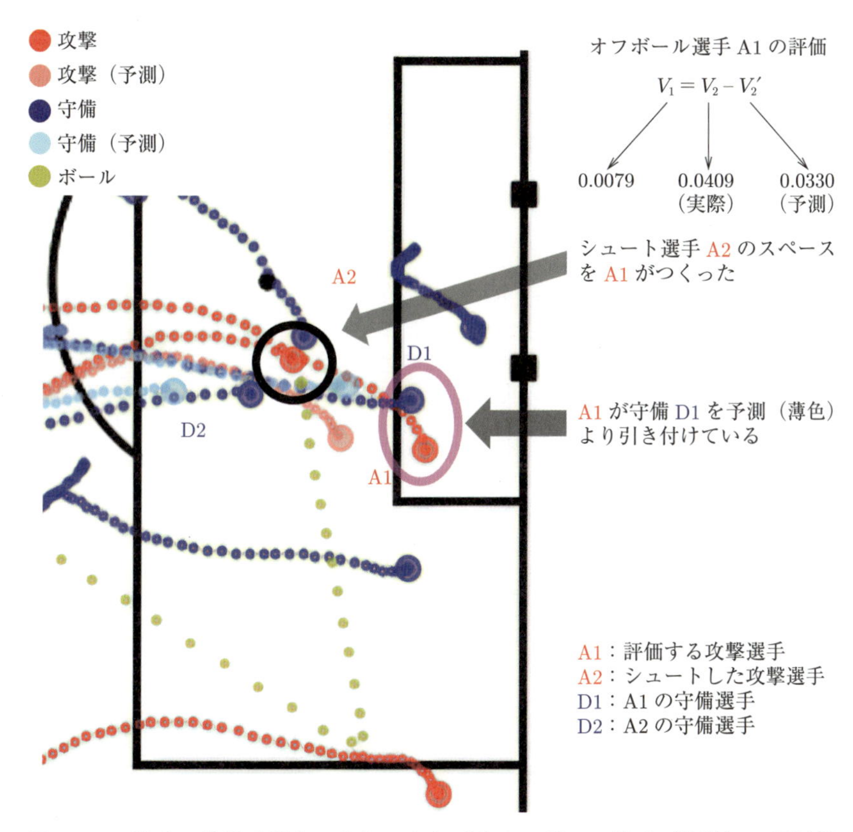

図 3.26 選手の軌道予測と，それにもとづくオフボール選手（後述）の評価指標[20]
（軌道予測により生成された動きを標準的な動きと見なし，オフボール選手が味方のために犠牲となる動きを，その差分から評価している）

打って，連続的な動きのデータを離散的な値の集合に変換するデジタイズ（digitize）と呼ばれる作業が必要であり，これに非常に時間がかかっていた．近年では，カメラベースの位置認識システムが人間の行うサッカーやバスケットボールなどのプロスポーツで広く用いられている．この方法は初期のシステムの設置にコストがかかるものの，従来の手法に比べ測定以降の人的コストが低く，簡易に大量の位置データが取得可能である．

また，人間の集団スポーツにおける動きのデータとしては，いくつか公開され

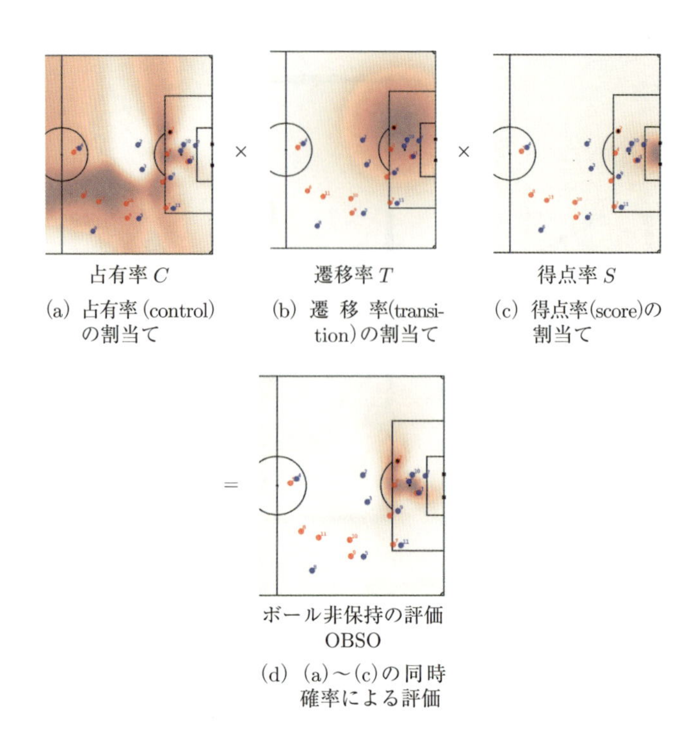

(a) 占有率 (control) の割当て

(b) 遷移率(transition)の割当て

(c) 得点率(score)の割当て

(d) (a)〜(c)の同時確率による評価

図 3.27　ボール非保持の「選手自身のポジショニング」の評価[23)]

ているものが利用できる．例えば，サッカーでは，StatsBomb社やWyScout社などから提供される，ワールドカップやヨーロッパのリーグなどの試合における，主にボールにかかわる選手のイベント（シュートやパスなど）とそのときの選手の位置座標が利用可能である（例えば，文献17)）．バスケットボールでは，NBA（National Basketball Association，全米バスケットボール協会）の約600試合ほどであるが，Stats Perform社（旧 STATS社）から提供された全選手・ボールの位置データが公開されている．サッカーの全選手・ボールの位置データについては，日本のJリーグ（公益社団法人 日本プロサッカーリーグ）のデータがデータスタジアム（株）から有料で購入可能である（図 **3.24**，135ページ）．しかし，サッカーをはじめとした集団スポーツにおいては，選手やボールの位置データだけでの分析は難しく，通常はこれらに追加して目視で記録されているシュートやパス，ファールなどのイベントデータと合わせて分析することが多い．

3.4.2 観察された結果にもとづくデータ解析

繰り返しになるが，シュートやパス回数など，人間の目で見て確認ができる観察された結果に関しては，従来から目視で集計されて分析が行われてきた．しかし，この方法は，人間なら誰でも同じように定義できるものしか扱えず，分析をやり直す場合にはやり直す前と同等の時間を必要とするのが問題である．そのため，スポーツによく存在する，「(そのほかに）いくつもの次のプレイのパターンがあるが，経験者なら，ある程度の共通理解にもとづいて限定される次のプレイ」や，「経験者の中でも定義が異なるが，ゲームを理解するために重要なプレイ」の頻度を数えることが困難である．さらに，当然そのようなプレイの評価は困難である．

一方，定義が可能な選手・ボールの位置やイベントデータを用いて，経験者の知識を表現するような機械学習技術を用いることで，(あらゆる人間を納得させることは難しいかもしれないが）一定の透明性のある基準にもとづき，プレイを集計・分析することが期待できる．この方法は人間の目視とは異なり，何度も計算し直すことができ，大量のデータを処理できる点に利点がある．

(1) 教師なし学習

ここで，機械学習には大きく分けて**教師なし学習**（unsupervised learning）と**教師あり学習**（supervised learning）がある．教師なし学習とは，プレイの種類や得点などの目的変数（**教師データ**（training data））を用いない方法であり，現実的に理解が可能なレベルまで次元を落とす**次元削減**（dimension reduction）や，類似度にもとづいてデータをグループ分けする**クラスタリング**（clustering）をコンピュータに行わせる手法が代表的である．

次元削減は，情報が豊富なデータから，その意味をできるだけ保ったまま少ない情報に落とし込む（特徴を抽出する）手法である．具体的には，データが時系列であることを仮定しなくてもよい，多くの変数をもつデータを集約して主成分を抽出する**主成分分析**（principal component analysis; **PCA**）などが一般によく用いられる．一方，選手位置の時系列データなどでは，時間の順序を考慮しながら次元削減することができる**動的モード分解**（dynamic mode decomposition; **DMD**）などが用いられる．動的モード分解は主成分分析のように多くの時系列データをまとめて動的なモードを抽出する方法であり，これを発展させた方法により選手全員の動きを考慮した特徴抽出を行うことができる（図**3.25**，136ページ）[18]．

クラスタリングは，データの集合をある基準により分割していく方法であるが，ここでも時系列データを扱う場合が問題になる．例えば，データの時間長さが不ぞろいのときに基準がつくりにくいが，時系列の類似度を設計することで，従来の静的なデータ（時間変化のないデータ）に対するクラスタリング手法が動的なデータに対しても適用できる．これを実現するために，最近では大量の座標データや動画像データを入力とした深層学習を用いた方法がよく用いられている（例えば，文献19)）．ただし，いずれにしても教師なし学習の場合，目的変数（教師データ）を用いないので定量的に検証することが難しいことが課題である．目的が明確にある場合は，教師あり学習と組み合わせると効果的な場合もある．

(2) 教師あり学習

教師あり学習は，前述のとおり，教師データ（目的変数）に沿うように何らかの学習を行う方法である．特に，教師データがプレイの種類のように離散的な値をとる場合，**分類**（classification）と呼ばれ，位置データや得点のように（相対的に）連続的な値をとる場合，**回帰**（regression）と呼ばれる．一般に，機械学習では，学校のテストと同じく，いわゆるカンニングが行われないように学習時とは異なるデータセット（テストデータ）を用いて検証する必要がある．

ここでは分類問題を考えるが（回帰は後述），多くの基本的手法（例えば，線形判別）において時系列データの扱いが問題になる．つまり，いかにして静的な特徴に落とし込むことができるかが重要である．これについて，例えば，上記の動的モード分解を用いることで，守備戦術（地域を守るか／人を守るか）と攻撃戦術（協力があるか／ないか）を同じ方法で分類する方法が提案されている（図3.25）[18]．このように，教師あり学習は結果をはっきり検証できる点（それぞれ平均正答率が78.5%，80.9%）が強みである[※13]．さらに，例えば「従来の経験にもとづく手づくりの特徴」を加味して学習させることもできる．このような明確さと柔軟さが，教師あり学習による機械学習の強みといえる．

(3) 未来予測の必要性

上記はいずれも，観測データからプレイを類型化・分類し，それにもとづいて

[※13] 教師なし学習でも検証はできるが，教師データがないため，一般に性能が教師あり学習に劣る．対して，教師なし学習のよい点は，高品質なデータセットを収集できれば，生成するために多大な労力を必要とする教師データが不要であることである．

集計結果を分析するような方法である．しかし，このような方法では，「(そのほかに) いくつもの次のプレイのパターンがあるが，経験者なら，ある程度の共通理解にもとづいて限定される次のプレイ」や「経験者の中でも定義が異なるが，ゲームを理解するために重要なプレイ」については考慮することができないため，限界があるのも事実である．

そもそも，観察された結果のみにもとづく分析では，経験者が頭の中で行っているような，「もし，あの選手がこう動いたら将来どのようなパターンが起こるか？」といった未来予測や，「あるプレイを行うことで，次にこうなるからよいはずだ」といった予測にもとづく評価，「次のプレイのパターン中で，このプレイが最も得点をとりやすいはずだ」といった推定が難しい．

一方，機械学習の特長の１つは未来予測が行えることである．すなわち，観察された結果だけでなく，未来予測を利用した参考情報としてのプレイの評価や提案が今後の課題である．次項では，未来予測の手法について説明したい．

3.4.3　結果やプレイの未来予測手法

結果やプレイの未来予測を行う方法としては，仮説にもとづいてモデリングする数理モデルによる方法と，機械学習によってモデリングする学習ベースの方法が考えられる．どちらの方法においても，実測不可能な状況における予測を可能にすることが重要である．

伝統的には，すべてのモデルのパラメータ（選手の位置，速度，他選手との相互作用のしかたなど）をあらかじめ決めて数理モデリングする方法が用いられてきたが，現在では一部のパラメータを計測データから統計的に学習するモデリングも精力的に研究されている．また，機械学習としてモデリングを行う方法では，未来の位置を予測するための回帰問題，あるいは教師あり学習・教師なし学習ではなく，現在の状態から将来とるべき最適な行動を決定する**強化学習**（reinforcement learning; **RL**）という方法がある．

一般に，前者の数理モデルによる方法は作成者が細かく設定できるため解釈性が高く，後者の機械学習によってモデリングする学習ベースの方法は新しい状況でも予測ができる汎化性能（generalization performance）が高いという特長がある．ただし，お互いに手のうちを予測されないように行うスポーツの性質上，両者ともいまだ高い正確性で将来予測はできない点に注意する必要がある．

また，「未来を予測する」という問題を大まかに分けると，サッカーをはじめとした集団スポーツでは数秒程度の短期的な未来の予測と，シュートや勝負が決定するまでなどの長期的な未来の予測に分けられる．しかし，一般に集団スポーツでは支配方程式が不明な場面が多いため，前者の短期的な未来すらも予測することが難しく，情報系の分野における代表的な難問の1つになっている．例えば，サッカーやバスケットボールなどにおいて，選手の軌道予測の研究は現在も多数行われている（例えば，文献20,21)）．図**3.26**（137ページ）は，予測性能を最優先した深層学習を用いたアプローチにより，ルールベースのモデルでは難しい多様なデータにもとづいた運動の再現を達成することで，これまで不可能であった反現実的なシミュレーション（例えば，標準的な選手の動きや，計測されていない動きへの対応など）を可能にした研究の一部である．このようなアプローチは視覚的にもわかりやすいため，後に説明するような新たな人間スポーツの現場における応用も生まれうると考えられる．

一方，後者の長期的な予測については，あえて短期的な振舞いの正確性を犠牲にすれば，（3.2節で説明したロボカップシミュレーションや市販のゲームなどを用いて）初期パラメータを与えて試合が終わるまでシミュレーションすることにより，可能である．例えば，位置の予測を省略して，行動をパスやシュートなどに離散化して，空間的な情報を制約条件として得点などの予測を行う研究[17)]などがある．

また，仮想空間上（つまり，ビデオゲーム）において勝つことなどを目的としたアルゴリズムにより，長期的な予測を行う方法もある（前の例では「動きを人間サッカーに似せるためのシミュレーション」であり，目的が異なる）．このような必勝アルゴリズムの探索は従来，パズルやシューティングなどのゲームを対象に研究（囲碁の話が有名だろう[22)]）が行われてきたが，最近ではサッカーゲームのオープンソースのシミュレータが発表される[※14]など，スポーツゲームが対象となってきている[8)]．すでに強化学習などを用いて，人間を打ち負かすほどの性能が期待されており，ロボカップの目的もこのカテゴリに入るであろう．さらに，ビデオゲームやスポーツの試合などの計測データを利用して，優秀な結果につながった行動と似た行動を生成する学習も可能であり（例えば，**模倣学習**（imitative

---

[※14] Python ベースで誰でも利用できる．

learning）と呼ばれる方法がある），それらの応用が生まれてくると予想される．

3.4.4 プレイの評価手法

人間のプレイの評価手法においても，数理モデルを用いた評価，機械学習の予測にもとづく評価，数理モデルと機械学習を組み合わせた評価などが考えられる．しかし，対人スポーツの戦術の評価については，成功確率の高いプレイが理論的に導かれたとしても，その裏をかくプレイが存在するため，唯一の正解はなく，あくまで参考として考えることが望ましい．

数理モデルを用いた評価には，従来，**ボロノイ領域**（Voronoi diagram）[※15]などの観点から支配領域の評価が試みられ，各地点でシュートしたらどのくらいのゴールが期待されるかという得点確率モデルなども報告されてきた．最近では，それらを組み合わせてオフボールの得点機会を評価したモデルが提案されている（図 **3.27**，138 ページ）[23]．なお，これらの一部のパラメータはデータから学習されることもあるが，重要な関数は人間が考えて構築していることから，数理モデルと呼んで差し支えないと思われる．

また，機械学習の予測にもとづく評価には，大量のデータを活用して得点確率やイベント発生確率を予測することで，「得点が入りやすい動き」などを評価するという研究がある[17]．このようなアプローチは個々のスポーツの知識をほとんど前提とせずに柔軟にモデリングできる点に強みがある．ただし，得点予測にもとづく評価については，試合全体では希少な事象（＝得失点）を予測するため，評価が安定しない点や，得失点にいたるまでの多様なプレイが評価されにくいという問題がある．そのため，得失点より発生頻度の多いボール奪取や被有効攻撃の予測にもとづき，選手の行動と全選手・ボールの位置情報を利用してチームの守備評価を行う手法などが提案されている（図 3.24）[16]．

さらに，強化学習の枠組み（図 **3.28**）を用いて，報酬を獲得するエージェントをモデリングして，その状態や行動を評価したり，方策や報酬を推定したりするような研究もいくつか報告されている．ここで，状態評価や行動評価を部分的な問題として考えると，すでに説明した研究[16, 17, 23]もこの例としてあげることが

※15 平面上に存在する選手の位置にもとづき，誰が最も近いかによって平面上の座標空間を分割した領域のこと．

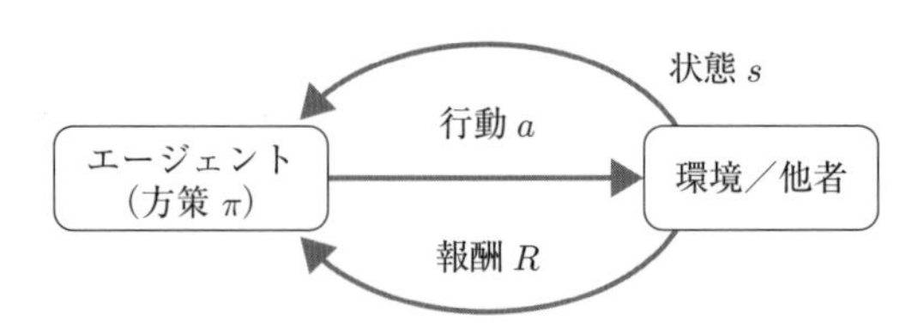

図 **3.28** 強化学習の概要図
(強化学習は，エージェントが試行錯誤を通して，報酬を最大化するために環境や他者との相互作用を通して，最適な行動を選択する学習方法である)

できる．また，状態を入力として行動を出力する関数である方策（policy）は，前述の軌道予測のモデルを用いて，実データから状態と行動の対応関係を学習する教師あり学習あるいは模倣学習の枠組みとして，推定されることが多い[20, 21]．

最近では，上記のスポーツの知識にもとづいた数理モデルと，データにもとづく機械学習モデルの両方の長所を組み合わせて，プレイを評価するような研究が増えている．例えば，軌道予測により生成された動きを標準的な動きと見なし，ボールをもたないオフボール選手が味方のために犠牲となる動きを，その評価値の差分から評価した研究[20]などがある（図 3.26）．

また，実データから報酬を推定する問題（**逆強化学習**（inverse reinforcement learning））により，チームの順位や，その試合の得点差など，報酬の特徴の重み付けをデータから学習することで，人間の選手がどのような報酬にもとづいて行動しているかを推定する研究などがある[24]．この研究でも，報酬の特徴を人間が推定しており，スポーツの事前知識が利用されている．

さらに，予測モデルを用いれば「もしこの行動をとっていれば」という反実仮想の結果も出力できるため，これまで観察できなかった現象も評価できる．特に，順問題と違って，実データを使用した逆問題の場合，同じ状況から異なる選択肢をとるときの評価が容易ではない．例えば，選手を強化学習でモデリングし，**Q 値**（Q value）と呼ばれる（パス，シュート，右に移動のような離散的な）行動の価値をデータから推定することで，どのような行動のとればどれくらいの割合で，将来の得点という報酬につながるかを評価する方法などが提案されている（図 **3.29**）[25]．

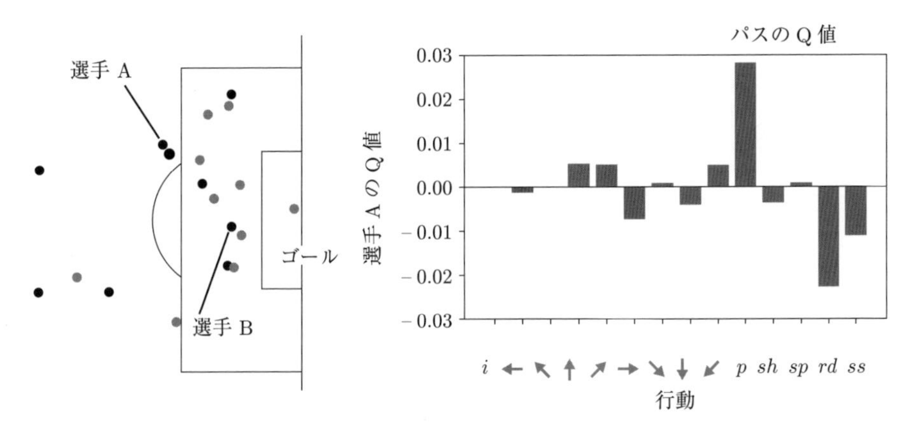

図 **3.29**　サッカーの強化学習モデリングの例[25)]
（選手 A がボールをもち，選手 B にパスしたシーンで，Q 値（離散的な行動ごとの価値）をデータから計算．この例では，パス（p）の Q 値が最も大きい，つまり，パスが最も効果的と評価されている）

3.4.5　データ解析に関する今後の課題

これまで述べたように，最近では多種多様な人間スポーツのデータ解析の方法が開発されているが，本節の筆者である藤井の認識ではゲーム全体のほんの一部分しか実際に評価できていない．

例えば，攻撃におけるボールを保持しない選手の動きについても，まだまだ数多くの動きが評価されておらず，守備の個人選手の動きにいたってはほとんど評価されていないのが実状である．また，多くの戦術的な評価の研究では，人間を 1 点で表現したデータで評価を行っている状況であり，画像から推定された姿勢データなどによる評価はなされていない．しかし，位置データに関していまだ最後は人手の修整が行われているが，よりリッチ（事細か）な情報である姿勢データを人手で修整することは現実的に困難である．そもそも位置データの人手による修整にかかる人的コストは大きく，人間スポーツの分析が予算が豊富なプロリーグや世界大会に限定されている原因となっていることから，画像処理技術の発展が望まれている．

一方，画像処理技術における課題としては，動画からフィールド座標に変換する際のキャリブレーション（較正），選手やボールの位置の追跡（トラッキング），異なるフレームでも選手が誰かを特定する人物再同定（re-identification），イベントが発生した時間と種類を推定するアクションスポッティングなどがあり，サッカーにおいてはこれらの優劣が公開データにもとづくコンペティションとして競われている[27]．

将来的には，ロボットスポーツと同様，コミュニケーションの問題も人間スポーツに関する研究の1つになると考えられる．どれだけセンシングが発達しても，原理的に人間の行動を正確無比に計測・推定することは難しいと考えられるが，ロボットスポーツで扱っている順問題であれば，あらかじめ設計したルールの中で行うことが可能である．特に，順問題と逆問題の両者を組み合わせた枠組みを考えることが重要になるであろう．

3.5 シミュレーション・ロボット・人間解析の融合に向けた展望

3.5.1 シミュレーション，ロボット，人間の解析の融合の可能性

これまで，シミュレーション，ロボット，人間の競技における前提条件や解析方法，具体的な例などについて順を追って説明してきた．

シミュレーションやロボットにおけるスポーツにかかわる中心的な問題は，特定の戦術や配置からその結果を生成・予測する順問題であるといえ，したがって事前に定義された行動や戦術から結果をシミュレートする順解析という形で扱われることが多い．一方，人間の競技ではまずデータが与えられる逆問題が中心的な問題であり，したがって実際の試合結果やデータからその原因や背後にある戦術を逆解析することが多い．また，人間のように知的に振る舞うロボットの研究開発，あるいは人間の頭の中で行われるシミュレーションを再現するような問題を検討する際には，順・逆解析の両方が必要になる場合があることについて述べた．

さらに，シミュレーション，ロボット，人間の三者で異なる観点として，**身体性**（embodiment）の問題がある．例えば，シミュレーションのエージェントには，研究者が定めた身体の大きさや観測などの仮定の制限が存在するが，実際的な制限は基本的に存在しない．一方，実世界の人間の運動・認識・思考・感情などにはいまもなおパラメータで適切に表現できないことのほうが多い．この理由の1つは，微細な身体の動きや外界の認識，思考，感情などはデータの入手が難し

いからである．ロボットは，身体の設計や設定はできるが，物理世界との相互作用のパラメータ化が難しいという意味で，シミュレーションと人間の中間にあるといえる．このような身体性の問題が，シミュレーション・ロボット・人間を対象とした研究の相互活用を図るうえで課題になる．また，ロボカップの最終目的である「2050年までに，人間のサッカーの世界チャンピオンチームに勝てる，自律移動のヒューマノイドロボットのチームをつくる」ためには，これらのすべての知見を融合することが必要であると思われる．

本章の最後となる本節では，シミュレーション，ロボット，人間のそれぞれの解析を融合する可能性に関して述べたい．まずは，それぞれのペアの組合せに対して，片側の知見をもう一方にどのように活かすかについて，（つまり，6通りの組合せで）論じることとしたい．最初は人間とシミュレーションの解析の融合について，その後，シミュレーションとロボットの解析の融合について述べる．次に，ロボットと人間の解析の融合，最後にまとめと今後の展望について述べる．

3.5.2 人間とシミュレーションの融合

人間の解析に，どのようにシミュレーションの解析を用いるかについて考えてみよう．前述のとおり，現在人間の解析に使われている主なデータは，3次元ではなく2次元である（コート平面上で，1選手1点で表現され，姿勢情報を含まない）．したがって，3.2節で説明したロボカップ2Dシミュレーションと非常に親和性があるといえる．

例えば人間の選手の軌道予測の場合，実際の人間のデータから機械学習の教師あり学習にもとづき未来の移動軌跡を予測するために，数秒間のデータをもとに次の数秒の逐次予測（予測値を用いた予測）を繰り返すという手法が用いられている．よって，予測時間が長くなれば長くなるほど誤差が蓄積して実際のデータとの乖離が大きくなり，数秒か長くても10秒程度の逐次予測しか適切に行えないことが課題である．対策として，個々の動きをパターン認識するのではなく，選手全体をモデリングするようなことも考えられている．

また，実データは連続空間の座標であるため，（単純に考えたとしても位置や速度などの）状態の組合せをカバーするだけの試合データを集めるのが現実的に不可能であることも問題である．さらに，例えば，サッカーでは90分の試合で数点しか得点が入らない場合がほとんどなので，意義深いデータや強化学習を用いる際の報酬が疎（スパース）になってしまう点も課題である．データがスパースだと，適切なスパースモデリングをするなどの有効な対策を打たない限り，与えられたデータにオーバーフィット（過学習）してしまう．まずは，学習に用いるデータの量を増やすことが重要である．複数シーズン，複数リーグのデータを自由に使用できる環境の構築が望まれる．

一方，シミュレータを用いれば，一般にデータ取得コストや時間を大きく削減しつつ，さまざまなシーンを自動収集できるため，人間解析におけるデータ収集の課題を解決できる可能性がある．特に，2D サッカーのアルゴリズムは，競技（リーグ）を通して高度な戦術を自律的に，スピーディーに実行できるため，長期間のエージェントの動きを生成するための１つの選択肢として考えられる．

また，人間の解析におけるよりよい戦略を探索することにおいて，シミュレーションによる強化学習の活用は有力な１つの方法だと考えられる．一方，ロボカップ 2D シミュレーションリーグにおいては強化学習を使わず，ルールベースと機械学習を組み合わせた方法が優位であるという興味深い結果もある．シミュレーションでは実世界のスポーツの移動を必ずしも再現しておらず，したがって評価も異なるかもしれない．人間のサッカーのデータ解析にシミュレーションを活用するためには，人間のサッカーのデータとの関連が重要となる可能性がある．Google Research Football のエージェントと実際のプロ選手のパスの出し方を比較したような研究もあるが，特に人間のデータに合わせたわけではないので，似た動きが生成されていない[28]．

すなわち，選手と似た移動を行うシミュレータを開発できれば，人間のデータ解析にも活用できる可能性がある．しかし，実データと似ているシミュレータにおいては，きちんと動く（得点を狙える）エージェントを設計することが難しく，今後の技術発展が必要とされる[29]．これにかわって，画像認識，プレイ分類，未来予測などに必要な機械学習の学習データを，シミュレータにより増強することも考えられている．ただし，前述のとおり，サッカーを含めた集団スポーツの戦術的な動きのデータ解析には，膨大なデータが必要である．現実的には，ある程度，人間と似た動きをするシミュレータを使用して，機械学習の学習データをシミュレータにより増強するというハイブリッドな方法が有効であろう．さらに，機械学習モデルの性能が向上することで，さまざまな人間のデータの解析における妥当性が向上することが期待される．

2D サッカーにおいては，人間を完全に模倣することを目指してシミュレータが設計されているわけではない．例えば，走る，ボールをトラップする，ボールを蹴る，ドリブルするといった，サッカー選手としての身体の制御を正確に再現しようとはしてはいない．また，精神的な要因はまったく扱っていないため，例えば，試合終了間際や大舞台での精神的プレッシャーによるプレイの質の変化のようなシミュレーションはまったくの手付かずである．それにもかかわらず，対人相互作用にかかわる意思決定に関しては，人間のプレイをかなりの部分で再現できている．つまり，1 体 1 での駆引き，ドリブル・パス・シュートコースの判断などといった対人相互作用の関与する戦術的なプレイに関しては，人間のサッカーと同等の問題設定が実現されているのである．

2D シミュレータがこのような発展を遂げてきた大きな理由は，使用可能な計算資源の制限との関係で，開発初期から一貫して制御コマンドの抽象化がなされていたためであろう．2D シミュレータでは，選手を制御するコマンドとして `kick/dash/turn` などのコマンドが用意されているが，これらのコマンドでは関節の制御はすべて省略されている．選手とボールはすべて円で表現されており，ボールを制御できる範囲まで円で定義されているほどに単純化されている．それでも，個々の選手の行動による相互作用の結果において，実際の人間のプレイかのような複雑さが発生している．すなわち，サッカーのプレイにおいては，個人の足技のような身体制御技術と，対人相互作用の関与する戦術的意思決定は分離して扱えることが示唆されているといえるだろう．

さらに，プレイだけでなく，その背景にある視覚にもとづいた選手の認知モデルについても，人間に近い現象を観察できる．3.2.2 項で述べたとおり，2D サッカーでは人間を模した視覚の制約を導入しており，各選手は部分的かつノイズを含んだ情報でしか世界を認識することはできない．このような視覚の制約は，対人相互作用にかかわる意思決定において，しばしば結果に大きな影響を及ぼす．例えば，人間のサッカーでのパス行動において，パサーとレシーバの意図が合わず，レシーバがパスに追いつけない，という場面はしばしば発生する．このような場面が発生する理由は，パサーとレシーバで状況の認識がずれていたため，あるいは，状況の認識は一致していたが行動の評価が異なっていたため，と考えられるだろう．行動の評価が選手間で一致していたとしても，状況の認識にずれが生じていればその評価値にもずれが生じ，結果として異なる意図を選択することが起こりうるのである．2D サッカーにおいても認識のずれによる意図のずれはしばしば観察される現象であり，対人相互作用をともなうプレイにおいて視覚の制限は人間らしい振舞いを実現する要因の 1 つとなっている．

このように，制御コマンドの抽象化がなされたシミュレーションでも，相互作用をともなう意思決定に関しては，人間らしいプレイが実現できているといえる状況である．しかしながら，人間らしいプレイをすることは目指しつつも，実際の人間のプレイデータから模倣し分析することを目指した研究開発はこれまでにほとんど行われていない．その理由としては，ロボカップそのものが競技としての側面が強い（強いチームをつくることが目的化している）こともあるが，それ以上に，模倣のもととなる肝心の人間のプレイデータが手に入りにくいことがあげられる．人間のプレイデータの入手難易度は下がってきているため，実際の人間を模倣し，分析することを目指した研究はまさにこれから始まるところである．

3.5.3 シミュレーションとロボットの融合

これまでに述べたとおり，2D サッカーでは，さまざまな点が省略・抽象化されたシミュレータが使用されている．ただし，2D シミュレータ内部では 2 輪差動駆動型ロボットを想定したモデルが採用されている．つまり，`dash/turn` などの選手を移動させるコマンドは，2 輪差動駆動型ロボットが実行できる行動であり，さらに，中型からヒューマノイドにいたるまで適用可能な抽象化されたコマンドとなっている．

しかし，実機ロボットで得られた知見をシミュレーションで活かすという発想は，残念ながら 2D サッカーにおいてはほとんどみられない．その理由としては，やはり 2D シミュレータで採用されている物理モデル・運動モデルが抽象化されたものであることが大きいだろう．結果として，運動制御の点において，2D シミュレータはそのコマンド体系のもとで独自の進化を遂げており，他分野への応用は期待できないものとなっている．2D シミュレータにおける運動制御をより実機ロボットに近づけるアイデアが提案されることはあるものの，2D サッカーへの参加者の大半はそれを望んでおらず，実現されていない．対して，実機ロボットの知見を活かした例の 1 つとして，**パーティクルフィルタ**（particle filter）[※16]による自己位置推定があげられる．2D サッカーでは，選手は観測したランドマークの情報から自分自身の位置推定を行わなければならないが，視覚情報にはノイズが含まれているために，自分自身の位置をより精度よく推定する手法が必要となる．ここにパーティクルフィルタなどの確率ロボティクスからの知見が活かされている．

実機ロボットを志向したシミュレーションは，ロボカップにおいては 3D サッカーシミュレーション（以下，3D サッカー）として実現されている．3D サッカーのシミュレータは，**物理エンジン**（physics engine）[※17]を用いた汎用リアルロボットシミュレータとして設計されている．ロボカップの競技としては，NAO をモデルにした二足歩行ロボットを選手としたサッカーを実現している．3D サッカー自体は 2004 年から開催されているが，当初は物理演算が安定しておらず，競技がまともに行えないほどであった．2010 年代以降，シミュレータ内での二足歩行制御はスムーズになりつつあり，実機ロボットを模したサッカーらしくなってきている．しかしながら，シミュレータ上で獲得された最適な歩行制御が現実のロボットではありえない動きとなっており，シミュレーションから実機ロボットへのフィードバックという観点からは疑問が残る状況である．さらに，運動制御は実機ロボットに近いものを採用しているにもかかわらず，視覚情報では完全情報が得られるようになっているなど，実環境をシミュレートするプラットフォームとしてはややちぐはぐなものになっている．

以上のように，シミュレーションにおいては，面倒ごとは省略されるのが通常である．この結果，人間やロボットのプレイと異なった動きとなるが，省略されることが常に悪いということでもない．例えば，行動を解析する場面においては，省略がとても優位に働く．つまり，誤差や偶発的な行動が少なければ，順問題も逆問題も解きやすい．この性質を利用して，ロボットの解析にあたり，そのアルゴリズムの精度を評価する際にシミュレーションを用いることが考えられる．シミュレーションであるので，試合のログデータも短時間でとることができる．

[※16] ロボットの自己位置推定や物体追跡に用いられる手法の 1 つである．観測データとモデルにもとづいて粒子をばらまくことで，予測したい値の確率分布を近似的に求める．

[※17] 古典力学にもとづいた物体の運動をコンピュータ上でシミュレーションするためのソフトウェア．

3.5.4 ロボットと人間の融合

人間の行動判断の基準をロボットにインストールする取組みは，機械学習，特に教師あり学習においてすでに成功している．これによって，現在のロボットは顔を識別したり，傷を検出したり，アームをタイミングよく動かしたりすることができるようになっている．しかし，スポーツロボティクスの分野においては，行動主体（エージェント）が複数存在すること，そして全エージェントに気分や体調，チームメイトとの関係性が存在することなどが課題としてあり，このような取組みが成功していない．つまり，人間であれば，明確な判断基準にもとづかずに，そのときの気分でプレイを選択するし，そのときの体調により能力も変化するから，スポーツにおけるある局面の人間の行動判断の基準をロボットにインストールするということ自体が難しくなる．例えば，チームメイトと前日口論になったせいで，パスが出しづらいということもあるだろう．しかし一方で，同じ試合において，やっぱりいつものチームメイトがいるから士気が上がるということもあるだろう．このようなすべての変動要因を説明変数として定量的に評価することは難しい．さらに，それらの集合体がチームワークを発揮してスポーツの試合に臨んでいる人間の集団であり，ゆえにスポーツの勝敗の予想はなかなか当たらないのである．

しかし，今後，スポーツロボティクスで得られた知見や技術は確かに活用されていくと考えられる．アンケートにより選手個人の性格やモチベーションなどを定量化する手法はすでにあり，アイトラッキングや動作解析用のスーツなどのウェアラブルな計測機器の開発も仮想空間の研究開発ともあいまって急速に進んでいる．さらに，人間がｅスポーツを行っているときのデータも蓄積されてきている．研究開発に必要なデータは着実に増えており，ある特定の選手個人のモデリングも不可能ではなくなってきている．例えば，往時の中田英寿選手と同じプレイをできるロボットがつくり出せるかもしれない．

それでは，人間の解析に，どのようにロボットの解析の知見を用いることができるだろうか．シミュレーション，ロボット，人間の解析の相互の関係性を考えてみると，ロボットと人間の間には最もギャップがあると考えられる．なぜなら，図 **3.30**（a）に示すように，必要な外部の計算資源と現時点での運動遂行能力において，ロボットと人間のギャップが大きいからである．

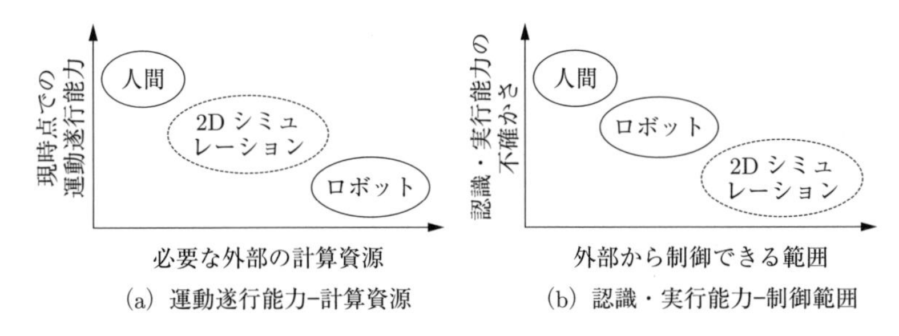

(a) 運動遂行能力–計算資源　(b) 認識・実行能力–制御範囲

図 3.30 人間–ロボカップ中型ロボットリーグ–2D シミュレーションリーグの関係性を表す概念図
（あくまで概念的な図であり，数値的に表しているわけではないことに注意）

一方，ロボットと人間が似ている点は，身体や実環境の相互作用がある点（したがって，ロボットと人間は一緒にサッカーすることもできる）であり，それによって認識・実行能力の不確かさも同様に存在することである．これは，風洞模型のように，純粋なシミュレーションと人間のギャップをつなぐ役割を果たすかもしれない（図 3.30（b））．

対して，人間のデータ解析に，どのようにロボットの解析の知見を用いることができるだろうか．

ロボットのデータ処理や制御のために開発された手法には，それ自体が人間の認知や運動過程の模倣から生まれているものが多い．したがって，手法自体をブラッシュアップすることで，現在のロボットと人間の間にあるギャップを埋めるヒントが見つかるかもしれない．例えば，計算の高速・効率化，センサデータの解析手法などのアイデアである．前者はロボットの特長の 1 つであるが，これを人間のデータ解析にも応用すれば，大量の情報をすばやく処理できることが期待される．将来的には，人間の試合のデータをリアルタイムで取得して，ロボットによってシミュレーションを行い，結果をその後の試合展開に活用するといったことも可能になるであろう．

また，ロボットはさまざまなセンサを駆使して自らの環境を認識して行動する．このセンサデータの統合や解析手法は，人間のデータ解析に応用することも期待される．現在の人間のデータ解析では，すべての情報ができるだけノイズが小さい形で観測されていることを前提に行われていることが多いが，実際にプレイを

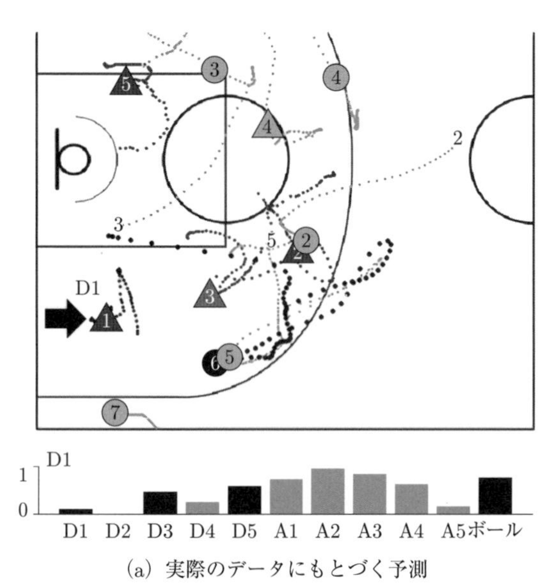

(a) 実際のデータにもとづく予測
(守備選手 1 は攻撃選手 1 とボールのどちらも考慮に入れたスタンスをとって守っている)

行う選手の多くは限られた情報，かつノイズが多い中で判断を行い，プレイを実行しているはずである．特に，順解析的な観点で人間の行動をシミュレーションする際には，このような観点が重要である．例えば，バスケットボールでは限られた（近くの選手の）情報だけを入力するとその選手に近づいていくという，人間の初心者にありがちな動きを生成するモデルを人間のデータをもとにつくる[30]という研究がある（図 **3.31**）．

さらに，与えられた問題設定からサッカーの動きを生成する制御問題（順問題）という意味で，（制約条件は異なるものの）シミュレーションとロボットは非常に似ているので，シミュレーションの技術を人間の解析に応用するのと同様，ロボットの技術を人間の認知や行動の予測，モデリングに役立てるという応用が考えられる．すなわち，ロボットが外部の環境から制御を行う手法を人間のデータ解析に応用することで，人間の個人の特性や未来の行動を予測する新しい手法の開発が期待される．また，この技術を適切に用いることで，人間の行動や認知過程の理解がより深まることが期待される．

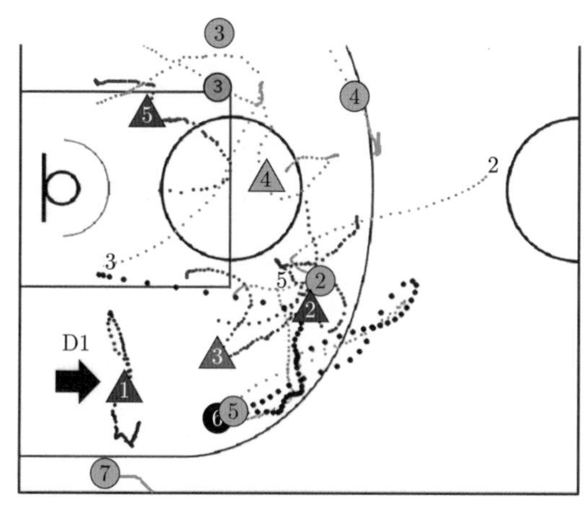

(b) 観測を1人だけ(例では攻撃選手1)に操作した予測
(観測を攻撃選手1だけに操作したので，攻撃選手1に向かう行動となっている(これは，相手の選手のうち1人しか考慮できない人間の初心者によくみられる行動である))

図 3.31 バスケットボールの守備選手の模倣学習による軌道予測[30)]
(三角が守備選手で丸が攻撃選手，Bはボールを示す．矢印は4秒付近の位置．攻撃者は最終地点にも小さな番号を付けた．それぞれ下段は，守備選手1（D1）が，誰を観測していたかを推定した値（0になるほど観測しておらず，1になるほど観測している))（過去2秒間の軌跡データを使って学習し，未来の6秒間について予測している）

3.5.5 まとめと今後の展望

本章では，ロボカップ2Dシミュレーションリーグとロボカップ中型リーグ，人間の解析について説明してきたが，ロボカップだけを考えても，上記以外に3Dシミュレーションリーグや小型ロボットリーグ，ヒューマノイドリーグなどがある．**図 3.32** に，これらの関係性の概念図を示す．

基本的には，3.4.4項で述べたように，外部の計算資源の必要性と現時点での運動遂行能力において，見た目にかかわらずヒューマノイドロボットと人間は最もギャップが大きく，シミュレーションはその間に位置すると考えられる．一方，ロボットと人間が似ている点は，シミュレーションよりも身体や実環境の相互作

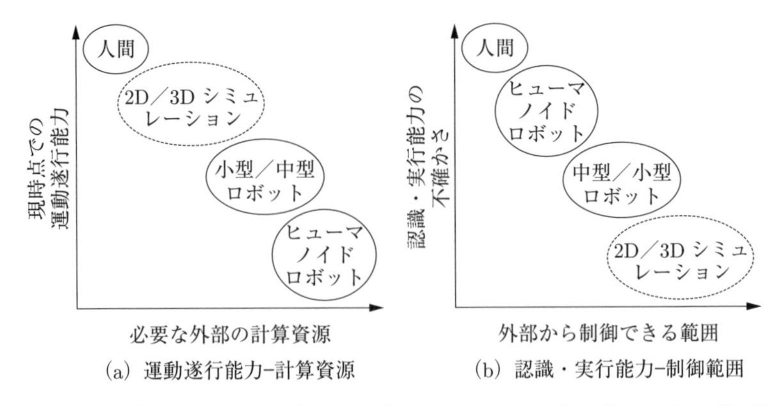

図 3.32　人間とロボカップの各ロボットリーグ・シミュレーションリーグの関係性を表す概念図
（あくまで概念的な図であり，数値的に表しているわけではない）

用がある点であり，それによって認識・実行能力の不確かさも同様に存在し，シミュレーションと人間のギャップをつなぐ役割が期待される．

このギャップについて，ロボットと人間がスポーツを行う認知過程と運動過程の2つに分けて考えてみたい．認知過程とは，ボールの動きを認識し予測する能力や，相手のプレイヤの動きを認識・予測し，それにもとづいて次の行動を決定する能力など，状況を理解して適切な判断を下す過程のことである．対して，運動過程とは，その決定された行動を身体によって実際に行う過程，つまりボールを蹴る・走るといった具体的な運動の実行を指す．

ロボットの認知過程は，高度な計算能力やセンサ技術，アルゴリズムによって実現されている．カメラやレーダを使って環境を認識し，それをもとにボールの位置や相手の動きを予測するのである．ここで，ギャップとは，ロボットの認知はあくまでプログラムされたアルゴリズムにもとづくもので，人間の直感や経験にもとづく判断とは異なるという意味である．人間の認知過程は，経験や直感，感覚などの多様な情報を統合して行われており，特にスポーツの場面では直感や瞬時の判断が重要な要素となることが多い．しかし，このような認知は現状のロボット技術では模倣が難しい．

また，ロボットの運動過程は，モータやアクチュエータを使って精密に動作を制御するというものである．これと人間の運動過程のギャップは明らかであろう．

人間の運動過程は筋肉や関節の複雑な協調動作によって実現されており，むしろ以前と寸分違わぬ精密な動作を最も苦手とする．しかし，人間はこのような運動過程によって，ロボットが苦手とするなめらかで繊細な動きや，予期しない状況への瞬時の適応を実現している．

以上のとおり，ロボットと人間の間には認知過程と運動過程の両方においてまだまだ大きなギャップが存在する．これを埋めるためには，ロボットの技術的な進化だけでなく，人間の認知や運動のメカニズムを深く理解することが必要である．その理解のもとに新しいアルゴリズムや制御技術を開発することで，ロボットと人間のギャップを埋める方向へと進むことができると考えられる．それには，ロボティクスやデータ解析の知見だけでは不十分であり，神経科学や生物学，心理学などの分野の知見も必要である．さまざまな分野の視点や手法を組み合わせることで，より深い理解や新しい発見につながることが期待される．

第4章　対人競技ロボット

第2章では身体運動に関して，また，第3章では戦略的行動に関して，シミュレーションやロボットによる解析を通したロボット・AI技術のスポーツへの活用について解説した．これらは主に，競技をシミュレーションエージェントやロボットのみで行う，あるいは，人間の競技を外から観察することで競技そのものを理解するものである．

一方で，実際の人間の競技中に直接介入することができれば，介入の効果を直接みることで競技の理解がより深まるとともに，人間の，競技の上達の補助として役立てたり，さらには人間が新たなスポーツ体験を得ることにつながったりと，応用の幅が広がる．本章では，このような人間のかわりに競技をするという形で，競技に介入する**対人競技ロボット**（interpersonal robot）について取り上げる．

対人競技ロボットを開発する目的は，大きく次の2つだと考えられる．1つは，人間の能力を超えるようなロボットを開発することである．それによって，ロボティクスの技術的な発展に貢献する．あるいは，人間の限界に近い能力を発揮する競技のプロのような人材の育成に貢献することができる．

もう1つは，能力的には人間と大差ないが，人間を認識し，人間のパートナのような存在になるロボットを開発することである．それによって，人間とロボットの共存が実現できる．

本章では，これらの2つの違う目的で開発されたロボットについて説明するとともに，それらのロボットの機構を解説する．

一般に，ロボットが野球や卓球のような対人競技を実行する場合，ロボット自らが競技に応じた操作対象物や人間あるいは環境の変化をとらえ，競技の目的に応じて行動を決定しなければならない．そこでまず4.1節では，それらを達成するために対人競技ロボットに求められる基本的な技術構成について説明する．その後4.2節で人間の限界を超えるようなロボットの例として野球ロボット，4.3節で人間のパートナのような存在として共存を目指す卓球ロボットをそれぞれ説明する．

4.1 対人競技ロボットの技術構成

スポーツの中でも特に球技（ball game）の場合，人間は大きく以下の流れで競技の目的を達成することが多い.

- 対戦相手の過去のデータや投球（シュート）・返球（パス）時の動作を目視し，相手の得手不得手や対象物（ボール）がどのように放たれるかを考える
- 対象物の動きを目でとらえ，その後の軌道を予測する
- 予測した対象物の軌道に合わせて，相手の得手不得手や各スポーツの目的に応じた行動決定をする
- 行動決定に応じて身体を動かし，目的の達成を目指す

具体的に，野球のバッティングにたとえて考えてみる．仮に目的をホームランを打つこととする．このとき，バッターはできるだけボールを遠くに飛ばそうとする.

まずバッターは，ピッチャーの過去のデータや当日の表情，体調などから，どのような球種・コースを投げてくるかを予測しようとする．そして，投球フォームを目視で確認しながら，どのタイミングでどのようにボールが放たれるのかを予測する．次に，ピッチャーによって放たれたボール自体を目視することで，実際のボールの位置を認識する.

続いて，ボールを当てるバットの箇所（打球点）を決めるため，現在のボールの位置から，あとどれくらいで，どのようなコースでバッターボックスの近くに到達するかを予測する．そして，その予測したコース上に打球点を置き，いつバットを振り始めるとちょうどよいタイミングで打球点にバットをもっていけるか，またできるだけボールを遠くに飛ばすにはどれくらいの速度でどのような角度でボールにバットを当てるべきか（スイング）を計画する.

最後に，スイングのタイミングが来たら，バットを制御しながら振る.

実際には，熟練者の場合，無意識にこれらの一部，あるいは全体を行うことができ，さらに抽象的なとらえ方をしているかもしれない．しかし，スキルが上達するまでの過程ではこれらを１つひとつ意識して行っているはずであるため，こ

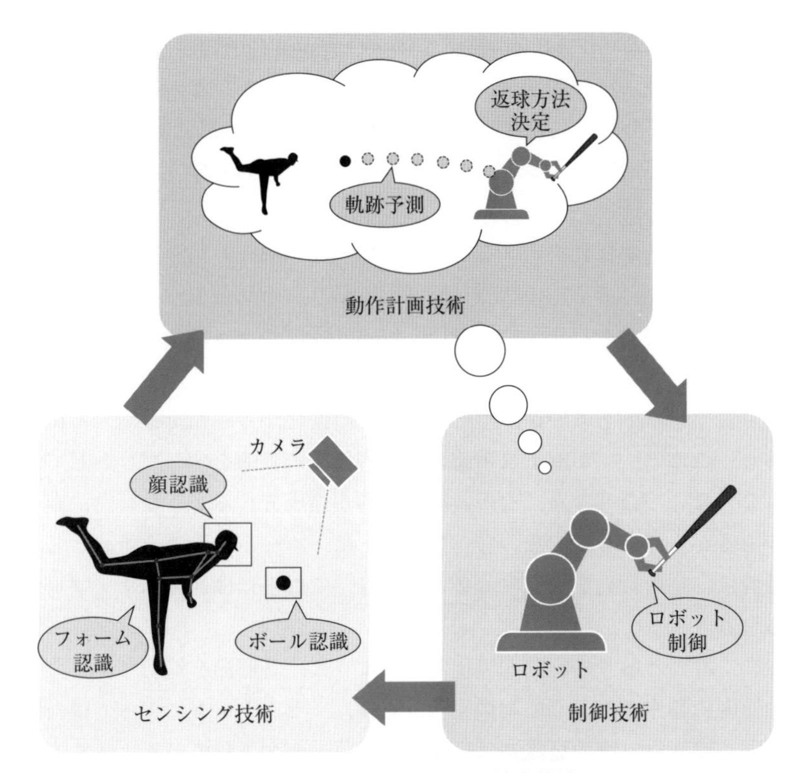

図 **4.1** 対人競技ロボットの技術構成図

こでは上記が人間による競技目的達成の大まかな流れとする．

上記のバッティングの流れは，ロボットがバッティングをする場合でも同様であり，大きく以下の3つの技術が必要となる（図 **4.1**）．

- ロボット周辺の環境や相対する人間，操作対象物などの認識（センシング技術）
- 認識結果やスポーツの目的に応じたロボットの行動決定（動作計画技術）
- 決定した行動にもとづいたロボットの制御（制御技術）

すなわち，ロボット周辺の環境や操作対象物の認識は必要不可欠であり，そのために目的に応じたセンサを搭載する．人間やボールの認識には，その特徴（色や形状）をとらえるためにカメラを用いる場合が多い．また，環境の認識には，広い視野を俯瞰できる LiDAR（lighting detection and ranging）が使用される場合が多い．一方，特に球技の場合，高速に飛び交うボールなどの操作対象物を正確にとらえる必要がある．高い時間分解能を確保するには，最低でも 200 fps 以上のフレームレートで撮像できるカメラと，同等の速度で処置できるコンピュータが必要になってくる．

次に，ロボットが行動決定するために，ボールの現在の状態を認識するだけでなく過去に認識したボールの状態も記録しておき，それらを使って先の動きを予測する機能が必要である．また，球技ではボールにかかっている回転が軌道の変化に大きくかかわってくるので，ボールのロゴなどのマークから回転を計測する機能も重要である．あるいは，ボールの動きの変化から回転を推定する機能が必要である．ここで，ロボットに事前に個々の競技の目的をインプットしておかなければならない．なぜなら，その競技の目的が達成できるような行動決定をする必要があるからである．すなわち，ロボットは，ボールの軌道を予測として，競技の目的に応じた行動を決定する必要があり，これらには逆算的なアプローチが求められる．

最後に，計画どおりの行動が実現できるように，各関節を適切なタイミングで所望の速度で動作するように制御する．しかし，センシングによって得た周囲環境や人間，操作対象物の認識には一般に認識誤差が含まれている．さらに，それらをもとに決定されたロボットの行動にも，近似的な処理によって生じた近似誤差が含まれる．よって，ロボットが予定どおりの行動をしたとしても競技の目的が果たされない場合がある．この対策として，操作対象物がロボット周辺に到達し行動し始めるタイミングまでセンシングと動作計画を冗長的に行う，もしくは，ロボットの動作結果をセンシングしてフィードバックする，などによる誤差の修正が必要となる．以下では

- 人間の限界を超えることを目指す野球ロボット
- 人間のパートナのような存在を目指す卓球ロボット

の 2 つのロボットをそれぞれ 4.2 節，4.3 節で説明する．野球ロボットは，センシング技術・動作計画・制御技術それぞれの技術に対して高速性を追求したロボットで，各技術において人間を上回ることで人間を超える性能を実現している．一方，卓球ロボットは，人間の相手を打ち負かすというより，いっしょにラリーを継

続するという共通の目的を達成するものである．つまり，人間を認識・解析することで，人間の可能性を引き出すような対人インタラクションを発揮するロボットである．

4.2　高速センサフィードバックによる動的変化への対応

現在のロボットは，事前に決められた動作を繰り返し実行することは高速に行えるが，対象や環境の動的変化に応じて反応するフィードバック動作に対しては顕著に低速となっている．そのため，ボールや他人の動きに合わせて自身の運動を瞬間的に変化させるスポーツ競技を，一般的なロボットで実行するのは困難である．本節では，スポーツの代表的な特徴の1つである高速性に着目し，ダイナミックな身体動作を実現した野球ロボットについて取り上げる．これは高速ビジョンと高速アクチュエーションをベースにしたリアルタイムのセンサフィードバック制御によって実現している点が技術的な特徴である．以下では，野球の基本要素となる走・攻・守に関して，視覚による認識と4つの基本運動に分類して説明する．始めに認識機能を担う高速ビジョンとトラッキングについて述べ，続いて基本運動としてランダムなボールを打ち返すバッティング，目標位置へ投球するスローイング，飛来するボールを捕るキャッチング，凹凸路面を駆け抜けるランニングについて説明する．

4.2.1　高速ビジョン

視覚は人間の五感の情報量のうち80%以上を占めているといわれており，複雑な環境下において高度な認識・判断を行う場面では不可欠なセンシングである．このため，人間の眼を工学的に再現する目的で従来から画像センサの開発やコンピュータビジョンの研究が盛んに行われており，検査やセキュリティといった画像解析を主目的とするアプリケーションから，ロボットや自動車の運転アシストといった視覚フィードバックを必要とする機械システムの制御まで，多方面において利活用されている．ここで，特に，機械制御においては高速性・リアルタイム性のニーズが多い．

一方，視覚センサとして一般的に使われているCCD（charge coupled device）

は，標準サンプリングレートが30 Hzであり，時間分解能の点において人間への映像提示を目的とする場合に不足はないが，撮像した画像の処理や転送には時間がかかるため，画像情報を利用した機械制御にとっては十分とはいいがたい．一方，高いサンプリングレート（sampling rate）※1によって打撃時のボール変形，衝突の破損過程，羽の振動など，高速な物理現象をきわめて精細に撮像してスローモーションで映像を提示することが可能な超高速カメラもあるが，これは大量の時系列情報をメモリに蓄積してからオフラインで画像を取り出すしくみのため，そもそもリアルタイムでの処理やフィードバックに対応できない．このように，センシングのみならず画像の処理や転送まで含めて高速性・リアルタイム性を実現することは，従来の技術では困難であった．

そこで，高速なイメージングと画像処理の両者を実現する高速ビジョンの研究開発が行われている．高速ビジョンの要件を満たすシステムの1つに，撮像機能と処理機能を1つのLSIに搭載したビジョンチップ（vision chip）がある[1]．これは，データを処理するモジュールを光検出器とともに画素ごとに直結したものであり，内部モジュール間転送および画像処理演算の並列化を行うと同時に，必要な処理結果のみを転送することで大容量画像伝送のボトルネックも解消し，1 kHzの高速性を実現している．これまでに，プログラマブルな処理機能を備えた汎用ディジタルビジョンチップ[2]のほか，追跡処理に特化したもの，画像モーメント演算に特化したものなども開発されている．一方，ビジョンチップは時間分解能を追求した構造のため，空間解像度は一般のイメージセンサと比較して不利になる傾向があるが，2017年にはイメージセンサと処理機能を積層化するビジョンチップが新たに開発され，その空間解像度は 1296×967 まで向上している[3]．**図4.2**に開発されたビジョンチップの写真を示す．近年では信号伝送の技術進化によって画像伝送のボトルネックが致命的ではなくなってきていることに加えて，低価格で汎用インタフェースを備えた数百 fps以上の高速カメラも登場し，以前に比べて導入が容易になりつつある．これにともない，高速カメラとCPU/GPUによる並列処理を連携させる高速ビジョンシステムも構築されている．ただし，一般の高速カメラは画像の処理機能はなく撮像データをそのまま転送しているため，要

※1 信号やデータをデジタル形式に変換する際に，アナログ信号を一定間隔で取得する頻度や速度．

(a) 汎用ディジタルビジョンチップ

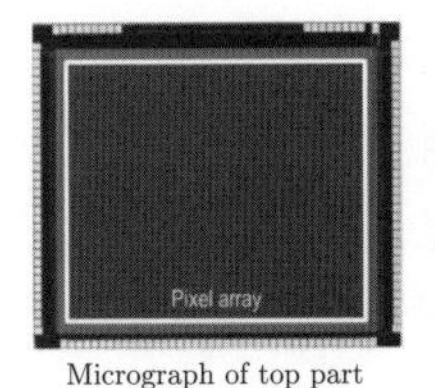

Micrograph of top part

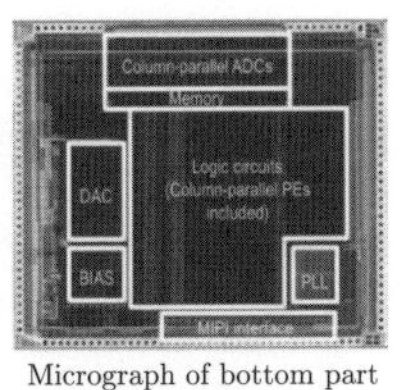

Micrograph of bottom part

(b) 積層型 1 ms ビジョンチップ

図 4.2　ビジョンチップ[2,3)]

求されるスループットやレイテンシ（latency）[※2]を満たすような画像処理の実装が別途必要なことに留意すべきである．

また，高速ビジョンシステムを構築する際に，レンズの合焦速度やプロジェクタのパターン投影速度など，画像計測・認識のために組み合わせるデバイスがその高速性に対応していないことが多いため，そこがボトルネックとなりシステム速度を低下させる問題がある．したがって，トータルシステムとして性能を十分に発揮するためには，ビジョンシステムの高速性に対応した周辺デバイスの開発，およびハードウェアと親和した画像処理技術の開発が必要となる．このような設計思想は**ダイナミクス整合**（dynamics matching）と呼ばれており，高速センサフィードバックを行う知能システムの構築に不可欠な基盤と考えられている[4)]．

4.2.2　トラッキング

環境内を自由に移動する対象を追跡（トラッキング）することは，その挙動や特徴を把握するうえで根幹的である．トラッキングにおいて重要な点は，情報の欠落や不整合を避けるために，対象の追跡をもれなくシームレスに継続することである．この点，高速ビジョンを利用する場合，フレームレートが大きくなることでフレーム間における画像移動量が小さくなるため，トラッキングにおける対象の探索領域が限定されて画像処理の計算負荷も少なくなるという相乗効果がある．例えば，時速 150 km/h の速球でも高速ビジョン（1000 fps）で認識した場合はフレーム間でボールが約 4 cm しか移動しない．一方，CCD（30 fps）の場合，約 140 cm も移動するため，CCD の視界から外れてボールを見失ってしまう可能性も生じる．

※2 ある処理やデータの送受信において発生する遅延．

一方，カメラを雲台（うんだい）（ヘッド）に搭載して視線方向をアクティブに駆動することによって，視野を広範囲に拡大することは可能であり，これによって人間の眼球運動のように注視対象を見続けるトラッキングシステムを実現できる．しかし，アクチュエータを制御するサーボコントローラのサンプリングレートは通常 1 kHz 程度であるので，30 fps = 30 Hz の CCD を利用する場合は運動系と感覚系のフィードバックループのサイクルタイムに 30 倍以上の差があることになり，視覚情報処理の遅れがボトルネックとなってトラッキングシステムの能力を十分に発揮できない．この対策としては，予測や学習といった複雑な処理アルゴリズムを実装して不十分な視覚情報を補償することが一般的であるが，高速に動く物体やランダムに動く物体に対する追従制御が困難となる．一方，高速ビジョンを導入すれば，視覚情報にダイレクトに反応して追従することが可能となる．つまり，前述のダイナミクス整合は，計測・認識のみならず運動・制御まで拡張することによりロボットシステム全体に対して効果を発揮することになる．

具体例として，チルト・パン※3の 2 自由度機構の雲台に 1 kHz の高速画像処理システムを搭載した構成の高速アクティブビジョンを**図 4.3** に示す[5)]．ダイレクトドライブの高出力モータを用いたこと，および重心と回転中心を一致させたメカニズムを採用したことから，応答遅延の影響を軽減した高速／高加速な動作が可能となっている．また，制御については，画像ベースのビジュアルサーボ（visual servo）※4で行っており，常に対象物体を視野の中心へ捕捉するようにトラッキングする．**図 4.4** に，制御ブロック線図を示す．1 kHz で高速に画像処理を行っているため，コントローラのサーボループにダイレクトに視覚フィードバックを導

図 4.3 高速アクティブビジョン

※3 パンはカメラの向きを左右に振る動作，チルトは上下に振る動作．
※4 視覚情報処理の過程とシステムのダイナミクスを結合する理論的な枠組み．

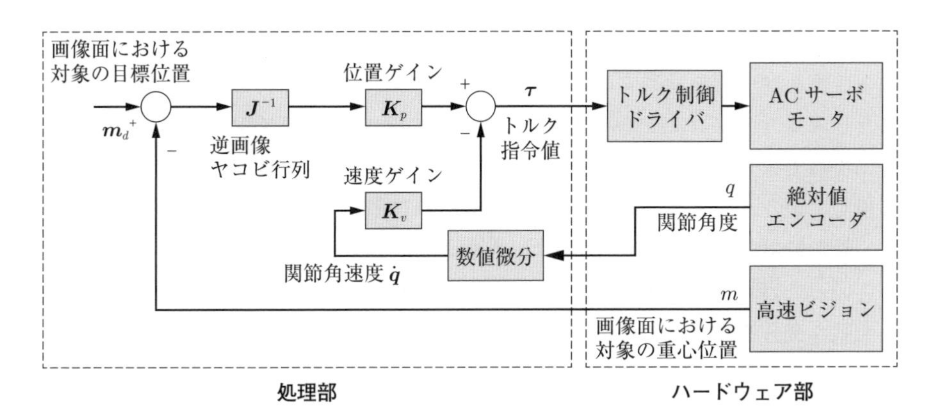

図 4.4 高速アクティブビジョンの制御ブロック線図

入している．ここで，**画像ヤコビアン** (image Jacobian)※5 $\boldsymbol{J}$ を用いて，対象物体の目標画像座標 $\boldsymbol{m}_d$ に対してトルク指令値を次式のように設定してある．

$$\boldsymbol{\tau} = \boldsymbol{K_p J}^{-1}(\boldsymbol{m}_d - \boldsymbol{m}) - \boldsymbol{K_v}\dot{\boldsymbol{q}} \tag{4.1}$$

ここで，ビジョンシステムの解像度に比べてエンコーダ（encoder）※6分解能が高いため，画像座標に対する通常のPD制御とは異なり，微分成分として画像速度ではなくモータ速度の情報を用いることで，微小な運動に対してもなめらかな追従を可能にしている．これにより十分な時間分解能をもったアクティブビジョンで完全に対象をトラッキングできれば高い空間精度を得ることも可能となる．

実際，トラッキングの検証実験として，ピッチングマシンから放たれた約70 km/hのボールがアクティブビジョンの40 cm手前を横切る状況においてトラッキングを実現している．さらに2台のアクティブビジョンを用いてステレオ視することで，3次元情報を必要とするさまざまなタスクへも応用可能である．

4.2.3 バッティング

妹尾らは，人間がランダムな位置やタイミングで投げたボールを打ち返すバッティングロボットを開発している[6)]．本ロボットは1 msごとにボールの3次元位

※5 画像座標上の特徴点の速度とロボットの3次元座標上の速度を関連付ける行列．
※6 モータの回転位置や速度などの情報を測定するためのセンサ．

置を計算し，その情報に合わせてバットの軌道も 1 ms ごとに調整しているので，ストライクゾーンを通過するボールであれば，変化球でも打つことが可能である．また，ストライクゾーンから外れるボールに対しては，スイングせずに見逃す設定になっている．ロボットアームには Barrett Technology 社のバレットアームを使用している．全アクチュエータを台座付近に配置して手先慣性をできる限り小さくした設計により，最高速度 10 m/s・最高加速度 58 m/s^2 の高速な動作を実現している．さらに，伝達機構をワイヤ駆動として，バックドライバビリティの高い柔軟な動作を可能にしており，スポーツに求められるダイナミックな運動に適したアームとなっている．バットはアームの前腕部に固定した状態で取り付けられている．ボールの 3 次元位置計算には，環境側に設置した 2 台の高速アクティブビジョンを使用している．

一方，人間はピッチャーのモーションからボールの軌道を予測したり過去の対戦成績から学習したりするフィードフォワード主体の打撃戦略であるのに対し，本ロボットはボールの軌道に応じてリアルタイムに反応するフィードバック主体の打撃戦略を採用している．すなわち，**図 4.5** のように，アームの軌道はバットを高速に振り切るスイング（SW）モードとボールの運動に追従するヒッティング（HT）モードを統合したハイブリッドな軌道生成としている．これにより，ボール位置に応じてリアルタイムにバットの軌道を更新しながら，遅いボールに対してもすばやい打撃を実現している．ただし，高速動作では非線形要素が無視できずパラメータ誤差やモデル化誤差の影響が顕著に現れてくるため，制御系設計よりも軌道生成に重点を置き，ロボットにとって実現しやすいようななめらかな関節軌道の目標値を明示的に設定している．また，関節軌道は，位置・速度・加速度を連続的につなぐために次式の 5 次多項式で生成している．

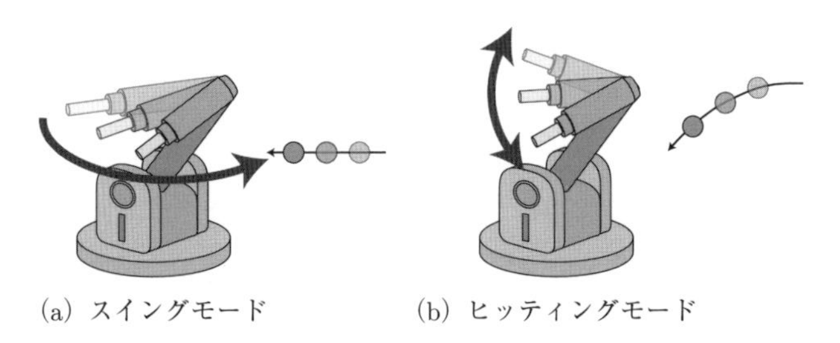

(a) スイングモード　　(b) ヒッティングモード

図 4.5　バッティング戦略

$$q = \sum_{i=0}^{5} k_i t^i \tag{4.2}$$

ここで，ボールの位置を $r_o \in \mathbb{R}^3$ とすると，軌道係数 $k_i \in \mathbb{R}^n$ は次のようになる．

$$k_i = \begin{bmatrix} k_i^{\mathrm{SW}} \\ k_i^{\mathrm{HT}}(r_o) \end{bmatrix} \qquad (k_i^{\mathrm{SW}} \text{は定数}) \tag{4.3}$$

つまり，アームの軌道を求めることは，式 (4.3) の軌道係数 k_i を求める問題に帰着する．ここで，アームの関節軌道に対する 2 つの動作モードの割当て方を考えると，アームのようなリンク構造において手先速度を大きくするには，回転半径の影響を受けるので，手先側より台座側の関節速度を大きくするほうがその効果は大きい．また，機構が手先に近づくにつれて慣性負荷が小さくなるので，対象の運動に瞬時に反応する追従動作は手先側の自由度のほうがその効果は大きい．そこで SW モードの自由度を台座側に，HT モードの自由度を手先側に集中させて制御するように設定してある．

本ロボットは，初期の構えた姿勢からボールがバットに当てるまで約 0.2 秒の高速動作であるため，高速ビジョンで 0.2 秒間ボールを認識できればバッティングが可能である．すなわち，実際のピッチャーマウンドとホームベースの距離に換算すると，理論上は時速 300 km のボールも打つことができる．また，図 **4.6** のように，投球方向からみたときのストライクゾーンは高さ 100 cm 程度，幅 60 cm 程度の大きさとなっている．

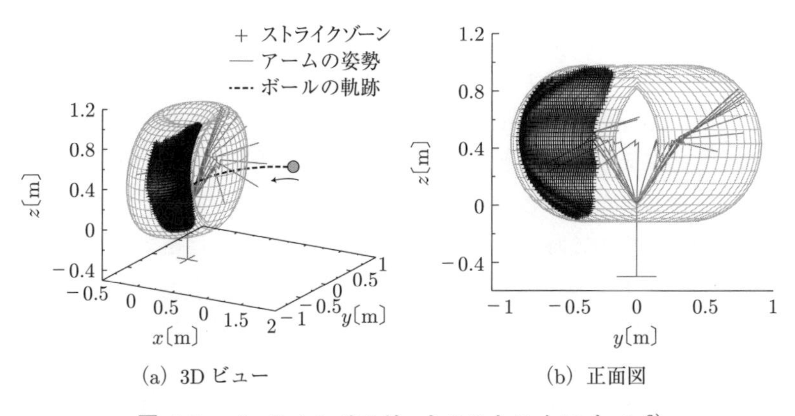

図 4.6 バッティングロボットのストライクゾーン[6)]

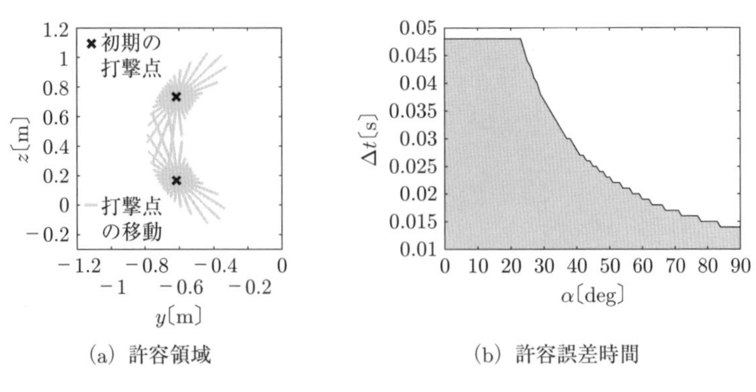

(a) 許容領域　(b) 許容誤差時間

図 4.7　変化球に対する許容領域と許容誤差時間[6)]

続いて，変化球に対してアームがどの程度追従可能であるかを，運動学・動力学の拘束条件の下でシミュレーションした結果を図 **4.7**（a）に示す．ここで，上腕部の SW モードの動きより打撃時において前腕部は特定の平面に存在するように軌道生成されているため，平面内の打撃点変化に限定して説明する．図 4.6 の z 方向で高め・低めの 2 点の投球位置に対して，ボールが本来到達する打撃点から 2 m/s 程度で移動する変化球の場合が図 4.7（a）に表示されている．打撃点から放射状に伸びている線分は打撃点の移動を表し，その長さがボールの変化の追従可能な領域を表している．図より，打撃可能な領域はバットの長さに依存した円環領域となっており，速度・トルクの出力制限ではなく，アームの可動範囲制限あるいは打撃点移動の時間制限に飽和していることが確認できる．つまり，アームの運動について，期待どおりになめらかな軌道生成ができていることがわかる．同様に，ボールが本来到達する打撃時刻から変化した場合の許容誤差時間を解析する．バットとボールの径を考慮し，打撃点に向かってさまざまな角度からボールが運動してくると仮定したときのシミュレーション結果を図 4.7（b）に示す．横軸 α はボールが衝突するときの水平面に対する入射角を表している．入射角が小さくなるほど許容誤差時間は大きくなっているが，これは衝突直前のボールとアームの速度ベクトルのなす角度が平行に近くなるためである．また，入射角が $23°$ で許容誤差時間が飽和しているが，これは対象の運動に依存せずに動く SW モードの影響により，HT モードの自由度だけでは追従しきれなくなることを表している．入射角が $0 \sim 23°$ 付近のボールに対しては，許容誤差時間は 48 ms で

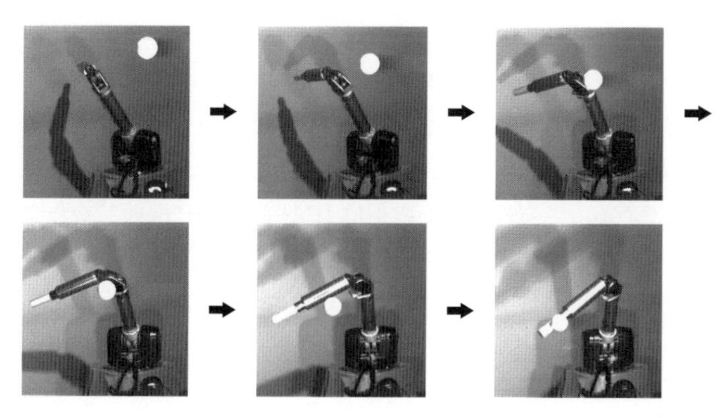

図 **4.8** バッティングの連続写真[6)]

あるが，これは打撃時間 0.23 s の 20 %以上であり，ある程度の時間誤差に対しても打撃が成功することを実際，確認している．図 **4.8** に，3 m 離れた位置から時速 50 km 程度のボールを投げたときのバッティング動作の連続写真を示す．

さらに，単にボールを打ち返すだけでなく，打球方向をコントロールするための研究も行われている[7)]．これは，前述のハイブリッド軌道の生成過程において，バットとボールの衝突モデルを導入することで，衝突直後のボールの跳ね返り方向を考慮したアーム軌道計算を実装するというものである．同時に，手先のバットを円柱形状から平面形状に変更し，接触面方向を制御するための回転機構を付加することで，目標位置にボールを狙い打ちする打球方向制御を実現している．実験では，アームに向かって 3 m 離れた位置から人間が投げたボールを打ち返し，2 m 程度離れた位置に 2 か所設置してある直径 30 cm のネットに入れることに成功している．

4.2.4 スローイング

妹尾らは，投球スピードの高速化と投球方向のコントロールを実現したスローイングロボットも開発している[8)]．本ロボットは，バネアーム式やホイール式のピッチングマシンとは異なって，人間と同様に指・腕を使ってボールを投げる機構となっており，多指ハンドとアームから構成されている．多指ハンドは，3 本指と手首から構成された計 10 自由度でありながら，前腕部まで含めて約 2.4 kg

の軽量な設計となっている[12]．各関節には，バックラッシレス※7かつ軽量なハーモニックドライブ減速機を有する小型アクチュエータを搭載している．このアクチュエータは，定格出力よりも瞬時出力を重視した設計コンセプトの下，従来品の 1.5 倍以上の巻線密度を有した小型モータを使用しており，0.1 秒で 180° の高速動作が可能である．さらに，中心の指は IP 関節と MP 関節※8からなり，両側の指はそれらに加えて TM 関節もあるため，左右の指が掌を中心に旋回して母指対向の役割を果たし，少自由度のハンドでありながらさまざまな把持形態が可能である．アームには，バッティングロボットと同様のバレットアームを用いており，その先端に高速ハンドを搭載している．

一方，人間のボールリリース時の手先速度は約 28 m/s にまで達する．これには 35 ～ 50 rad/s となる手首の掌屈速度および 35 ～ 43 rad/s となる肘の伸展速度が大きく貢献しているが，それらの発生トルクは手首で 5 N·m 以下，肘で 20 N·m 以下と著しく小さい．また，人間の筋が瞬間的に発揮できる最大パワーは筋重量 1 kg あたり約 255 W とされているが，ボールをリリースする瞬間のパワーは約 4200 W であり，全身の筋肉量や拮抗筋の存在を加味しても過大といえる．したがって，手先速度やパワーは，特にリリース直前に急激に増加していることから，投球フォームの初期段階から全身に蓄えられた運動エネルギーがリリース時に一気に放出されるメカニズムによるものと考えられる．これは**運動連鎖**（kinetic chain）と呼ばれるエネルギー遷移の現象であり，効率よく高速な投球を実現するために人間が編み出した技能である．この結果は，リリース時の手先速度を高速化するためには，アームの全関節の力を最大限かつ同時に発揮することが最適な動作とは限らず，体幹で発生した力を肢の遠位部へ効率的に伝播することの重要性を示唆している（**図 4.9**）．

そこで，身体構造の拘束条件や干渉作用を利用することにより，速度波形のピークが時間的に遠位部へシフトしていく運動連鎖のモデルが提案されている．**図 4.10**（a）において，体幹のトルクを効率よく先端に伝達していくことを考える．これは，1 軸目と 3 軸目の回転軸が鉛直方向で常に平行であり，ゴルフスイングでも観測されるような平面的な運動連鎖である．対して，2 軸目の回転軸は常に

※7 1 対の歯車において，運動方向に設けられたガタつきを減らす構造．
※8 MP 関節は中手指節関節，IP 関節は指節間関節，TM 関節は大菱中手関節．

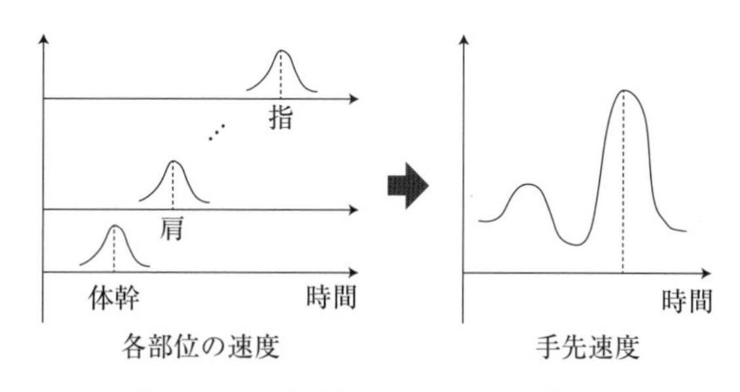

図 **4.9** 運動連鎖にもとづく投球戦略

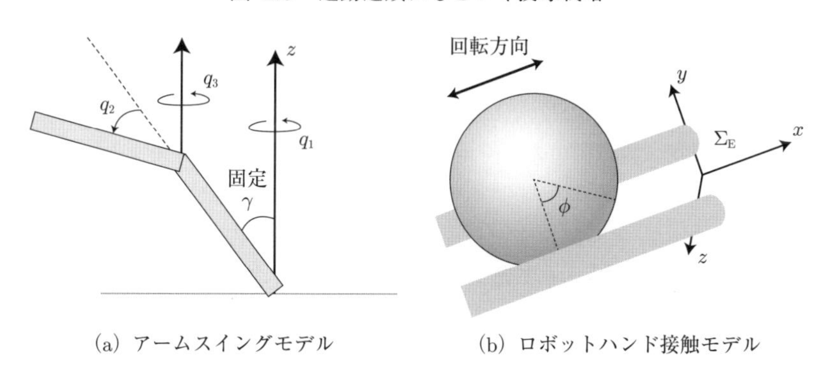

(a) アームスイングモデル (b) ロボットハンド接触モデル

図 **4.10** アームとロボットハンドの投球モデル

水平面内に存在し，1 軸目と 2 軸目の回転軸が直交しているため，ジャイロのように非平行回転軸の多重回転運動で生じる 3 次元的な慣性力が発生する．ここでは 1 軸目がパワーの発生機構に対応しており，2 軸目と 3 軸目はその相互作用を利用して動作するのが望ましい運動としてモデリングしている．そこで，体幹に相当する 1 軸目以外の運動は $\boldsymbol{\tau} = \mathbf{0}$ とおいてモデルを近似すると，2 軸目の運動は指数関数として，3 軸目の運動は正弦関数として求まる．つまり，指数関数型の基底関数が慣性力による肘の伸展動作の形を表現し，正弦関数型の基底関数が平面的な運動連鎖の形を表現することになる．また，1 軸目の運動も正弦関数型の基底関数で表現することによって，全関節の運動を波動に関するパラメータ $\boldsymbol{\xi} = [\boldsymbol{\omega}^\top \ \boldsymbol{\phi}^\top \ \boldsymbol{\alpha}^\top]^\top$ を用いて，次式のように表現することが可能となる（$^\top$ は転置を表す）．

$$
\boldsymbol{q}(\boldsymbol{\xi},t)=\begin{bmatrix}\alpha_1\sin(\omega_1 t+\phi_1)+c_1\\ \alpha_2\exp(\omega_2 t+\phi_2)+c_2\\ \alpha_3\sin(\omega_3 t+\phi_3)+c_3\end{bmatrix} \tag{4.4}
$$

ここで，2軸目の指数 (exp) 関数は単調関数のため，このままでは運動を停止させることができない．よって，ある適切な時刻で ω_2 の符号を切り替えることによって，速度増加から速度減少へ運動を移行させて停止できるように設定する．

手先速度 $\dot{\boldsymbol{r}}(\boldsymbol{\xi},t)$ も式 (4.4) と同様に波動パラメータと時間の関数として表現できる．以上により，運動学的拘束条件・力学的拘束条件の下，手先の速度を最大化するように波動パラメータ $\boldsymbol{\xi}$ を最適化し，各基底関数の運動を決定する．

次に，投球における手の役割について考える．人間の投球における指の主要な役割として，母指は投球最中のボール把持を維持しながらリリースタイミングを調整し，示指と中指はボールリリースのスピードと方向を制御している．Stevensonは，ボールと指の接触時間を測定した結果，ストレートの97.1%において母指が示指と中指より先にボールから離れ，示指と中指では差がなかったことを示している[10]．また，Horeらは，リリースの直前から指上におけるボールの接触点が根元から先端へ移動することを示している[11]．つまり，ボールが指に対して転がって先端からリリースされていると考えられる．そこで，上述の指の機能をロボットハンドに対して同様に割り当てた投球が実現されている[12]．ここで，人間の示指と中指に相当するボール制御用の2本指を投指，人間の母指に相当するリリースタイミング調整用の指を支指と定義し，ロボットハンドとボールの相対的な状態が図 **4.11** の3つの相を連続的に遷移するように制御している．

① 把持相（grasping phase）：支指と投指による固定状態
② 回転相（rolling phase）：投指上における転がり状態
③ 空中相（flying phase）：非接触のリリース状態

把持相では，アームの高速スイングによる慣性力でボールを落下させないように，ボールとロボットハンドが相対的に固定されるよう制御している．そして支指をボールから離すタイミングで回転相が始まる．回転相では，投指から作用する垂直抗力によって接触状態を維持しながらボールが指上を転がり出す．転がり中に垂直抗力が常に正の値で維持される場合，ボールは指先まで転がってそこからリ

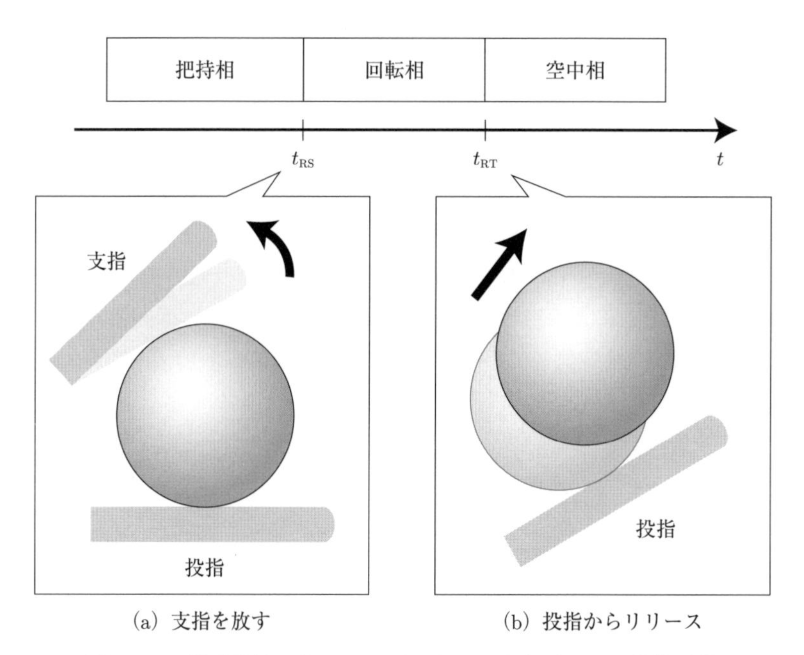

(a) 支指を放す　　(b) 投指からリリース

図 4.11　投球動作におけるロボットハンドとボールの状態遷移

図 4.12　スローイングの連続写真[8)]

リースされる．空中相は，ボールが完全に指から離れてリリースされた状態であり，単純に放物軌道にしたがうとして投球方向を計算している．実験では，3 m 離れた位置に設置してある直径 20 cm のネット内へ投球することに成功している．図 **4.12** に実験の連続写真を示す．

また，変化球を想定したボールの回転制御の研究も行われている[9]．実際，握り方が大きく異なるストレートとフォークではボールの回転数に顕著な差が現れ，ボールの軌道が大きく変化することが知られている．これらの握り方を力学的にモデリングし，重力による影響を抑えるためにサイドスロー（横投げ）によってボールの回転数制御を実証している．さらに，高速ビジョンを用いてボールの回転数および回転軸の計測も同時に行っている．スローイングロボットとバッティングロボットを組み合わせた対戦システムが 2013 国際ロボット展で展示され，2 台のロボットにより投打の連続動作が実演されている．

4.2.5　キャッチング

村上らは，3 本指および掌を用いて高速に飛来するボールをつかむキャッチングロボットを開発している[13]．これは，バレットアームと高速多指ハンドから構成されており，スローイングロボットと同じメカニズムである．ボールの認識は環境側に設置した高速ビジョン 3 台によって行っており，そのうち 2 台はボール軌道に追従するアクティブビジョンで遠方から近傍までをカバーする大域的な情報を，もう 1 台は捕球位置付近での高精度な位置計算に利用するための補足的・局所的な情報を計測している．これにより早期のアーム加速動作開始を可能として，捕球時における高速かつ高精度な運動を実現している．

本ロボットでは，反転動作の観点から捕球動作が生成されている．**反転動作**（reverse operation）とは，特定の動作を時間的に逆再生した動作のことであり，例えば把持と解放，跳躍と着地はお互いが反転動作であると見なすことができる．反転動作の概念の導入により，反転前の動作に関する理論が確立されていたりデータが準備できていたりする状況において，その手法やデータを利用して効率的に反転後の動作を生成可能である．捕球は投球の反転動作ととらえることができるため，4.2.4 項で述べたスイング理論を利用して捕球動作を生成することを考える．ここで，時間的な逆再生は空間的に逆の経路をたどることに注意すると，飛んでくるボールの反転軌道を実現する投球動作を計算すればよい．しかし，飛んでく

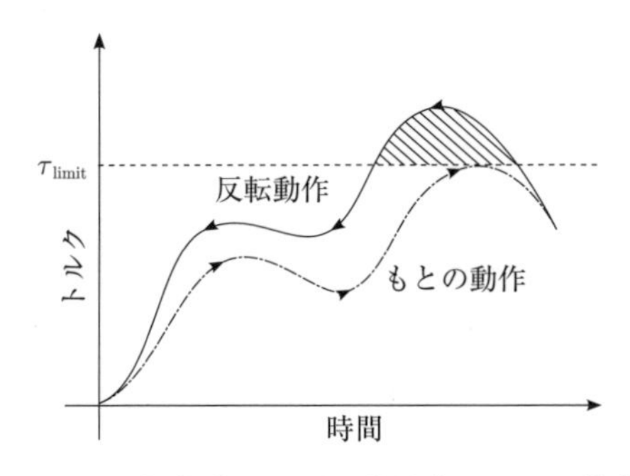

図 **4.13** 反転軌道に必要な非対称トルクの模式図

るボール軌道のバリエーションは無数に存在するため，計算コスト的にリアルタイムの生成が困難な場合がある．また，摩擦力などの運動方向依存のエネルギー散逸の影響があるため，空間的に逆方向の動作を生成する場合でも，それを実現するための入力トルクは厳密な反転関係にはならない（図 **4.13** 参照）．つまり，投球動作が実現可能でも，その対となる捕球動作がトルク制限によって実現できない場合がある．

これらの問題に対処するため，設定した捕球範囲を空間的に離散化し，各点に対する投球軌道・ボール軌道のデータセットペアを事前に用意した．そして飛んできたボール軌道に合わせて捕球位置を計算し，データセットから補間したスイング動作をリアルタイムに生成している．また，トルク不足が発生する場合にはボールの通過軌道上で時間に関するスケール変換（スイング経路を変えずに動作速度を定数倍に調整）を用いることで捕球位置を変更し，実現可能な捕球軌道を探索している．これにより，経路や速度が異なるさまざまなボール軌道に対応した捕球動作ができ，ピッチングマシーンを用いて初速 80 km/h で発射したボールの捕球を実現している．このときの様子を図 **4.14** に示す．ボールの飛来方向へ沿うようロボットが後方に腕を引く反転動作をしながら，適切なタイミングで指を閉じて捕球していることが確認できる．

また，捕球時の高速ビジョンの効果を確認するために，視覚サンプリングレートに対する捕球点の位置誤差と時間誤差に関する研究も行われている[14]．

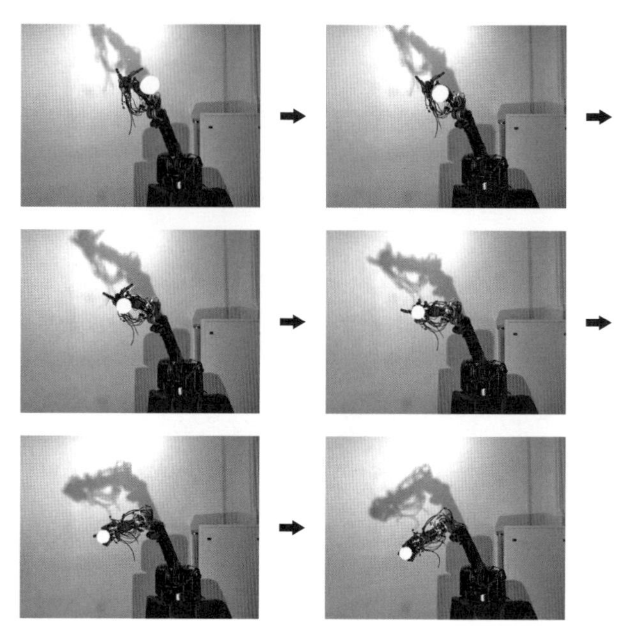

図 **4.14** キャッチングの連続写真[13)]

物理エンジン※9の Open Dynamics Engine を用いて，15 m/s で飛んでくるボールに対して空気抵抗も考慮に入れたシミュレーションが実施されており，その結果を図 **4.15** に示す．横軸が対数軸になっていることに注意すると，位置誤差と時間誤差は視覚サンプリングレートに対してほぼ線形の関係となっており，最も視覚サンプリングレートが小さい 1 kHz (= 1000 Hz) のときが最も捕球時の位置誤差も小さくなることがわかる．通常の CCD カメラ（30 Hz）の場合には位置誤差が 20 cm 程度となり，ロボットハンドやボールのサイズを考慮すると捕球に失敗する可能性が非常に高くなる一方，1 kHz の高速ビジョンの場合は数 mm 程度となり，捕球に成功する可能性が高いことが示されている．

また，捕球では接触瞬間の衝突によるボールの跳ね返りが問題となり，位置とタイミングが適切な場合でも失敗するケースが生じてしまう．そこで，ロボットの高速性を利用してボールと手先の相対速度を 0 に近づけながら捕球する方針の

※9 質量，重力，速度，摩擦といった力学的な法則をシミュレーションするコンピュータソフトウェア．

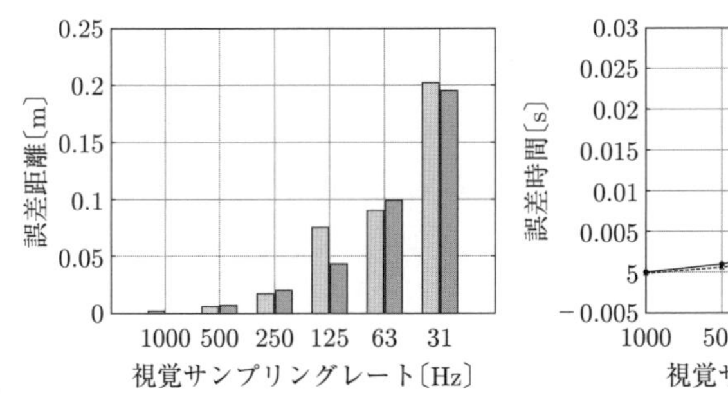

(a) 位置誤差(薄い灰色は空気抵抗なし，濃い灰色は空気抵抗あり)

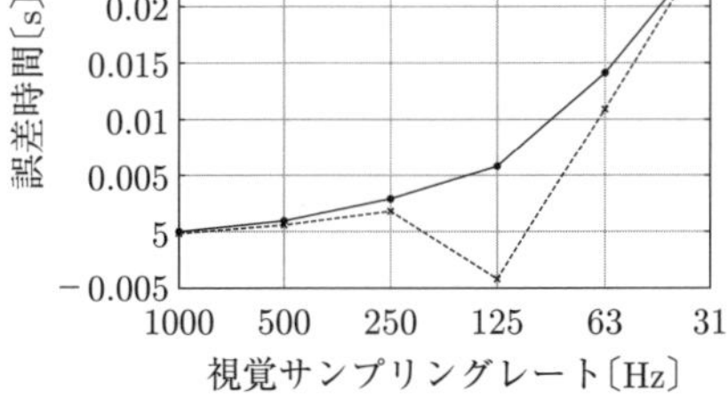

(b) 時間誤差(点線は空気抵抗なし，実線は空気抵抗あり)

図 4.15 視覚サンプリングレートに対する捕球誤差[14)]

下，可能な限り接触時間を長くするよう改良した戦略によって発泡スチロール製のボールであっても捕球を実現している[14)]．さらに，単眼カメラでの 3 次元計測を可能とするために，高速に焦点を合わせるレンズを用いた捕球動作も研究されている[15)]．ここでは，厚さの異なる透明板が複数枚取り付けられたディスクを 2000 rpm で高速に回転し，レンズの被写界深度を拡大して奥行きに応じたピント調整画像を取得することで深度を推定している．また，物体合焦位置の変化を定量的に表現するために，画像内の空間周波数成分を表す Brenner gradient[16)] を用いて画像の鮮明さを算出しており，その値によって合焦の度合いを判定している．

4.2.6 ランニング

高速性に主眼を置いたロボットとして，前述のハンドアームシステムだけでなく，二足ロボットも同様に開発されている．通常の二足ロボットは，アスリートのようなダイナミックな運動が困難である．その理由は，ハードウェアレベルで十分な性能をもっていないため，バランスを崩してももとの状態へ復帰できる許容範囲が狭く，その狭い範囲から外れないように事前に綿密な動作を生成するフィードフォワード主体の制御方法が主流となっているからである．また，認識機能に関して，特に視覚の速度が著しく遅いため，視覚認識をベースとしたバランス制御はほとんど行われていない．これに対して，玉田らは，高速ビジュアルフィードバックを用いた二足走行ロボットシステム「ACHIRES」(actively coordinated high-speed image-processing running experiment system) を開発している[17)]．

ACHIRESでは2つの要素技術がポイントとなっている．1つ目は高速な二足機構で，前述のスローイングロボットやキャッチングロボットで用いられた高速多指ハンドと同じ技術をベースとしている．二足ロボットには自重を支える力に加えて地面を蹴る力が必要であるため，地面に固定されたマニピュレータ以上に軽量かつパワーのあるアクチュエータが要求される．この要求は，高速多指ハンド用に開発されたトルク重量比の高いアクチュエータのコンセプトに合致している．本ロボットは，ロボットハンドの指モジュールをベースとした脚長14 cmの小型タイプのメカニズムとなっている．ただし，両脚とも股関節・膝関節・足首関節からなる計6自由度のシンプルな設計であり，すべての回転軸が矢状面と直交した配置となっているため，前後方向のみに移動可能である．搭載したアクチュエータの特性を利用し，接地期において地面を蹴る高負荷状態での高トルク出力と，滞空期において着地姿勢へ復帰する低負荷状態での高速動作を実現している．2つ目は高速ビジョンで，環境側に設置した高速ビジョンを用いてロボットの状態・姿勢を高速に認識することにより，走行姿勢を安定に保つことを可能にしている．特に，高速ビジョンによる視覚フィードバックを滞空期における姿勢の回復動作や着地タイミングの判定などへ用いることで走行軌道を安定化している．

これらの技術を融合することで瞬間的な認識と行動が可能になり，転倒を回避するための反応スピードが従来以上に向上している．これにより，**図4.16**のようにハードウェア性能に依拠してバランスをとるための許容範囲を広く確保することが可能となったため，視覚フィードバックを主体とした簡易かつ直観的な制御手法で動作可能となっている．したがって，従来の二足ロボットのような体幹の

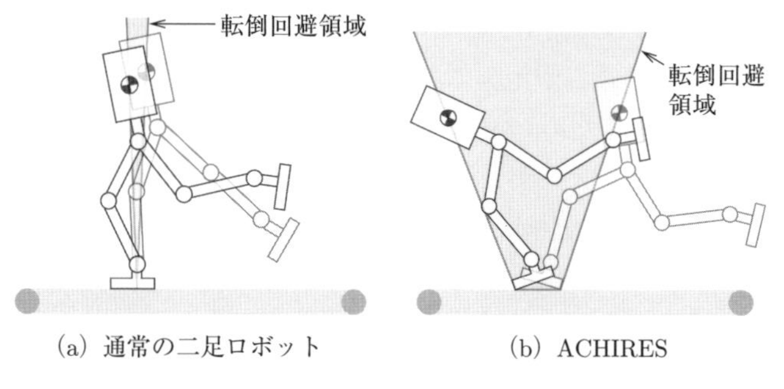

図 4.16　転倒回避領域および走行姿勢の模式図

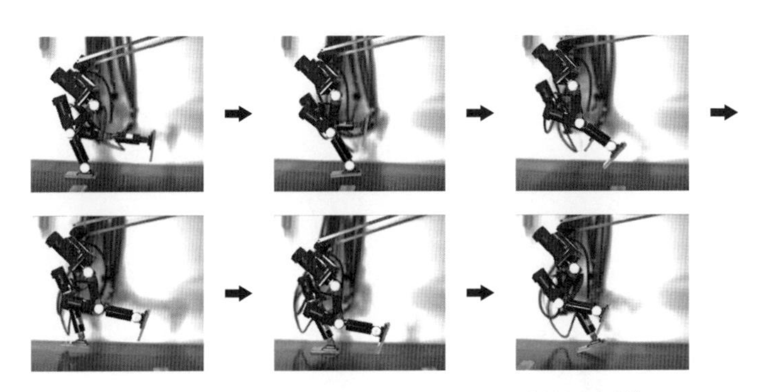

図 **4.17** ACHIRES のランニングの連続写真[17)]

直立姿勢と足裏の全面接触を保持した走り方とは異なり，大きく前傾／後傾した姿勢や，爪先／踵（かかと）のみの接地状態を許容する走行が可能である．

ここで，走行動作は，着地相・跳躍相・空中相の 3 相に分けて形成されている．片脚支持の状態のうち，支持脚が地面に接地してから衝撃吸収している期間を着地相，その後に支持脚が地面を蹴り上げてから離れるまでを跳躍相と分割し，両脚とも遊脚の状態のときを空中相と定義している．また，負荷状態に応じて跳躍力発揮と姿勢安定化を両立するために，跳躍層では支持脚をトルク制御，空中相では両脚ともビジュアルフィードバック制御，それ以外は関節角制御している．

図 **4.17** のように，実験では二足ロボットがルームランナー上で走行を行い，平均速度 4.2 km/h，脚長を考慮したフルード数に換算して $F = 1.0$ の世界トップクラスのスピード（発表当時）を実現している．図 **4.18** は，このときの各相の遷移，および，支持脚における爪先と踵の鉛直方向の座標を表している．離散値を示している実線が各相の遷移に対応しており，例えば，ロボットは 13.50 s から跳躍相を開始し，13.57 s から空中相へ移行した後，13.67 s から着地相へ移行している．ここで，跳躍相において支持脚の爪先の高さが踵のそれよりも低くなっており，ロボットが爪先立ち状態で跳躍を行っていることがわかる．本システムは 2017 国際ロボット展へ出展され，成功率 95%以上での高速走行が実演された．

また，体幹に不規則に外力を加えた場合や凹凸路面の場合などの環境変化においても，リアルタイムの高速フィードバックにより姿勢を回復しながら走り続けることを実証している．特に，外力や凹凸などの外乱を直接的に予測したり計測したりしているわけではなく，それらの結果として生じるロボット自身の姿勢変

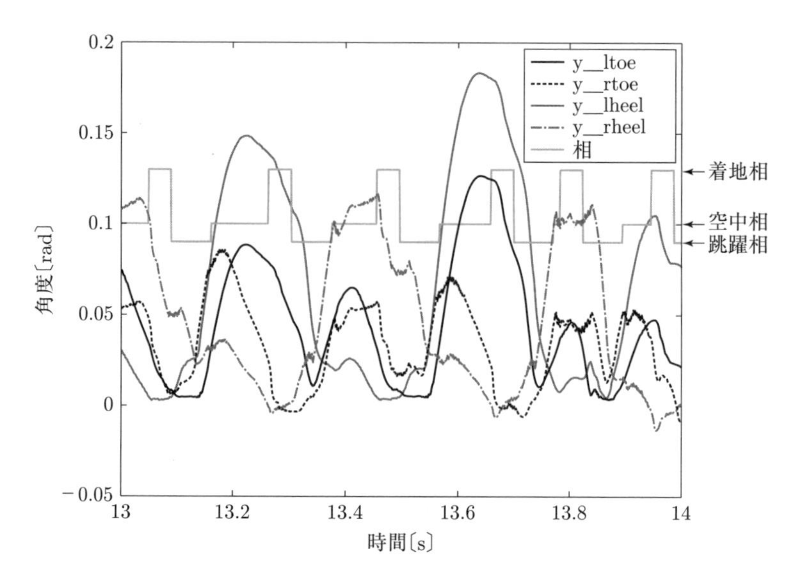

図 4.18 高速走行における相の遷移とロボット姿勢変化[17)]

化のみを認識して安定化している点が特徴的である．さらに，脚運動の応用例として，助走しながら前方へ跳躍して1回転するアクロバティックな空中転回も実現している[18)]．これは，人間の空中転回と同様，空中で重心回りの角運動量が保存することを利用し，脚の屈伸運動による慣性モーメント変化を利用することで空中姿勢制御を可能にしたものである．外界認識と統合して，走行中に急接近してくる障害物との衝突を回避するための急停止動作も実現している．小型高速カメラをロボットに搭載した機構で，高速ビジュアルフィードバックをロボット自身のバランス制御と環境に対する適応動作の両者に対して並列的に遂行できることを実証している．

4.2.7 高速ロボットの展望

ここまで，リアルタイムセンサフィードバックを基軸とする高速性に着目した野球ロボットシステムについて説明した．ただし，投球・打球・捕球に関しては上肢のみからなる人間サイズのロボットで，走行に関しては下肢のみからなる小型サイズのロボットであり，人間のように1つの身体ですべての野球動作を遂行するものにはなっていないが，従来に比べて突出した高速かつダイナミックな動作を実現している．認識性能と運動性能を極限まで追求することで，低次のサーボ制御から高次の軌道計画までリアルタイムに調整可能となり，アスリートのような運動技能を実現することができる[19]．

一方，高速動作で課題となることの１つに衝撃吸収があげられる．特に球技では，ボールとの接触／非接触の状態遷移が頻繁に起こり，高速動作になるほど接触力も顕著に大きくなるため，衝撃力を抑制する柔軟性が求められる．この問題に対して，磁石歯車による非接触伝達機構からなる低摩擦アクチュエータの開発，およびロボットハンドへの実装[20]が行われており，レンチで指先を叩いても関節が壊れないよう外力を受け流すことが可能な柔らかい動作が実現されている．これは，ソフトロボティクスのような弾性材料を組み込む手法とは異なり，関節やリンクを剛体メカニズムで構成しながら物理的摩擦を極限まで低減することで柔らかさを実現しているため，制御性の高さを達成している点が特徴的である．また，衝撃吸収に起因してロボットがバックドライブ（backdrive）[※10]する動きを「ロボットの塑性変形」ととらえるコンセプトが提案され，塑性変形モデルベースの力制御手法が開発されている[21]．この手法によれば，低反発状態でありながら離脱せずに接触状態を安定して維持することが可能であるため，接触挙動をリアルタイムに調整しやすい．

以上のように，近年ではハードウェア／制御という両面からフィジカルインタラクションにおける衝撃吸収に関して新たな技術的・理論的基盤が提案されている．将来的にこのような技術を高速ロボットに統合することにより，高速性と柔軟性を両立した高度な運動技能の実現が期待される．

4.3 ラリーの実現から対人インタラクションまで

前節で説明した野球ロボットは，高速ビジョンと高速アクチュエーションをベースにしたリアルタイムのセンサフィードバック制御によって，高速なロボット制御を可能としている．

一方，本節で説明する卓球ロボット「フォルフェウス」は，オムロン（株）が開

[※10] ロボットの関節に外力を加えることで駆動系が動作する現象．

発した新たな「人間と機械の関係性」を具現化するためのロボットである[22–24]．性能限界を追究して相対する人間に勝つというよりも，人間とともにラリーを継続するという目標を共有する．すなわち，ロボットは人間に勝つことを目的とするのではなく，人間に合わせてラリーを継続することを目的とする．この結果，返球能力の向上といった人間の可能性を引き延ばすような対人インタラクションを実行するパートナロボット（partner robot）[※11]となることが期待できる．

4.3.1 人間と機械の関係性とフォルフェウス

フォルフェウスを開発したオムロン（株）では，社会情勢の変化とともに，人間と機械の関係性が以下のように変化するとしている（図 **4.19**）．

- 人間が行う重労働や単純作業，悪環境作業などをかわりに作業してくれる存在（代替）
- 人間と機械がお互いの特性を発揮して，共有する目的の達成に向けて，互いにサポートするパートナのような存在（協働）
- 人間と機械が心理的もしくは身体的に一体となり，人間が機械の支援を得て，自らの可能性や能力を高めてくれるような存在（融和）

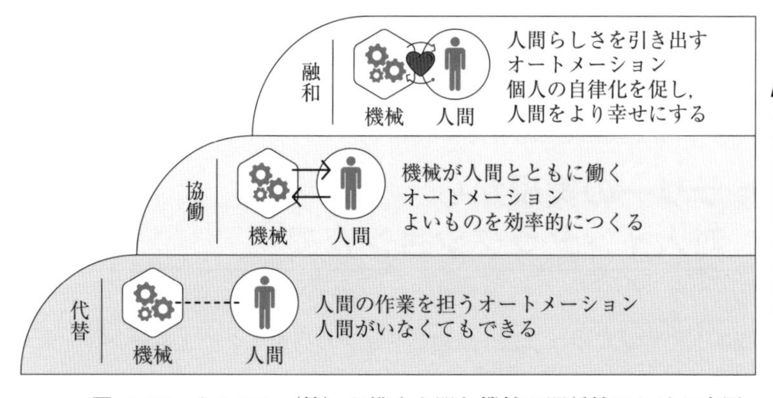

図 **4.19** オムロン（株）が描く人間と機械の関係性における変遷

※11 人間と機械が心理的もしくは身体的に一体となり，人間が機械の支援を得て，自らの可能性や能力を高めてくれるようなロボットをいう．

フォルフェウスは，開発が始まった当初，このうちの協働を象徴するロボットを目的としており，人間と「ラリーを継続する」という共通の目標をともに達成するパートナロボットを志向していた．よって，ラリー継続性能の向上が具体的な指標であった．しかし，初中級者程度の卓球技能をもったプレイヤとのラリー継続において，ある程度その性能が高まってきたころから，融和を具現化するロボットを目的とするようになった．すなわち，人間の感情や得手不得手などの情報を分析し，卓球ラリー能力の向上といった人間の可能性を能動的に引き出す対人インタラクションを新たな指標とするようになった．このことはパートナロボットの開発における重要な要素を示唆していると考えられる．

次に，フォルフェウスのハードウェア構成について説明する．図 **4.20** にフォルフェウスのハードウェア構成図を示す．

フォルフェウス本体は，手先位置を制御するパラレルリンク型※12の機構と，その手先に取り付けられた卓球ラケットを制御する手先機構によって構成されており，ピン球（卓球のボール）の認識結果に応じてそれらの機構を制御し，ピン球を返球する．ピン球の認識は，フォルフェウスの頭部に搭載している 2 台のピン球認識用 RGB カメラによって実行される．さらに，卓球台に設置されるネットの中心に 1 台の人間生体情報認識用 RGB カメラと，フォルフェウス脚部に 2 台

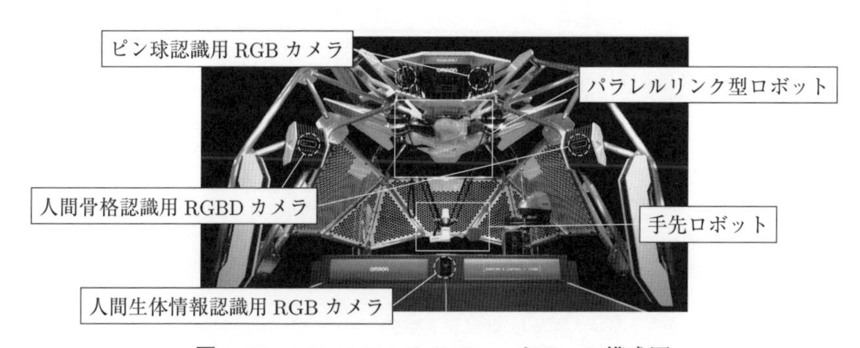

図 **4.20** フォルフェウスのハードウェア構成図

※12 マニピュレータの構造にパラレルリンク構造を採用している高速・精密性を重視した産業用ロボット．パラレルリンク構造とは，並列につながっている関節を連携して制御する構造のことをいう．

の人間骨格認識用 RGBD カメラ[※13]を有しており，人間の生体情報および骨格情報を認識する．これらのセンサから得られた情報をもとに，人間の感情や得手不得手などを分析することで，人間への介入方法を計画する．

以下では，フォルフェウスの基本機能であるラリー継続技術および対人インタラクションによって人間の能力に介入する応用技術をそれぞれ 4.3.2 項，4.3.3 項にて解説する．

4.3.2 ラリー継続の実現

フォルフェウスがラリー継続を実現する機能構成図を図 **4.21** に示す．ロボットがプレイヤとラリーを継続するには，大きく以下の 3 つの要素技術が必要である．

- ピン球が撮像された画像を処理し，ピン球の 3 次元位置を得る（ピン球センシング）
- ピン球の未来の軌跡を予測，ロボットの返球方法を決定する（ロボット動作計画）
- 計画どおりのタイミング・速度で機構を制御する（機構制御）

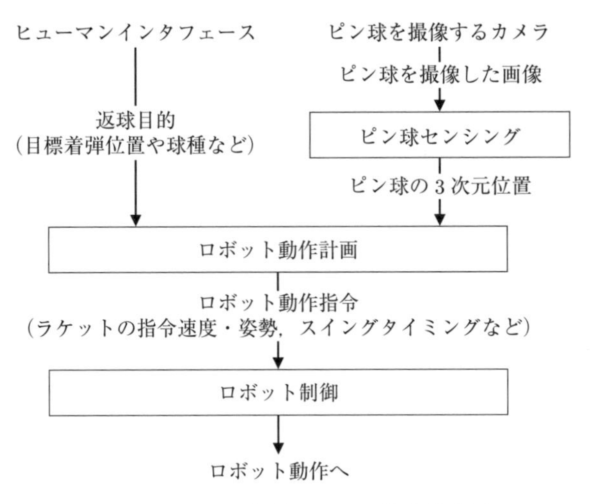

図 **4.21** ラリー継続のための機能構成図

※13 色（RGB）画像と深度（D：Depth）画像の両方のデータをリアルタイムで出力するカメラ．

(1) ピン球センシング

フォルフェウスは，頭部に搭載している2台のカメラから同期的にRGB画像を取得し，ステレオ法※14を用いてピン球の3次元位置を認識する[25]．このために，頭部に搭載された2台のカメラのキャリブレーションを行い，同一の内部パラメータ（焦点距離，光学中心），外部パラメータ（2台カメラ間の平行移動および回転を表す同次変換行列）の取得，かつ，ひずみ補正を行う．また，卓球台上に設定された世界座標系※15（以下，卓球台座標系）とピン球3次元位置計算の基準とする左カメラ座標系間の関係もキャリブレーションにより得る．なお，解説の簡便化のため，2台のカメラから取得できる画像は外部パラメータを用いて，すでに平行化（rectification）※16されているものとする．

2台のカメラから取得できるRGB画像から，画像上のピン球の占有領域を閾値処理※17によって抽出し，その領域における画像上の重心位置を計算する．まずは，取得した2枚のRGB画像をHSV画像に変換する．ここで，**HSV画像**（HSV image）とは，R（赤），G（緑），B（青）の3チャネルで画像の色を表現するRGB画像と異なり，H（hue，色相），S（saturation，彩度），V（value，明度）の3チャネルで画像上の色を表現する方法である．卓球台の置かれる場所ごとに照明条件は異なるため，その変動に対してロバストにピン球の占有領域を抽出するには，照明条件により3チャネルとも変動するRGB画像より，特定のチャネル（V）のみが変動するHSV画像のほうが適しているからである．次に，閾値を使ってHSV画像上からオレンジ色の領域を抽出する．これには，閾値を使って0または1の値をとる2値画像に変換し，対象領域とそうでない領域を切り分けてもよいが，フォルフェウスでは0から1までの連続値をとる連続値画像に変換する手法を採用している．連続値画像のほうが，ピン球をカメラで撮像にしたときに，ぼけてしまったピン球のエッジ部分を連続値によって考慮でき，より高精度に画像上の

※14 2台のカメラの視差を利用して，カメラがみている物体の，カメラからの奥行きを計算する手法．

※15 卓球台上に設定された任意の座標系で，システム上にある各種座標系（カメラ座標系やピン球座標系など）で得たデータを，同一の座標系で扱うために用いる．

※16 ステレオ法の過程で，2台のカメラから得た画像上のエピポーラ線（後述）が，平行かつ同一高さになるように，それぞれの画像を回転変換すること．

※17 画像の各ピクセルを，ピン球領域かそうでないかで2値化するため，設定された閾値に対して，画素値が上回っているかどうかを判断すること．

ピン球占有領域の重心位置を計算できるからである．

H 値の最大・最小閾値をそれぞれ $H_{\max}$，$H_{\min}$，S 値の最大・最小閾値をそれぞれ $S_{\max}$，$S_{\min}$，V 値の最大・最小閾値をそれぞれ $V_{\max}$，$V_{\min}$ としたとき，ある画素 (u,v) における「ピン球らしさ」は次に示す 0 から 1 の値をとる関数で表現できる．

$$w_{\mathrm{H}}(u,v) = \begin{cases} \exp\left(-\dfrac{(I_{\mathrm{H}}(u,v) - H_{\min})}{\sigma^2}\right) & (I_{\mathrm{H}}(u,v) < H_{\min}) \\ 1 & (H_{\min} \leq I_{\mathrm{H}}(u,v) \leq H_{\max}) \\ \exp\left(-\dfrac{(I_{\mathrm{H}}(u,v) - H_{\max})}{\sigma^2}\right) & (H_{\max} < I_{\mathrm{H}}(u,v)) \end{cases} \tag{4.5}$$

$$w_{\mathrm{S}}(u,v) = \begin{cases} \exp\left(-\dfrac{(I_{\mathrm{S}}(u,v) - S_{\min})}{\sigma^2}\right) & (I_{\mathrm{S}}(u,v) < S_{\min}) \\ 1 & (S_{\min} \leq I_{\mathrm{S}}(u,v) \leq S_{\max}) \\ \exp\left(-\dfrac{(I_{\mathrm{S}}(u,v) - S_{\max})}{\sigma^2}\right) & (S_{\max} < I_{\mathrm{S}}(u,v)) \end{cases} \tag{4.6}$$

$$w_{\mathrm{V}}(u,v) = \begin{cases} \exp\left(-\dfrac{(I_{\mathrm{V}}(u,v) - V_{\min})}{\sigma^2}\right) & (I_{\mathrm{V}}(u,v) < V_{\min}) \\ 1 & (V_{\min} \leq I_{\mathrm{V}}(u,v) \leq V_{\max}) \\ \exp\left(-\dfrac{(I_{\mathrm{V}}(u,v) - V_{\max})}{\sigma^2}\right) & (V_{\max} < I_{\mathrm{V}}(u,v)) \end{cases} \tag{4.7}$$

なお，$I_{\mathrm{H}}(u,v)$，$I_{\mathrm{S}}(u,v)$，$I_{\mathrm{V}}(u,v)$ はそれぞれある画素 (u,v) の HSV 各チャネルの画素値を，$w_{\mathrm{H}}(u,v)$，$w_{\mathrm{S}}(u,v)$，$w_{\mathrm{V}}(u,v)$ はそれぞれある画素 (u,v) の HSV 各チャネルに対するピン球らしさを表す．また，σ は各チャネルの最大・最小閾値付近における重みの変化の急峻さを表すパラメータであり，実験的に任意に設定される．

最終的に，次式のように各チャネルのピン球らしさをかけ合わせることで，HSV 画像における画素 (u,v) のピン球らしさが抽出される．

$$w_C(u,v) = w_{\mathrm{H}}(u,v)\, w_{\mathrm{S}}(u,v)\, w_{\mathrm{V}}(u,v) \tag{4.8}$$

図 4.22 にピン球の領域抽出前後の画像を示す．

(a) グレースケール画像

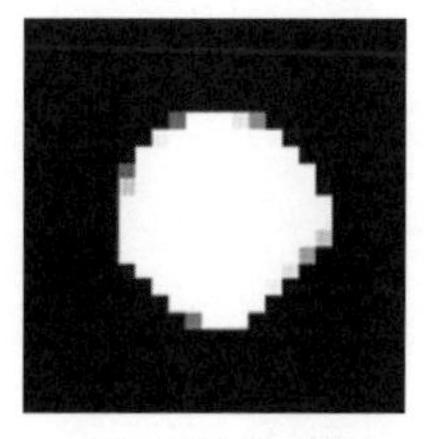
(b) 連続値画像

図 4.22 ピン球のグレースケール画像とピン球領域を抽出した結果の連続値画像

この抽出されたピン球らしさにもとづき，次式によって画像上の重心位置を計算する．

$$(u_C, v_C) = \left(\frac{\displaystyle\sum_{(u,v)\in \mathrm{ROI}} u\, w_C(u,v)}{\displaystyle\sum_{(u,v)\in \mathrm{ROI}} w_C(u,v)}, \frac{\displaystyle\sum_{(u,v)\in \mathrm{ROI}} v w_C(u,v)}{\displaystyle\sum_{(u,v)\in \mathrm{ROI}} w_C(u,v)} \right) \tag{4.9}$$

ここで，ROI は region of interest の略であり，図 4.22（a）に示すような，ある画像から抽出されたピン球を含む画像上のある注目領域である．

次に，計算された 2 枚の画像の重心位置から，エピポーラ幾何の考え方にもとづいて，ピン球の 3 次元位置を計算する．**エピポーラ幾何**（epipolar geometry）とは，ステレオ法における 2 つのカメラと復元したいある物体の間に発生する幾何（大きさ，位置関係）のことをいう．すなわち，同一物体を異なる 2 か所の位置から撮像した場合，2 つのカメラ中心と，ある物体（の 1 点）の間には，3 次元空間上の同一点 P を示す 2 つの，画像上の点のペア (p, p') が同一平面上に存在するという幾何的な拘束条件が発生する．これを**エピポーラ拘束**（epipolar constraint）という．また，この平面が画像を横切ることでできる線を**エピポーラ線**（epopolar line）という．いいかえると，エピポーラ拘束のために，2 つの画像上の対応する点のペア (p, p') は，エピポーラ線上に存在する．

さらに，上記のとおり，2 つのカメラから得られる画像が平行化されていれば，このエピポーラ線は画像上の同じ高さに存在することになる[※18]．

[※18] ここでは，すでに 2 つの画像上に存在するピン球を示す点 (p, p') が対応している前提で説明している．実際には，2 つの画像間で対応点を探すため，一方の画像上に点 p に対応する点 p' を，もう一方の同一の高さに存在するエピポーラ線上を探索することになる．

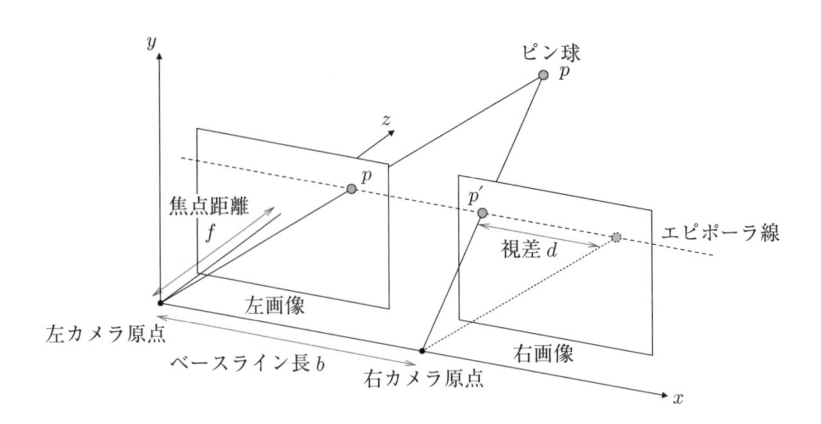

図 4.23 平行ステレオにおけるピン球の3次元位置復元
(ベースライン長 b だけ離れている平行化された2つの画像が同一のピン球 P を撮像している．右画像には，左画像で撮像したピン球の画像上の位置を擬似的に投影しており，右画像で撮像したピン球の位置との差分 d が視差である)

したがって，**平行ステレオ**[※19]により対応する画像上の点 (p, p') からピン球の3次元位置を計算する．平行ステレオにおける復元したいピン球とそれを撮像した平行化された画像上に映るピン球の幾何的な関係を図 **4.23** に示す．

以上により，三角測量を行い，点 P の3次元位置を求める．すると，2つの画像はすでに平行化されているため，各画像に投影されたピン球の重心位置における幅方向の差を求めることで，**視差**（disparity）d が計算される．すなわち，2枚の画像上のピン球の重心位置をそれぞれ $(u_{\mathrm{CR}}, v_{\mathrm{CR}})$，$(u_{\mathrm{CL}}, v_{\mathrm{CL}})$ とすると，視差は

$$d = |u_{\mathrm{CL}} - u_{\mathrm{CR}}|$$

で求まる．このとき，3次元空間上の2台のカメラにおける光学中心の距離（**ベースライン長**，baseline）を b とすると，先に求めたピン球の左カメラ座標系を基準にした場合の3次元位置

$$p_{\mathrm{L}} = (x_{\mathrm{L}}, y_{\mathrm{L}}, z_{\mathrm{L}})^{\top}$$

は，左カメラの焦点距離 f およびカメラの光学中心 $(c_{\mathrm{u}}, c_{\mathrm{v}})$ を用いて，次式のように表せる（$^{\top}$ は転置を表す）．

※19 すでに平行化されている（と仮定できる）画像にステレオ法を適用すること．

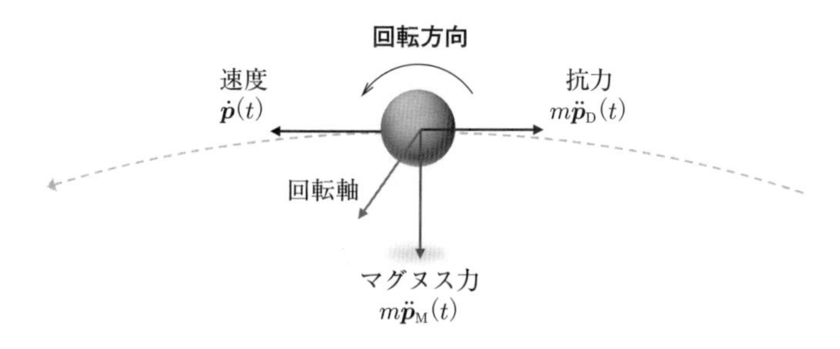

図 4.24 ピン球の挙動に影響を与える空力

$$x_{\mathrm{L}} = \frac{b(u_{\mathrm{CL}} - c_u)}{d}, \quad y_{\mathrm{L}} = \frac{b(v_{\mathrm{CL}} - c_v)}{d}, \quad z_{\mathrm{L}} = \frac{bf}{d} \tag{4.10}$$

式 (4.10) により，ピン球の 3 次元位置が得られた．これを使って，ロボットの動作計画を作成する．なお，動作計画では卓球台座標系を基準にするため，ピン球の 3 次元位置は卓球台座標系で表記しておく．すなわち，左カメラ座標系上のピン球の同次座標を $p_{\mathrm{L}} = (x_{\mathrm{L}}, y_{\mathrm{L}}, z_{\mathrm{L}}, 1)^{\top}$，卓球台座標系上のピン球の同次座標を $p_{\mathrm{T}} = (x_{\mathrm{T}}, y_{\mathrm{T}}, z_{\mathrm{T}}, 1)^{\top}$ とするとき，ある点を左カメラ座標系から卓球台座標系に変換する同次変換行列 T_{TL} を用いて $p_{\mathrm{T}} = T_{\mathrm{TL}} p_{\mathrm{L}}$ と変換しておく．

(2) ロボット動作計画

ステレオ法を用いてピン球の 3 次元位置が得られたので，その後のピン球が描く軌跡を予測し，その予測軌跡に合わせてどのようにロボットが返球するかを決定する．

ピン球を観測した時刻において，ロボット付近に来たときのピン球の到達位置を推定するため，ピン球の軌跡の予測を行う．一般に，球上の物体は空間を飛翔中，次式の運動方程式にしたがうことがわかっている[26)]．

$$m\ddot{\boldsymbol{p}}(t) = -m\boldsymbol{g} + m\ddot{\boldsymbol{p}}_{\mathrm{D}}(t) + m\ddot{\boldsymbol{p}}_{\mathrm{M}}(t) \tag{4.11}$$

ここで，左辺の $\ddot{\boldsymbol{p}}(t)$ は，卓球台座標系上の時刻 t におけるピン球の位置を $\boldsymbol{p}(t)(= (x(t), y(t), z(t))^{\top})$ と定義したときのピン球の加速度であり，右辺の各項はピン球にかかる空力を含むすべての外力である．図 **4.24** に，このときにピン球にかかる空力を図示する．式 (4.11) の右辺の第 1 項目は重力である．本節では，z 軸を卓球台に対して鉛直上向きに定義しているため，重力加速度を g とすると $\boldsymbol{g} = (0, 0, g)^{\top}$

となる．第2項目は，ピン球にかかる空気抵抗力（抗力）を表す．これは，図 4.24 に示すとおり，ピン球の進行方向（速度の向き）に対して逆の向きにかかる．第3項目は，回転しながら進む物体にかかるマグヌス力（Magnus force）[※20]と呼ばれる空力であり，その力の向きと大きさは回転軸と進行方向が張る平面に対して，垂直な方向になり，大きさは外積によって求めることができる．

したがって，ピン球の時刻 t における速度を $\dot{\boldsymbol{p}}(t)$，回転速度を $\boldsymbol{\omega}$ とすると，式 (4.11) は次式のような速度 $\dot{\boldsymbol{p}}(t)$ に関する1階非線形常微分方程式として整理できる．

$$\ddot{\boldsymbol{p}}(t) = -\boldsymbol{g} - C_{\mathrm{D}}\|\dot{\boldsymbol{p}}(t)\|\dot{\boldsymbol{p}}(t) + C_{\mathrm{M}}\left\{\boldsymbol{\omega} \times \dot{\boldsymbol{p}}(t)\right\} \tag{4.12}$$

ここで，C_{D}，C_{M} はそれぞれ空気抵抗力項，マグヌス力項にかかる定数係数である．ピン球の予測軌跡を得るには，式 (4.12) を，$\dot{\boldsymbol{p}}(t)$ を時刻 t の関数として解く必要があるが，非線形性の影響で解析的に解くのは困難である．そこで，4次ルンゲ–クッタ法[※21]を使って任意の時刻まで数値的に解くことを考える．すなわち，小さい時間刻み h をとると，時刻 $t+h$ におけるピン球の速度 $\dot{\boldsymbol{p}}(t+h)$ は，次式で近似的に計算できる．

$$\dot{\boldsymbol{p}}(t+h) = \dot{\boldsymbol{p}}(t) + \frac{h}{6}(\boldsymbol{k}_1 + 2\boldsymbol{k}_2 + 2\boldsymbol{k}_3 + \boldsymbol{k}_4) \tag{4.13}$$

$$\begin{cases} \boldsymbol{k}_1 = \boldsymbol{f}(\dot{\boldsymbol{p}}(t)) \\ \boldsymbol{k}_2 = \boldsymbol{f}\left(\dot{\boldsymbol{p}}(t) + \dfrac{h}{2}\boldsymbol{k}_1\right) \\ \boldsymbol{k}_3 = \boldsymbol{f}\left(\dot{\boldsymbol{p}}(t) + \dfrac{h}{2}\boldsymbol{k}_2\right) \\ \boldsymbol{k}_4 = \boldsymbol{f}(\dot{\boldsymbol{p}}(t) + h\boldsymbol{k}_3) \end{cases}$$

よって，時刻 $t+h$ におけるピン球の位置 $\boldsymbol{p}(t+h)$ は，前進差分法[※22]を使って，次式で計算できる．

[※20] 飛行機等で説明される揚力の一種で，ここではボールの回転によって発生した気圧差で発生する力を表す．

[※21] 常微分方程式の初期値問題を，数値的に解く手法の1つ．一般的には，後述する前進差分法とは異なり，現在時刻と1時刻先の関数値との傾きを4種の傾きの重み付き平均で計算しているため，より高精度に解くことができる．

[※22] ルンゲ–クッタ法と同様に，常微分方程式の初期値問題を数値的に解く手法，オイラー法ともいう．現在時刻と1時刻先の関数値との傾きを，単なる差分にもとづいて計算している．

$$\boldsymbol{p}(t+h) = \boldsymbol{p}(t) + \dot{\boldsymbol{p}}(t)\,h \tag{4.14}$$

後は，前項で得たピン球の位置を初期値として式 (4.14) の近似計算を繰り返し解けば，任意の時刻までのピン球の軌跡を予測することができる．ロボット付近でのピン球の到達位置を推定することが目的なので，ピン球の予測位置がロボットの位置にある程度近づいた地点までの軌跡が推測できれば十分であり，その時点で繰返し計算を止める．なお，小さい時間刻み h は任意に決定することができるが，原理上，できるだけ小さい値としたほうが精度よく近似できる．本システムにおいては，予測の時間間隔をカメラのフレーム更新に合わせるため，h がフレームレートの逆数になるように設定されている．

一方，上記のピン球の軌跡予測においては，ピン球の回転速度 $\boldsymbol{\omega}$ を既知としている．実際にはピン球の回転速度は既知であることはほとんどないので，何らかの方法でセンシングする必要がある．これには，カメラを用いてピン球に印字してあるメーカのロゴなどを計測し，その軌跡から回転速度を推定する方法なども考えられるが，卓球のピン球の回転速度は速いときは 3000 rpm 程度になるといわれている．また，1 回転中に数フレームの間，連続的にロゴを検出し安定して回転速度を計測するには，少なくとも回転速度の 5 倍程度の速さのカメラフレームレートが必要とされている．よって，ピン球の回転速度を直接計測するには，1000 fps 程度の超高速カメラが必要となる．フォルフェウスに搭載されているカメラの最大フレームレートは 220 fps 程度であるため，これには不十分である．したがって，直接ピン球の回転速度を計測するのではなく，過去に計測したピン球の軌跡から回転速度を推定する方法を採る[27]．このために，ラリー相手である人間が返球した直後を 1 フレーム目とし，そこから N フレーム分の計測軌跡を保持する（図 **4.25**）．

ここで，式 (4.14) で n フレーム目（$n = 1, 2, \ldots, N$）から N フレーム目までの軌跡を計算すれば，計測軌跡に対応する $N-(n+1)$ フレーム分の軌跡が予測できる．さらに，$n+1$ フレームから N フレームの間に存在する j フレーム目（$j = n+1, \ldots, N$）のピン球の計測位置を $\boldsymbol{p}_j$，予測位置を $\widehat{\boldsymbol{p}}_{jn}$ とし，その誤差を $e_{jn} = \|\boldsymbol{p}_j - \widehat{\boldsymbol{p}}_{jn}\|_2$ として※23，$n+1$ フレームから N フレームまでの誤差の和 E_n を

※23 ここで，演算子 $\|\cdot\|_2$ はあるベクトルのユークリッドノルムを表す．

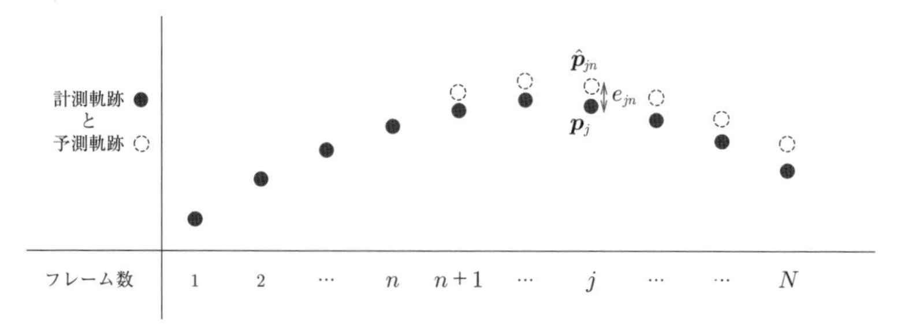

図 **4.25**　回転推定による予測軌跡と計測軌跡との誤差
(●が計測軌跡を，○が n フレーム目から N フレーム目までの予測軌跡を表す)

$$E_n = \sum_{j=n+1}^{N} e_{jn} = \sum_{j=n+1}^{N} \|\boldsymbol{p}_j - \widehat{\boldsymbol{p}}_{jn}\|_2 \tag{4.15}$$

と定義する．また，この計算を人間が返球した直後の 1 フレーム目から N フレーム目まで行って計算できる 2 乗誤差の総和 E を

$$E = \sum_{n=1}^{N} E_n = \sum_{n=1}^{N} \sum_{j=n+1}^{N} e_{jn} \tag{4.16}$$

と定義する．式 (4.16) の値は軌跡予測時に仮定した回転速度 $\boldsymbol{\omega}$ によって変動するため，$E = E(\boldsymbol{\omega})$ として 2 乗誤差の総和 E を回転速度 $\boldsymbol{\omega}$ の関数として記述できる．

以上により，過去の計測軌跡をよく近似する回転速度 $\boldsymbol{\omega}$ を推定するという問題は，$E(\boldsymbol{\omega})$ を評価関数，$\boldsymbol{\omega}$ を最適化変数として，評価関数 $E(\boldsymbol{\omega})$ を最小にする回転速度 $\widehat{\boldsymbol{\omega}}$ を求める非線形最小 2 乗問題に帰着できる．このとき，推定したい回転速度 $\widehat{\boldsymbol{\omega}}$ は

$$\widehat{\boldsymbol{\omega}} = \operatorname*{argmin}_{\omega} E(\boldsymbol{\omega}) \tag{4.17}$$

となる．一方，非線形最小 2 乗問題であるので，解析的な解を求めるのは困難であり，数値的手法で解くことになる．ここでは，式 (4.17) を最急降下法で近似するとして，最急降下法における最適化変数 $\boldsymbol{\omega} = (\omega_x, \omega_y, \omega_z)^\top$ の更新則を次式で定義する．

$$\omega_{k+1} = \omega_k - \gamma \nabla E(\boldsymbol{\omega}) = \omega_k - \gamma \begin{pmatrix} \dfrac{\partial E(\boldsymbol{\omega})}{\partial \omega_x} \\ \dfrac{\partial E(\boldsymbol{\omega})}{\partial \omega_y} \\ \dfrac{\partial E(\boldsymbol{\omega})}{\partial \omega_z} \end{pmatrix} \tag{4.18}$$

γ は最適化変数を更新するときの更新幅を調整するパラメータである．また，$\nabla E(\boldsymbol{\omega})$ は評価関数 $E(\boldsymbol{\omega})$ の最適化変数 $\boldsymbol{\omega}$ を微小変動させたときの勾配を表すが，これを解析的に求めることはできないので，数値微分を使って次式によって近似する．

$$\nabla E(\boldsymbol{\omega}) = \begin{pmatrix} \dfrac{\partial E(\boldsymbol{\omega})}{\partial \omega_x} \\ \dfrac{\partial E(\boldsymbol{\omega})}{\partial \omega_x} \\ \dfrac{\partial E(\boldsymbol{\omega})}{\partial \omega_x} \end{pmatrix} = \begin{pmatrix} \dfrac{E(\omega_x + \Delta\omega_x,\, \omega_y,\, \omega_z) - E(\omega_x,\, \omega_y,\, \omega_z)}{\Delta\omega_x} \\ \dfrac{E(\omega_x,\, \omega_y + \Delta\omega_y,\, \omega_z) - E(\omega_x,\, \omega_y,\, \omega_z)}{\Delta\omega_y} \\ \dfrac{E(\omega_x,\, \omega_y,\, \omega_z + \Delta\omega_z) - E(\omega_x,\, \omega_y,\, \omega_z)}{\Delta\omega_z} \end{pmatrix} \tag{4.19}$$

ここで，$\Delta\omega_x$, $\Delta\omega_y$, $\Delta\omega_z$ はそれぞれ $\boldsymbol{\omega}$ の各成分の微小変動幅を表し，なるべく小さくなるように任意で選ぶ．そして，各成分ごとの微小変動後の評価関数値 $E(\omega_x + \Delta\omega_x,\, \omega_y, \omega_z)$，$E(\omega_x, \omega_y + \Delta\omega_y,\, \omega_z)$，$E(\omega_x,\, \omega_y,\, \omega_z + \Delta\omega_z)$ をそれぞれ，式 (4.16) に示した評価関数を求める手順と同様にして計算する．

整理すると，本手法にしたがって回転速度 $\hat{\boldsymbol{\omega}}$ を推定する手順は下記のとおりである．

① 回転速度 $\boldsymbol{\omega}$ の初期値 $\boldsymbol{\omega}_0$ を決める．初期値の置き方は任意だが，フォルフェウスでは，人間が返球した直後の最初のフレームでは $\boldsymbol{\omega}_0 = (0,\, 0,\, 0)^\top$ を初期値，2 フレーム目以降では前フレームの最適解を初期値としている

② $\nabla E(\boldsymbol{\omega})$ を計算し，更新則にしたがい，回転速度 $\boldsymbol{\omega}$ を更新する

③ 更新前後の回転速度 $\boldsymbol{\omega}$ の変動の大きさ，もしくは $\nabla E(\boldsymbol{\omega})$ の大きさがある閾値以下だった場合，この繰返し計算を終了する．そうでない場合は，手順②に戻る

こうして得られた回転速度 $\hat{\boldsymbol{\omega}}$ を用いて式 (4.13) により軌跡予測を行えば，任意の回転がかかったピン球のロボット付近までの予測軌跡が得られる．

次に，この予測軌跡にもとづいてロボットの返球方法を決定することになる．

ここで，ロボットの返球方法を決定することは，返球目的に合った返球を行うロボットがもつラケットの姿勢 α, β とラケットの速度 $\boldsymbol{V}$ を求めることに相当する．よって，予測軌跡からロボットの返球点 $\boldsymbol{p}(0)$ を決め，返球目的（着弾タイミング T での目標着弾位置 $\boldsymbol{p}(T)$，返球後の回転速度 $\boldsymbol{\omega}$）に合った，返球直後のピン球の速度 $\boldsymbol{v}$ を求めて，ラケットの衝突モデルを用いて，ラケットの姿勢 α, β とラケットの速度 $\boldsymbol{V}$ を計算する．

一方，返球目的である目標着弾位置 $\boldsymbol{p}(T)$ と返球後の回転速度 $\boldsymbol{\omega}$ は，相対するプレイヤが任意に決定することができることに注意してほしい．つまり，ロボットに速い球を返球させたい場合は，T をあらかじめ小さな値に設定すればよいし，ロボットにトップスピンがかかったピン球を返球させたい場合には $\boldsymbol{\omega}$ の x 成分に正の値を設定すればよい．各変数の関係を図 **4.26**，図 **4.27** を示す．

また，ロボットの返球点 $\boldsymbol{p}(0)$ はある時刻まで予測した予測軌跡から，ロボットまでの距離やロボットの可動域などを制約条件にして決定する．そして，ロボットの返球点 $\boldsymbol{p}(0)$ から，時刻 T で目標着弾位置 $\boldsymbol{p}(T)$ に到達する返球直後のピン球の速度 $\boldsymbol{v}$ を求めることになる．これには，目標着弾位置 $\boldsymbol{p}(T)$ と返球点 $\boldsymbol{p}(0)$ から予測した時刻 T 秒後の推定着弾位置 $\widehat{\boldsymbol{p}}(T)$ との誤差 E を最小にする返球直後のピン球速度 $\boldsymbol{v}$ を求める．ここで，目標着弾位置 $\boldsymbol{p}(T)$ と推定着弾位置 $\widehat{\boldsymbol{p}}(T)$ との誤差を

$$E = \|\boldsymbol{p}(T) - \widehat{\boldsymbol{p}}(T)\|_2 \tag{4.20}$$

と定義する．式 (4.20) の誤差 E は今回求めたい返球直後のピン球速度 $\boldsymbol{v}$ に依存するため，$E = E(\boldsymbol{v})$ と書ける．すなわち，返球目的に合った返球直後のピン球の速度 $\boldsymbol{v}$ を求めるという問題は，評価関数 $E(\boldsymbol{v})$ を最小にする速度 $\boldsymbol{v}$ を求める非線形最小 2 乗問題に帰着する．推定したい速度を $\widehat{\boldsymbol{v}}$ とおくと

$$\widehat{\boldsymbol{v}} = \operatorname*{argmin}_{v} E(\boldsymbol{v}) \tag{4.21}$$

となる．これを前述と同様に，最急降下法で求める．評価関数 $E(\boldsymbol{v})$ の勾配は解析的に求められないため，最適化変数である $\boldsymbol{v}$ の各成分に微小変動 Δv_x, Δv_y, Δv_z を与えて数値微分を使って近似的に求める．

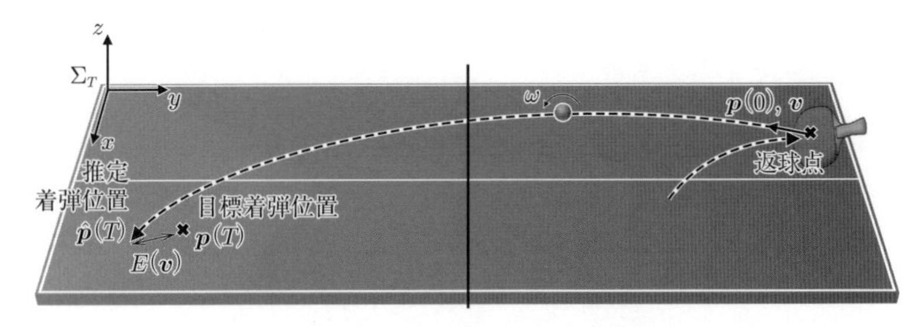

図 4.26 返球後の着弾位置推定

（ある返球点に向かってきたピン球の返球方法を仮定し，着弾位置の推定 $\hat{\boldsymbol{p}}(T)$ を行う．その後，任意に定めた目標着弾位置 $\boldsymbol{p}(T)$ との差分 $E(\boldsymbol{v})$ を最小化することで，目標を達成できる最適なピン球の返球方法を計算する）

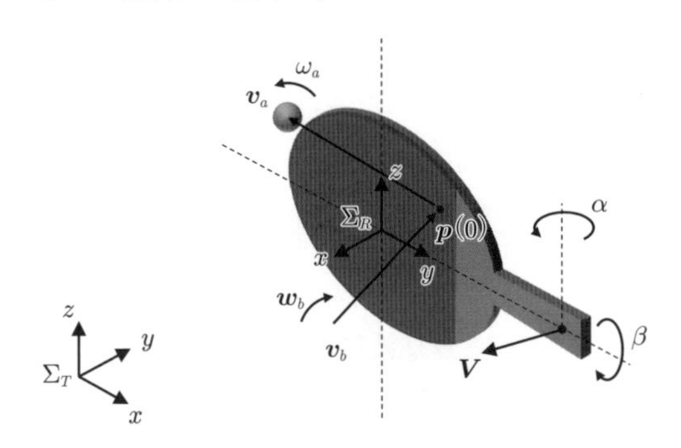

図 4.27 ラケット衝突モデル

（速度 $\boldsymbol{v}_b$，回転速度 $\boldsymbol{\omega}_b$ の状態をもつピン球がラケットに衝突し，反発および摩擦の影響でピン球の状態が速度 $\boldsymbol{v}_a$，回転速度 $\boldsymbol{\omega}_a$ に変換される）

$$\boldsymbol{v}_{k+1} = \boldsymbol{v}_k - \gamma \nabla\ E(\boldsymbol{v}) = \boldsymbol{v}_k - \gamma \begin{pmatrix} \dfrac{\partial E(\boldsymbol{v})}{\partial v_x} \\ \dfrac{\partial E(\boldsymbol{v})}{\partial v_y} \\ \dfrac{\partial E(\boldsymbol{v})}{\partial v_z} \end{pmatrix} \tag{4.22}$$

$$\nabla E(\boldsymbol{v}) = \begin{pmatrix} \dfrac{\partial E(\boldsymbol{v})}{\partial v_x} \\ \dfrac{\partial E(\boldsymbol{v})}{\partial v_x} \\ \dfrac{\partial E(\boldsymbol{v})}{\partial v_x} \end{pmatrix} = \begin{pmatrix} \dfrac{E(v_x + \Delta v_x,\ v_y,\ v_z) - E(v_x,\ v_y,\ v_z)}{\Delta v_x} \\ \dfrac{E(v_x,\ v_y + \Delta v_y,\ v_z) - E(v_x,\ v_y,\ v_z)}{\Delta v_y} \\ \dfrac{E(v_x,\ v_y,\ v_z + \Delta v_z) - E(v_x,\ v_y,\ v_z)}{\Delta v_z} \end{pmatrix} \tag{4.23}$$

整理すると，本手法を用いて返球目的に合った返球直後のピン球速度 $\boldsymbol{v}$ を求める手順は下記のとおりである．

① 速度 $\boldsymbol{v}$ の初期値 $\boldsymbol{v}_0$ を決める．$\boldsymbol{v}_0$ は任意の値でよいが，繰返し計算の回数を少なくする，もしくは局所解に陥らないようにするために，次式の近似値を用いてあらかじめ最適解に近い値とする（$|\cdot|$ は絶対値を，$\mathrm{sgn}(\cdot)$ は符号関数を表す）．

$$\begin{cases} v_{0x} = \dfrac{\exp(C_{\mathrm{D}}\,|p_x(T) - p_x(0)|) - 1}{T} \\ v_{0y} = \mathrm{sgn}(p_y(T) - p_y(0))\dfrac{\exp(C_{\mathrm{D}}\,|p_y(T) - p_y(0)|) - 1}{T} \\ v_{0z} = \dfrac{1}{2}gT + \dfrac{p_y(T) - p_y(0)}{T} \end{cases}$$

② $\nabla E(\boldsymbol{v})$ を計算し，式 (4.23) の更新則にしたがい速度 $\boldsymbol{v}$ を更新する

③ 更新前後の速度 $\boldsymbol{v}$ の変動の大きさ，もしくは $\nabla E(\boldsymbol{v})$ の大きさがある閾値以下だった場合，この繰返し計算を終了する．そうでない場合は，手順②に戻る

最後に，返球点 $\boldsymbol{p}(0)$ における返球前後のピン球の速度 $\boldsymbol{v}_b, \boldsymbol{v}_a$，回転速度 $\boldsymbol{\omega}_b, \boldsymbol{\omega}_a$ とラケットの衝突モデルの関係から，ラケットの姿勢 α, β と速度 $\boldsymbol{V}$ を計算する．ここで，ラケットの衝突モデルは，次式のとおりに定式化される．

$$\begin{bmatrix} R(\alpha,\beta)^{\top} & 0 \\ 0 & R(\alpha,\beta)^{\top} \end{bmatrix} \begin{bmatrix} v_a - V \\ \omega_a \end{bmatrix} = \begin{bmatrix} A_{vv} & A_{v\omega} \\ A_{\omega v} & A_{\omega\omega} \end{bmatrix} \begin{bmatrix} R(\alpha,\beta)^{\top} & 0 \\ 0 & R(\alpha,\beta)^{\top} \end{bmatrix} \begin{bmatrix} v_b - V \\ \omega_b \end{bmatrix} \tag{4.24}$$

$R(\alpha, \beta)$ はラケット姿勢 α, β で表される回転行列で，卓球台座標系で表現されたピン球の速度とラケット速度を，ラケット座標系の表現に変換するものである．

また，A_{vv}，$A_{v\omega}$，$A_{\omega v}$，$A_{\omega\omega}$ はラケットに貼り付けられているラバーの反発や摩擦による影響を表しており，返球前後のピン球の速度および回転速度の変化を定数行列で表すものであるが，文献28) を参考にしている．

この衝突モデルを代数的にラケットの姿勢 α, β とラケットの速度 $\boldsymbol{V}$ について解くことで，ロボットの返球方法を決定する．

(3) ロボット制御

上記により，ロボットの返球指令であるラケットの指令速度 $\boldsymbol{V}$ と指令姿勢 α, β が得られた．これらの返球指令によりロボット制御が実行され，フォルフェウスはピン球を返球する．

具体的には，得られた返球指令がロボットの各関節への位置・速度指令値に変換され，各関節が指令を満たすように制御される．これらのロボット制御はオムロン（株）製の **PLC**※24によって実現されており，各関節の位置・速度のサーボ制御を 1 ms 以下の制御周期として，すべての関節が同期的に制御される．これにより，各関節の動作やその計画に対してタイミングのずれを極力抑えて，ラリーの継続を実現しようとする．

しかし実際には，センシング技術におけるピン球の位置の認識誤差や動作計画時の数値計算による近似誤差が積み重なって，ロボットが空振り，もしくは返球ミスする可能性がある．誤差を低減するために，カメラのフレームレートに合わせて毎フレームにおいて上記のセンシング技術・動作計画技術を繰り返し，それに合わせて各関節の指令位置・速度を PLC で修正する．

一方，このような対策の方法は，人間をはるかに超越した高い計算処理性能をもつロボットだからこそできることであり，実際に人間が行っている制御とは根本的に違いがあるのは明らかである．実際，人間が何らかの物を認識してから，それに対する応答を行動として表出するのに速くて 200 ms（フレームレート換算 5 Hz）ほどかかるといわれている[28]．これだけ低速な処理で正確な行動を割り出せているのは，それまでの経験にもとづく予測モデルによって，足りない情報（軌跡や着弾位置など）を補間しているからである．特に，経験豊富な熟練者ほど正確な予測モデルを有しており，相手の身体動作に限った部分的な情報からでさえ，正確な予測軌跡を求めることができる[29,30]．これらの知見は，対人競技ロボットの性能を向上させるための 1 つの指針になるであろう．

以上により，フォルフェウスはプレイヤとのラリー継続を実現する．次項では，フォルフェウスが相対する人間の能力に介入する際の対人インタラクションにつ

※24 プログラマブルロジックコントローラ（programmable logic controller）の略で，CPU を内蔵する産業用の制御機器である．産業用の入力機器（センサやスイッチなど）の信号を読み取り，あらかじめプログラムされているロジックにしたがって，出力機器（モータやランプなど）を制御する．

いて解説する．

4.3.3 対人インタラクションによる能力への介入の実現

フォルフェウスは現在，人間の可能性を引き出すようなパートナロボットを志向している[31, 32]．これには当然，ピン球のセンシングだけでなく，パートナである人間のセンシングも求められる．すなわち，いっしょにラリーをしている人間の得手不得手や感情などの情報を入手・分析しなければ，適切に人間の能力に介入することはできない．本項では，対人インタラクション[※25]で人間の能力への介入を実現する機能について解説する．

図 **4.28** に，対人インタラクションで人間の能力への介入を実現する機能の構成図を示す．前掲の図 4.21 に示したラリー継続のための基本要素に加えて，人間の行動（返球動作）や生体反応などにもとづき，人間の能力への介入計画（介入計画機能）を行う要素が示されている．図の点線の枠内が人間の能力への介入計画の主たる要素であり，これによりフォルフェウスは，人間とインタラクション（ラリー）しながら，時々刻々と変化する個々人の状態に合わせて最適な返球動作を実施する．

すなわち，介入計画機能は，人間を撮像した画像から骨格や生体反応等の情報を取得する**人センシング**（human sensing），得られた情報から人間の技能や心理状態などを推定する**人状態推定**（human state estimation），さらに状態推定からフォルフェウスの最適な返球動作を計画する**返球目的計画**（return objective planning）の，3 つの機能からなる．また，人間のどのような能力を向上させようとするかによって，各機能における処理内容が変わる．

フォルフェウスによって向上を目指す人間の能力は，開発元のオムロン（株）の目指す近未来社会の在り方を示す SINIC 理論[33, 34]における「自律社会」と関連する．この「自律社会」においては，個と全体の両立，つまり「個人の自己実現」および「集団の共生」が実現するとされる．フォルフェウスは，このような近未来社会を「人間と機械の融和」によって具現化するロボットとして設計されており，その機能として，卓球におけるラリーを通じた，①「個人の自己実現」のた

※25 人間とロボットの振舞いが相互に作用し合うこと．ここでは特に，ロボットが人間の振舞いを受けて，人間の能力へ介入するためのラリーを計画・実行することを指す．

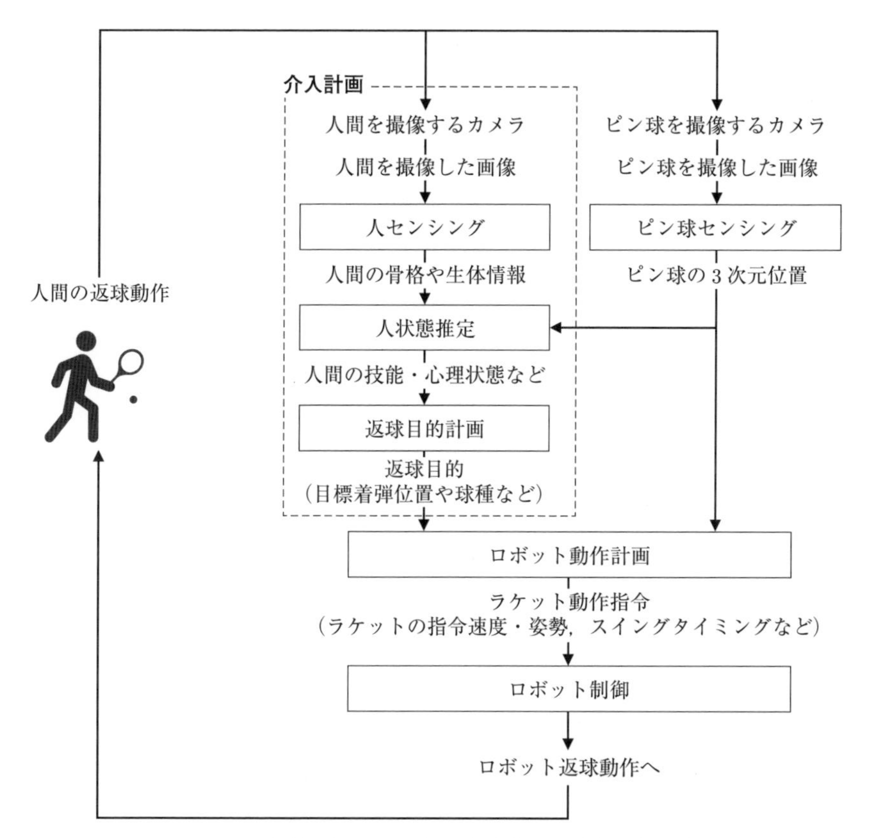

図 **4.28**　人間の能力への介入を実現する機能の構成図

めの個人の能力を高める介入と，②「集団の共生」のための他者との相互理解を高める介入の，2つの介入を実現する．

スポーツの中でも卓球が選ばれた1つの理由は，個人どうしで行われる球技である卓球では，あらゆる場面で，①の個人の能力を高める介入が有効であるからである．プレイヤが初中級者レベルの場合，ロボットが人間の得手不得手を解析して，不得手な球種やコースで，かつ，何とか返球できるレベルに抑えた介入を実施することによって，プレイヤのラリー継続能力は向上していく．また，複数のプレイヤが空間を共有するダブルスのような場面では，②の他者との相互理解を高める介入が有効である．ダブルスは交互に返球しなければならないというルールなので，ペアを組むパートナどうしがお互いの能力や意図を理解しながら，対戦相手に合わせた動作・返球を行うことが必要不可欠である．そのような複雑な状況において，パートナどうしが達成感を共有しながら，お互いの動きを調整できる難易度でラリーを実施する介入をロボットが行うことによって，ダブルスにおけるパートナどうしのラリー継続能力はやはり向上していく．

なお，フォルフェウスでは，①の個人の能力を高める介入と，②の他者との相互理解を高める介入の機能は，それぞれ別に実装している．この理由は，①と②では目的が異なり，それぞれに対する介入内容が必ずしも一致しないためである．すなわち，①はプレイヤ個人の限界に挑戦させるラリーによって，プレイヤがより難しいラリーでも返球できるようにすることが目的であり，②はダブルスのパートナどうしが一緒に成功体験を積みながら協働関係を構築できるようなラリーによって，パートナどうしにお互いの能力や動きを理解させることが目的である．以下では，①と②をそれぞれ向上させるための機能について，順に説明する．

(1) 個人の能力を高める介入

プレイヤ個人の能力向上には，卓球技能の習得を促進させるために，技能的に限界付近の難易度となるラリーを行いつつも，それを継続しようとするモチベーション（感情）を維持する介入（ラリー）が重要である．その実現に必要な介入計画機能の構成図として，図 4.28 太枠内に関する具体的な内容を図 **4.29** に示す．

以下ではこれらの構成要素について説明する．

① 人センシング

人センシングの目的は，プレイヤの返球フォームと関連する動作情報，およびプレイヤの心理状態と関連する生体情報を収集することである．

まずプレイヤの返球時の動作情報を取得するためには，RGBD カメラで取得した 3 次元骨格情報を用いることができる．これによって，プレイヤの各関節点[35)] の 3 次元位置を卓球台座標系にもとづいて収集（4.3.2 項参照）することで，プレイヤの動作情報を得ることができる．

また，プレイヤの**生体情報**（biological information）[※26]を取得するために，RGB カメラで撮像した画像から，オムロン（株）製のミドルウェアである

※26 生体が発する生理的反応に関する情報．ここでは特に，心理状態と関連する生理反応である表情や心拍数を指す．

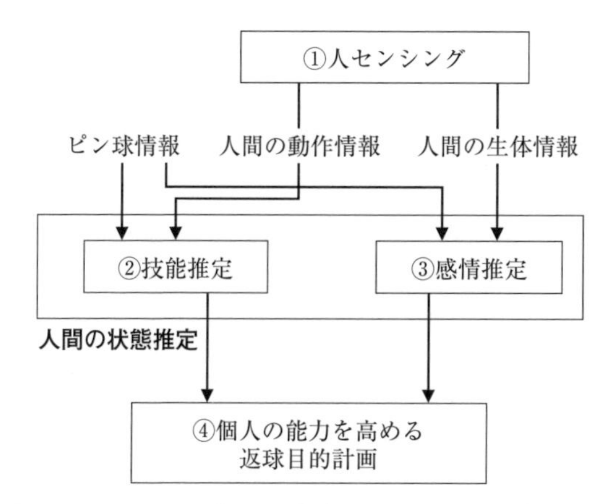

図 4.29　プレイヤ個人の能力を高めるための介入計画
（①人センシング：動作情報（3 次元骨格）や生体情報（表情や心拍数）を取得する
②技能推定：人の技能限界として返球可能な限界速度を推定する
③人間の感情を快／不快，覚醒／鎮静指数の 2 軸で推定する
④個人の能力を高める返球目的計画：人間の技能限界を踏まえて感情の指数をより高めるようなラリーを計画する）

OKAO[36] で顔認識を行い，笑顔度，真顔度，および瞬目頻度といったデータを収集する．さらに，顔認識によって得られた顔の皮膚領域の画像から，remote-Photoplethysmography(rPPG)[37] を用いて，脈拍数の推定を行う．すなわち，ヘモグロビンの吸光ピークである 500 ～ 600 nm の波長[38] に関して，顔画像領域の輝度変化を解析することで，脈動にともなう血流変化をとらえることができ，推定脈拍数が得られる．これら，笑顔度，真顔度，瞬目頻度，脈拍数の時系列情報を，プレイヤの生体情報として用いる．

②　技能推定

技能推定ではプレイヤの技能的限界となるラリー内容を打ち方別（フォアハンド／バックハンド）に推定することが目的である．これはラケットをもたない手側のボールを打つフォアハンドと反対のバックハンドでは，プレイヤの技能的限界に大きな違いがあるからである．

具体的には，プレイヤの技能水準と関連すると考えられる特徴的な返球フォームの情報を用いて，プレイヤがある一定確率で返球可能な（ロボットからの）最大返球速度（以下，限界速度）を算出する．

ここで，プレイヤの返球フォームとしては，①の人センシングで取得したプレイヤの動作情報を用いる．ただし，返球フォームに関連する時系列部分のみを切り出すために，ピン球が人間側の卓球台に達した時刻から，人間が返球してピン球がフォルフェウス側の卓球台に到達した時刻までの**時間窓**（time window）※27で，骨格位置データを抽出し，返球動作情報として扱う．

また，抽出した返球動作情報に対して，フォアハンド／バックハンドを分類するために，**隠れマルコフモデル**（hidden Morkov model; **HMM**）※28による学習的手法を用いる．特に，フォアハンド／バックハンドのそれぞれの特徴がよく現れると考えられる肩・肘・手首の3関節部位について，腰を基準とする3次元位置ベクトルの時系列情報 x に着目している．

すなわち，事前にさまざまなプレイヤのフォアハンド／バックハンドの骨格位置情報を取得しておき，フォアハンド／バックハンドに対する隠れマルコフモデルをそれぞれ $M_{\mathrm{Fore}}, M_{\mathrm{Back}}$ として保持しておく．ここで，隠れマルコフモデルの中でも，一方向に変化する時系列情報の認識に有効なleft-to-right型のモデルを用いる．そして，あるプレイヤの一連の返球動作について，時系列情報 $\boldsymbol{x}$ が新規に得られたとき，次式によってフォアハンド／バックハンドを判定する．ただし，集合 $s = \{\mathrm{Fore}, \mathrm{Back}\}$ であり，Foreはフォアハンド，Backはバックハンドである．

$$\mathrm{Swing} = \underset{i \in s}{\operatorname{argmax}}\, P(\boldsymbol{x} \mid M_i) \tag{4.25}$$

以上で得られたフォアハンド／バックハンドに関する返球動作情報を用い，**図4.30**で示すニューラルネットワークによって，プレイヤの限界速度 v_l を推定する．ここで，ニューラルネットワークは入出力層と隠れ層からなる全結合の3層構造である．隠れ層は全部で16ノードで，活性化関数にはReLu関数を用いている．入力には，返球情報のうち，肩から肘，肘から手首に対する3次元位置ベクトルの時系列情報と，肩，肘の関節角度の時系列情報を用いている．

※27 時系列情報のうち，観測・処理の対象として抽出する時間的な区間のこと．

※28 任意の時刻における状態の確率分布が直前の状態にのみ依存し，それより前の状態は影響しないという，マルコフ過程にしたがう状態遷移モデルの一種．隠れマルコフモデルでは，状態は直接観測されず，その出力のみが観測される．

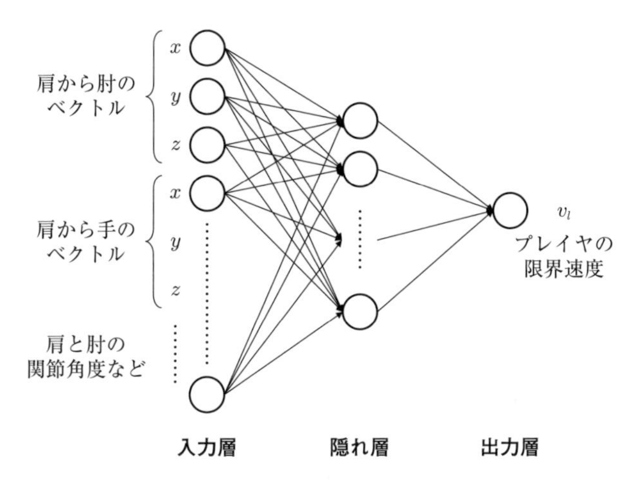

図 4.30　技能推定に用いたニューラルネットワーク
（プレイヤの動作にもとづき，プレイヤの返球可能な限界速度を推定する．入力層の各ノードには，プレイヤの各関節点の 3 次元座標それぞれについて，時系列情報を入力する）

また，事前学習では 30 名の多様な卓球技能のプレイヤに対して骨格情報・ピン球情報を取得した．プレイヤには，フォルフェウスからのさまざまな速度，コースでの返球に対して，フォルフェウス側の卓球台中心を狙って返球してもらっている．これによって，各プレイヤ n，フォアハンド／バックハンドそれぞれについて，限界速度および各返球動作の時系列情報を得ている．これらの時系列情報を入力層へ並列に入力し，フォアハンド／バックハンドそれぞれに対する限界速度を出力する回帰モデルをニューラルネットワークで構築している．

さらに，実際の推定時には，この学習済みニューラルネットワークから返球ごとに得られる限界速度を，直近 10 返球分についてフォアハンド／バックハンドそれぞれで平均し，技能推定の出力結果とした．

③　感情推定

感情推定では，ラリーを通じて変動するプレイヤの感情状態を推定することが目的である．これは，ラッセルの円環モデル[39)]にもとづき，感情の快／不快指数および覚醒／鎮静指数を算出することで行っている．

ここで，**ラッセルの円環モデル**（Russell's circumplex model）とは，すべ

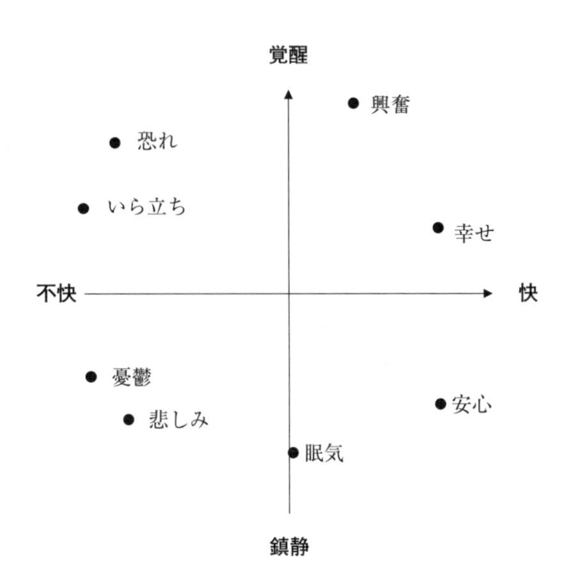

図 **4.31** ラッセルの円環モデル（文献39) を改変）
（James Russell によって提唱された，快／不快，覚醒／鎮静からなる 2 次元からなる感情のモデル．座標上の距離が感情の類似性を示す）

ての感情を，直行する快／不快軸および覚醒／鎮静軸からなる2次元平面上で表すものである（図**4.31**）．つまり，すべての感情を，快／不快指数と覚醒／鎮静指数からなる2次元ベクトルで表現されるとする．例えば，「快かつ覚醒」の象限には興奮，「快かつ鎮静」の象限には安心，「不快かつ覚醒」の象限にはいら立ち，「不快かつ鎮静」には憂鬱などの感情が配置される．

一般に，感情は生体反応と関連するが，スポーツにおいては，それに加えて局面の状況もプレイヤの感情と関連する．例えば，プレイヤ自身またはラリー相手の返球ミスによって，ラリーがうまく続かなければ，プレイヤはいら立ちを感じることがある．よって，感情推定の入力情報として，人センシングから出力された生体情報のほかに，ラリーに関連するピン球情報も用いている．

さらに，感情推定値において，実装の容易性およびリアルタイム性の担保のために，入出力間に線形性を仮定し，次式にて算出している．

$$\begin{pmatrix} x \\ y \end{pmatrix} = A(s \quad n \quad h \quad b \quad c \quad v)^{\top} \tag{4.26}$$

ここで，x は快／不快指数，y は覚醒／鎮静指数，s は笑顔度，n は真顔度，h は脈拍数，b は瞬目頻度，c はラリー継続回数，v はプレイヤによる返球速度である．また，$A \in \mathbb{R}^{2\times6}$ は上記入力と感情値を線形に関係付ける任意の行列※29であり，その成分はフォルフェウスとラリーを行ったプレイヤから得られたデータから実験的に決定した．具体的には，ラリー後に取得された快／不快・覚醒／鎮静に関するプレイヤのアンケート回答結果とラリー中のプレイヤの生体情報，およびラリー情報を比較し，決定した．

④　個人の能力を高める返球目的計画

返球目的計画の目的は，プレイヤの技能限界のラリーを目指しつつ，モチベーションを維持させるような返球による介入を行うことである．ここで，モチベーションが維持される感情状態とは「快かつ覚醒」に分類される感情状態であり，具体的には，ラリー中に高揚感や興奮を感じたときに起こりうる感情状態である．返球目的計画ではこのような感情状態を目指して，プレイヤの技能への介入を計画する．

図 **4.32** に返球目的計画の流れを示す．データとして得られたプレイヤの限界速度，感情値を常時参照しながら，直近の感情値にもとづき，目指すべきプレイヤの感情状態（快かつ覚醒）へ漸近しうる返球のコースや速度を決定する．

このとき，理想的な感情状態へ近づきうるかについて，プレイヤの返球直後から現在までの感情値の変化量に注目し，以下のように場合分けする．

(A)　快指数と覚醒指数がともに増加していた．または，快指数および覚醒指数が閾値以上の状態を維持していた

(B)　快指数が増加し，覚醒指数が減少していた

(C)　快指数が減少していた

(A) の場合，限界速度におけるラリーがプレイヤにとって適度な難易度にあると予想される．したがって，やがて理想的な感情状態である第 1 象限へ

※29 サイズが 2×6 の実数行列の集合．

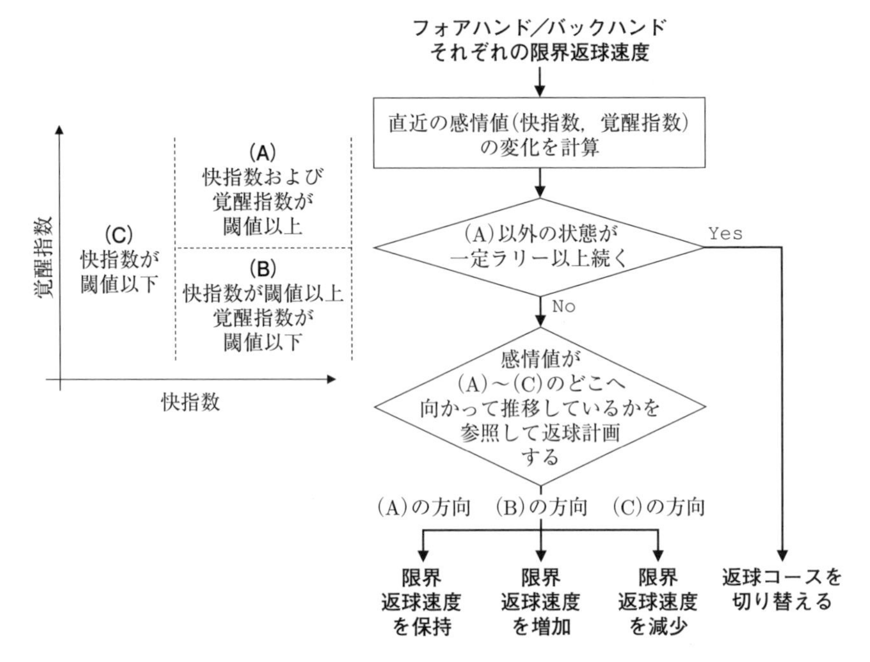

図 4.32 返球目的計画の流れ

推移する／維持されることが期待されるため，返球計画をこのまま保持する．対して，(B) の場合，限界速度におけるラリーがプレイヤにとって簡単であり，退屈になっている状態であると予想される．したがって，返球速度が増加するよう調整する．(C) の場合，限界速度でのラリーがプレイヤにとって困難で，不安を感じていると予想される．したがって，返球速度が低下するよう調整する．さらに，これらの調整によっても，一定の間，快指数が閾値以上，覚醒指数が閾値以下，または，快指数が閾値以下の状態が続くようであれば，返球コースを切り替えることで，モチベーションの向上を試みる．

以上の本機能によりフォルフェウスと人間の卓球ラリーというインタラクションを通して，個人の能力を高めるための介入が実行される．実際，プレイヤの技能限界付近のラリーを実施する際に本機能を用いる実験によって，モチベーションが向上したことがプレイヤへのアンケートで確認されている．これは，本機能によって，プレイヤがより難しい練習をあきらめずに継続できる可能性を示唆しており，プレイヤの成長が促進される効果をもたらしうると考えられる．

次に，フォルフェウスが目指すもう 1 つの介入，他者との相互理解を高めるための介入を実現する機能について説明する．

(2) 他者との相互理解を高める介入

認知科学において，**相互理解**（mutual understanding）には**認知的側面**（cognitive aspect）と**情動的側面**（emotional aspect）が存在し，実体として，その脳内処理経路が異なるとされる[40]．認知的側面の例としては，意図や能力の相互理解，情動的側面の例としては，感情の同調などがあげられる．

卓球において，パートナであるプレイヤどうしが交互に返球を行うダブルスでは，意図の相互理解がなければ，返球後の立ち位置を入れ替える際，相手の動きを予測し，お互いに干渉しないようタイミングを合わせて動くことなどは不可能である．さらに，意図の相互理解が深まれば，パートナどうしは立ち位置の交代をよりスムーズに行うことができるようになり，理想的な姿勢で返球しやすくなる．また，能力の相互理解がなければ，パートナどうしで相手の得手不得手を理解することができず，パートナがうまく返球できるようなラリーの流れをつくる返球ができない．すなわち，意図と能力の相互理解によって，パートナであるプレイヤどうしによる動作や返球内容の相互調整が可能になり，チームとしてのパフォーマンスを高める**連携**（cooperation）が表出する．

さらに，感情の同調により，例えばラリーが長く続くことにともなう喜怒哀楽をパートナであるプレイヤどうしでの共有が可能になる．これは，共同で目的を達成するインセンティブとなり，間接的にラリー継続に寄与すると考えられる．

よってフォルフェウスでは，ダブルスにおいてラリー達成にともなうパートナであるプレイヤどうしの感情同調を高めて協力を促しつつ，より難しいラリーにおける連携度を高めていくことを狙う．この実現に必要な介入計画機能の構成図として，図 4.28 の太枠内の具体的な内容を図 **4.33** に示す．

なお，図 4.33 のうち，人センシング，連携度推定と感情同調度推定を合わせた機能，他者との相互理解を高める返球目的計画がそれぞれ，図 4.28 中の人センシング，人状態推定，返球目的計画に対応する．よって，人センシングでは，個人の能力を高める介入の機能構成にある人センシングと同様のデータを用いる．なぜなら，人センシングによって得られる動作情報および生体情報（と，それにひも

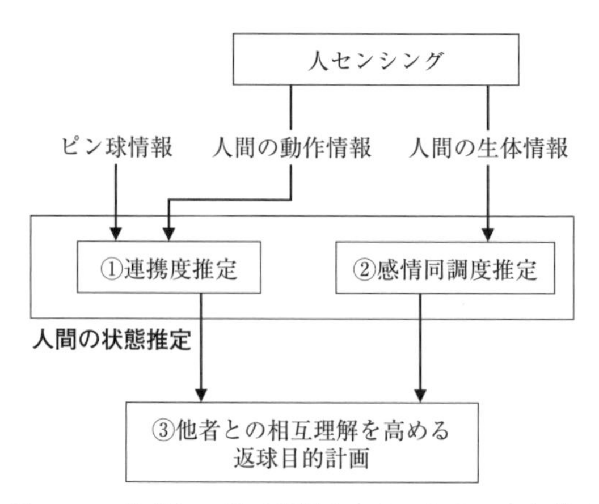

図 4.33　他者との相互理解を高めるための介入計画
（人センシングは，図 4.29 のものと同じ．
①連携度推定：それぞれのプレイヤの動作や打球の内容から，パートナ間の連携のよし悪しを推定する
②感情同調度推定：それぞれのプレイヤの生体情報から，プレイヤどうしの感情の変動が類似しているかを推定する）

付く心理状態の情報）は，シングルスまたはダブルスに特有でない一般的な情報であり，今回の他者の相互理解においても有効であるからである．ただし，ダブルスであるから2人分のデータを取得する必要がある．

①　連携度推定

連携度推定の目的は，それぞれのプレイヤの動作・返球内容から，パートナ間の連携のよし悪しを分析することである．よって，これを定量化した連携度を推定する．

連携度における重要な指標の1つは，パートナどうしで返球後に立ち位置を交代する際のスムーズさ（動作同調度）としている．これは，両プレイヤの動作情報の関係性から算出している．すなわち，返球し終えて場所を譲る一方のプレイヤの動作と，次に返球しようと卓球台へ接近するもう一方のプレイヤの動作の間が空きすぎると，位置交代が間に合わず，返球の妨げになる．また，次に返球するプレイヤが先行しすぎても，お互いの衝突などにつながり，やはり返球の妨げになる．パートナどうしが互いによく連携してこそ，両者の動作が同調し，スムーズな交代が可能になる．したがって，両者

が位置交代する際の，動作起点間の遅延を動作同調度として算出した．ここで，動作起点は，各プレイヤの骨格位置情報の時系列情報から求めた．ただし，この動作同調度は連携の要因であるプロセス指標といえるものなので，連携の結果の指標であるラリー継続回数も合わせて連携度の算出に用いた．

② 感情同調度推定

感情同調度推定の目的は，パートナであるプレイヤそれぞれの感情に関連する生体情報から，プレイヤどうしの感情同調度を推定することである．

この理論的背景としては，感情を共有する 2 者間においては，その生理反応もまた同調していると考えられていることがあげられる[41]．すなわち，情動（emotion）はそれと関連する生理反応をある個人（発信者）に引き起こすが，その生理反応は非言語情報として他者からも観測されることから，発信者と類似の生理反応へと他者が同調すると考えられている．さらに，観測者に生じた生理反応がそれと関連する感情を発信者に引き起こし，最終的に発信者と観測者の 2 者間で感情が共有されることとなる．したがって，感情が共有された 2 者間では，生理反応も類似すると考えられる．

この理論にしたがい，人センシングから得られたパートナであるプレイヤどうしの生体情報を入力として，時系列情報の類似性を計算し，感情同調度 E を次式で算出する．

$$E = f(s, n, h, b) \tag{4.27}$$

ここで，s は笑顔度，n は真顔度，h は脈拍数，b は瞬目頻度である．つまり，関数 f の変数はすべてプレイヤ 2 人の時系列情報である．

式 (4.27) の関数 f は実験的に決定している．この実験においては，複数のパートナどうしのプレイヤから，感情同調度についてのアンケート，および生体情報の時系列情報を取得し，その関連性を確認した．

③ 他者との相互理解を促す返球目的計画

個人間の相互理解を促す返球目的計画では，ラリー達成にともなうパートナであるプレイヤどうしの感情同調を高めつつ，より難しいラリーにおける連携度を高めていくことを目指して，返球目的を決定する．

基本方針として，まずはパートナどうしの関係性構築のため，感情同調度を優先して向上させ，その後，各プレイヤの感情状態（連携度・感情同調度）

に応じて，適応的に連携度の向上を試みている．したがって，各プレイヤの状態を，次の4条件に場合分けして，それぞれにおけるラリー内容を決定した．

(A) 感情同調度・連携度が閾値以下である場合，パートナどうしで相互理解ができておらず，各プレイヤが自発的に，お互いにとって適切なラリー難易度に調整することは困難であると考えられる．そのため，フォルフェウスはラリーの継続を優先し，パートナどうしが成功体験を共有してポジティブな感情同調を起こす機会を増やすため，返球速度を低下させて，難易度を抑制する

(B) 感情同調度のみ閾値以上である場合，パートナどうしの関係性の構築は進んでいるものの，お互いの動作を理解するまでにはいたっていない状態と考えられる．よって，無理のない範囲で連携度を高められるよう，返球速度を維持する

(C) 連携度のみ閾値以上である場合，ダブルスでの卓球はうまくこなせているが，お互いに退屈なラリーで感情を揺さぶれておらず，パートナどうしがラリーを通じて感情同調する機会が生じていないと考えられる．一方，身体運動で覚醒を向上させると，社会的なつながりや向社会行動が促されるという報告があることから[42)]，より激しいラリーによって覚醒を促し，ラリーの成否にともなう感情の変動をパートナどうしで共有する機会を提供する

(D) 感情同調度・連携度の両方が閾値以上である場合，さらに厳しい難易度での連携を高めていくために，速度を最大値に変更する

以上の機能によりフォルフェウスと人間の卓球ラリーというインタラクションを通して，他者の相互理解を高めるための介入を実行したところ，パートナどうしの感情の同調や息が合ったという実感が，アンケートベースで向上している．これは，本機能がパートナどうしの相互理解に関する実感を高めていることを示唆しており，それによってパートナどうしのより円滑な協力を促進されうると考えられる．

第5章　人間・スポーツの拡張

本章では，スポーツに対してロボット・AI 技術が介入し，その補助やこれまでとは異なる新しい形を目指すものとして人間拡張について取り上げる．スポーツなどの身体運動においては，外界の情報や身体の状態を把握してそれらに対して適切に動くための感覚器，身体運動そのものを生み出す運動器が重要な役割を果たす．これらの能力を技術で補う，あるいは拡張することで，人間をガイドし，上達の支援に役立てることが期待できる．また，人間拡張は単純に能力を向上させることにとどまらず，異なる身体に乗り換える，遠隔地での行動を可能にするなどの大きなシステム変容をも含む．例えば，拡張身体のもとでスポーツに取り組むことにより新たな気付きや体験を得るなど，スポーツの新たな楽しみ方を提供する．さらに，スポーツは本来，人間の感覚運動の制約内でお互いのパフォーマンスを競うものであるが，そのうちのいくつかの制約を解除すれば，可能性を拡張することができる．すなわち，人間拡張技術がスポーツの幅を広げることが期待できる．

5.1 節では人間拡張の概要について述べる．次に，5.2 節では能力の拡張として，運動能力や感覚機能を拡張した事例について紹介する．5.3 節では，運動介入による体験設計について，事例を交えつつ論じる．最後に，5.4 節では，人間拡張による新たなスポーツの創出を目指す超人スポーツの活動を取り上げ，人間拡張の可能性について論じる．

5.1　人間拡張とは

5.1.1　人間拡張が目指すもの

人間拡張（human augmentation）は，足りない能力を補う補完・補綴に加えて，すでに所持している能力の維持，さらにその能力を強化・増進・拡張することを目的とした研究・技術分野である．

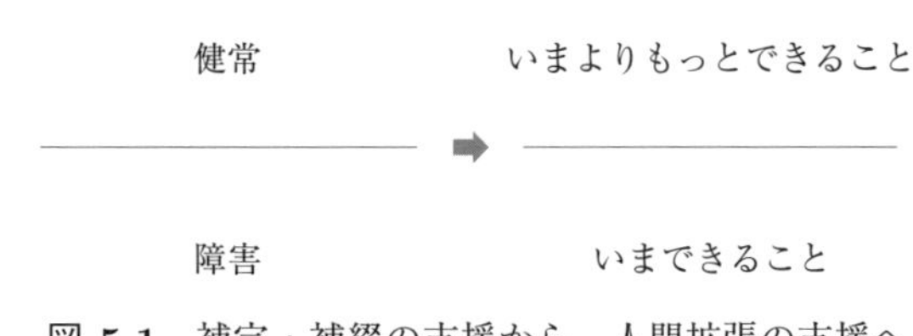

図 **5.1**　補完・補綴の支援から，人間拡張の支援へ

補完・補綴の視点からみた人間拡張の歴史はきわめて古い．紀元前2000年前後の記録に副木（添え木）が登場しているほか，紀元前480年ころのフレスコ画には，木製の義足を履いた人物が登場している．さらにインドの聖典『リグ・ヴェーダ』（紀元前1800～1500年）には，義足，義眼，義歯に関する記述もある[1)]．一方，もとの身体では到底得られない身体的能力を得るための道具を造ろうとするための試みも，補完・補綴に比べれば歴史は浅いが，長きにわたり取り組まれてきた．例えば，顕微鏡は1590年に，望遠鏡は1608年に，レンズを組み合わせることで遠くにあるものを近くに引き寄せて見える現象をそれぞれオランダの眼鏡職人が発見したことが初めとされている．これ以降，現在にいたるまで，視覚，聴覚などの五感感覚のみならず，運動能力，知覚・認知能力を拡張するためのさまざまな技術が研究・開発され，私たちは意識せずにそれら後天的に追加された機能・能力を使いこなしている（図 **5.1**）．

なかでも身体性にかかわる能力を拡張しようとする技術を，**身体拡張**（body augmentation）技術と呼ぶ．デバイスの小型・軽量化，インターネットを活用したIT化，さらにAIの活用が進み，センサやアクチュエータ，コンピュータのウェアラブル性が増してくると，人間と道具の垣根は次第にあいまいになり，服を着たり眼鏡をかけたりするのと同様の気軽さで，機能性をもつ道具を身にまとい，身体的能力を高めることが可能になっていくだろう．

ロボット工学では，人間と機械が同時に存在し，互いに影響を及ぼし合う系，特に物理的・身体的な支援を行う人間機械システムを，**物理的ヒューマンロボットインタラクション**（physical human-robot interaction; **PHRI**）システムと呼ぶ．PHRIシステムでは，人間または機械単体のパフォーマンスではなく，人間と機械を1つのシステムとみたときのシステム全体，すなわち人機一体時のパフォーマンスを高めることが要求される（図 **5.2**）．

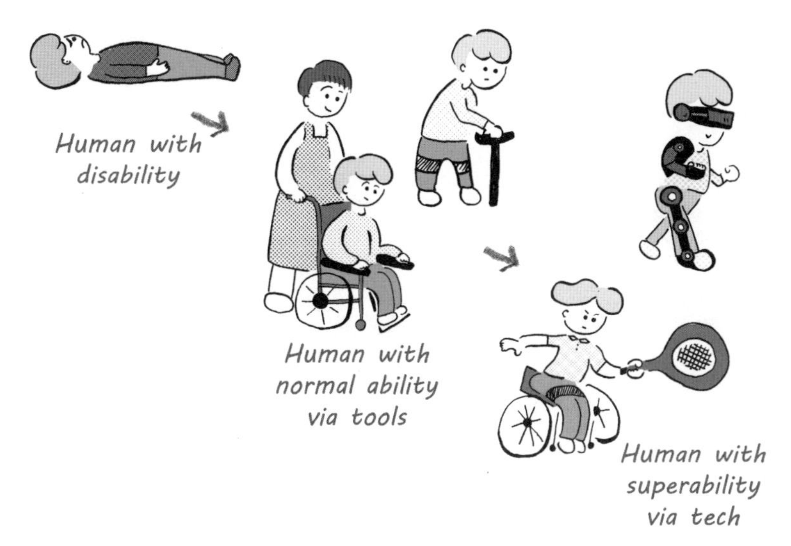

図 **5.2** PHRI システムが実現するビジョン

5.1.2 能力，存在，可能性の拡張

身体拡張が狙う効果の１つは，能力の拡張である．運動器，感覚器などの人間が生来もつ器官の機能を補助することで，より速く走ったり重い荷物を軽々運んだり，暗闇でも物が見えたりするなど，外界とのインタラクションをより効果的・効率的にすることができるほか，コンピュータ技術で人間の知覚や認知能力を補助することで計算を速く正確にしたり，他者とのコミュニケーションを円滑化したりすることも期待されている．

さらに，人間を生来の物理的な身体的制約から解放し，異なる身体や新しい身体への乗換えや，身体そのものからの脱却を目指した，存在の拡張を実現することも人間拡張の重要な目標である．遠隔操作ロボットやメタバース空間のアバターを操作するためには，自分とは異なる質量構成や自由度をもつ身体を意のままに操るための工夫が必要であるし，他者に乗り移ったり遠隔ロボットを複数人で操作したりするためには，他者の感覚や意図を共有するための技術が必要となる．

また，これら能力や存在の拡張によりもたらされる最大の価値の１つが，可能性の拡張である．私たちが体験できる事柄は，生まれついた環境や文化に大きく依存している．それらの制約から人間を開放することで，地理的・金銭的問題などにより触れることができなかった体験の機会を提供でき，これが個人の心身の成長を促すだけでなく，他者とのコミュニケーションや想像力を高めることも期待できるだろう．

5.2 能力の拡張

5.2.1 運動アシストによる3軸の支援効果

運動という言葉を辞書で引くと，「1. 物が動くこと，2. からだを鍛え，健康を保つために身体を動かすこと，3. ある目的を達するために活動したり各方面に働きかけること」などが記載されている[2)]．運動をアシストすることに，「体を鍛え健康を保つ」以上の意味をもたせることができるだろうか．

運動能力を補助，アシストすることによる人間の行動への効果には，「らくにする」「うまくする」「たのしくする」の3軸がある（図 **5.3**）．「らくにする」とは，機械やシステムによる運動アシストにより，運動するために必要な筋負担を減らし，結果的に運動を楽にできることを意味する．実際，多くの運動アシストデバイスは，重いものをもち上げたり，自身や他人の身体を支えたり，姿勢を維持したりするための身体負荷を軽減することを目的としており，その評価指標は筋活動量であることが多い．

次に「うまくする」とは，ある目的をもった行動や運動を行っているとき，その技量を上昇・増加させ，タスクの質的・量的パフォーマンスを向上させること

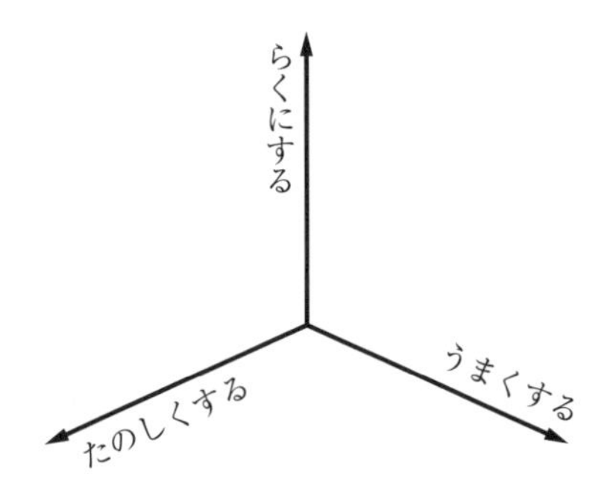

図 5.3 運動能力の拡張により期待される「らくにする」「うまくする」「たのしくする」の効果

を目的とすることを意味する．速く走ったり，位置決めや力の大きさの制御だったり，決められた軌跡に沿った動作だったり，これらを繰り返し安定して行う際には，この「うまくする」支援が不可欠である．さらには，これらの運動スキルをより短時間で身につけることも，「うまくする」の範疇だろう．客観的に計測可能な指標としては，ミスの回数，運動のばらつき，競技スコアなどがある．

一方，「たのしくする」は，より人間の内観に近い評価軸である．例えば，自分の身体を思うままに動かすことは運動を楽しむうえで必須のことのように感じるが，思いどおりに動かせないような状況は，はたしてすべてつまらないだろうか？スポーツの多くは，あえて道具や環境に制限を付けたルールを設定することで，結果的に面白さを創出している．さらに，チームプレイが必要となるスポーツは，仲間とのコミュニケーションや協調性を楽しむゲームともいえる．楽しさは必ずしも勝敗やパフォーマンスとは一致せず，負けても楽しいときはある．したがって，楽しさに関する評価指標をセンサにより定量的に評価することは簡単ではないが，現状でもアンケートによる事後評価は可能であり，今後は生体信号計測からのリアルタイム評価も可能になっていくかもしれない．

これら 3 つの軸は，お互いに関係しつつも独立している．例えば，運動が楽になったからといって，うまくなったとは限らない．摩擦のないつるつるな液晶画面にきれいに字を書く難しさは経験したことがある人も多いだろう．適切な摩擦力は指先の力のコントロールをしやすくしてくれる．また，うまくなったからといって楽しくなったとは限らない．同じ難易度のゲームを繰り返しずっとやらされても楽しくない人のほうが多いだろう．楽しむためには，能力に応じた適切な難易度のタスクが必要である．そして，楽なら絶対楽しくなるわけでもない．楽しくスポーツをプレイした後は身体的には疲弊するし，ジムトレーニングを趣味とする人々は，むしろ身体的にきつい動作を喜んでしているようにもみえる．つまり，運動能力を拡張しようとする際は，効果として，これらの軸のうちどれを拡張したいのかを意識して設計する必要がある．

5.2.2 スポーツ動作における運動能力拡張

日本だけでなく世界中で障害者スポーツや高齢者スポーツへの注目が高まっており，スポーツの競技人口は増え続けている．また，障害の有無や年齢・性別に関係なく同じ競技で競い合うユニバーサルスポーツや超人スポーツも人気を集めている．このような中，可能な限り軟らかくフレキシブルな素材で構成したソフトな外骨格（soft exoskeleton，ソフトエグゾスケルトン）スーツの開発が盛んに行われるようになった[3–6]．ソフトエグゾスケルトンスーツは，これまで考えられてこなかったスポーツの支援・拡張に新たな道を拓く可能性を秘める．ここでは柔軟・軽量であることに加えて，低圧域でも効率よく駆動する空気圧ゲル人工筋を活用した運動支援スーツの応用例を紹介する．

図 5.4 は，空気圧ゲル人工筋（pneumatic gel muscle; **PGM**）をテニスラケットのスイング支援に応用した例である[7]．このスーツは，競技中の運動によって人工筋を駆動させるための空気圧をタンクに蓄積し，必要なタイミングで人工筋に圧力を供給することで動作支援することを目的として，踏込みにより圧縮空気を発生させるポンプ，発生した圧縮空気を蓄積するタンク，圧縮空気が供給されると収縮力が発生する空気圧ゲル人工筋，タンクから人工筋への圧縮空気の供給を切り替えるメカニカルバルブ，それらをつなぐ配管，の構成により，50 歩で約 0.16 kPa まで内圧を高められる．検証実験からは，肘屈曲動作の筋負担を軽減する効果，ならびに最大スイング速度における 2 ～ 5 km/h の向上効果が報告されている．

また，構成を若干変更することで，踏込みポンプを使わない構成での動作支援も実現できる．**図 5.5** は空気圧供給源として市販の CO_2 タンクを利用して，キック力の増強を実現した人工筋スーツである[8]．これは，空気圧ゲル人工筋，メカニカルバルブ，CO_2 タンク，配管から構成されている．空気圧ゲル人工筋は CO_2 ボン

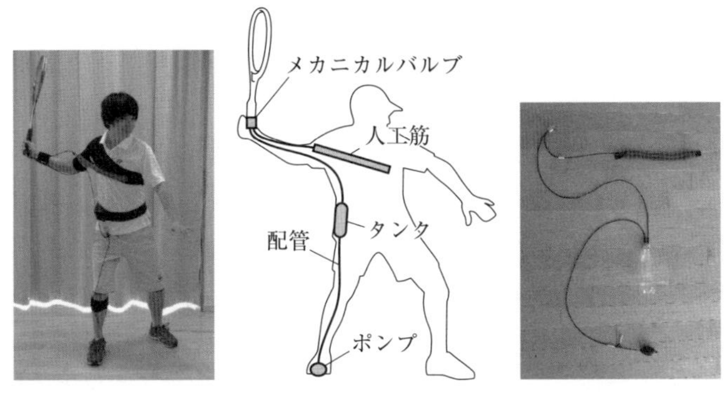

図 5.4　テニスラケットのスイングスピードを向上させるスーツ[10]

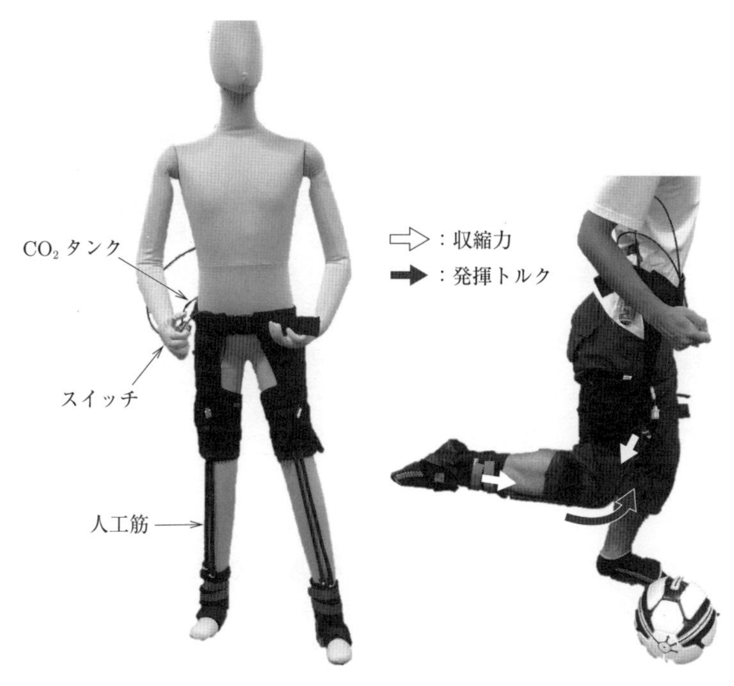

図 **5.5** キック力を向上させるスーツ[8)]

べの圧縮空気を動力源としており，メカニカルバルブのスイッチを押すことで空気が供給され，蹴り脚の大腿部から足首にかけて配置した 4 本の人工筋により膝関節を伸展させる力が発生する．本スーツを使用したキック力の評価を行った結果，サッカー初心者を対象とした実験では支援力を与えることでキック速度が有意に向上することを確認した一方，サッカー経験者では着用するとキック速度がむしろ下がる結果となった．これは，初心者では人工筋からの支援力に応じたキック動作を行うことでキック速度が向上したが，経験者ではキック動作が身体に染み付いており，スーツを着用したりスイッチを押したりすることが，スムーズなキック動作の妨げとなった可能性がある．単純に支援力さえ与えれば運動能力が拡張されるわけではなく，支援力や機械を操作することの慣れもまたパフォーマンスに影響することを示唆している．

そこで次に，支援タイミングをシステムが自動決定する技術を導入した運動支援スーツを開発し，これを野球のバットスイング速度を向上させるスーツに応用

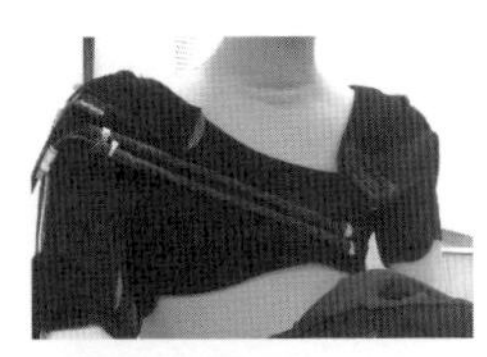
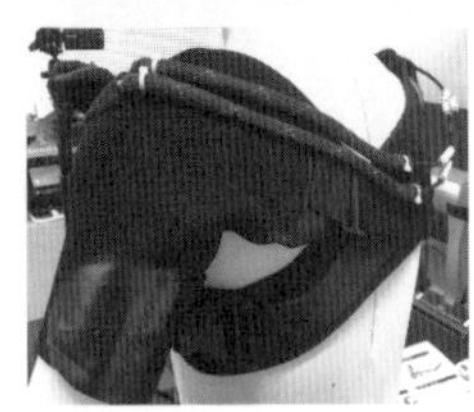

図 **5.6**　バットスイングを拡張する人工筋スーツ[12)]

した[9)]．図 **5.6** に開発したスーツの外観と人工筋の配置位置を示す．人工筋，圧力供給源としての空気圧コンプレッサ，圧力供給を切り替える電磁弁，6軸加速度センサ，マイクロコンピュータ，および配管から構成されている．アシストのタイミングは，押し手側の手の甲に付けた軸加速度センサから得られた角速度情報によって決定し，角速度が被験者ごとに設定された閾値に達すると支援力が発生する．バットスイング速度をモーションキャプチャで計測したときの最高スイング速度の平均を，野球の初心者，経験者で計測した結果，初心者においては支援力の有無による差を認めなかった一方で，経験者では支援力の付与によりスイング速度が有意に向上した．これは，経験者は毎回同じスイング動作ができるため，結果的に適切なタイミングで支援力が発生してスイング速度が向上したのに対して，初心者は毎回のスイング動作のブレが大きいため，単一の閾値を用いた今回のアルゴリズムでは適切な支援を行えなかったことが原因と考えられる．

5.2.3　支援力やタイミングのデザイン

前項で紹介した人工筋スーツによるスポーツ動作支援の研究では，初心者と経験者でまったく逆の結果が得られることが示されている．十分に慣れた動作を支援するときには，スイッチを押すという単純な操作でも自然な運動を阻害してしまうので，タイミング決定の自動化が有効であるといえる一方で，初心者は毎回の動作のブレが大きいために，タイミング自動化のアルゴリズムは丁寧につくり込む必要がある．

ここで興味深いのは，被験者にスーツによる動作支援感について尋ねたところ，動作速度が向上しなかった条件のほうが，主観的には支援力をより強く感じるケースが散見されたことである．これは，人工筋による収縮力が，筋負担軽減や動作速度向上につながるアシストではなく，動作を阻害するレジスト（抵抗）として働いたとき，被験者が外力をより明確に感じ，それをポジティブに解釈した可能性を示唆する．運動速度という客観的なパフォーマンスと，支援感という主観的パフォーマンスで相反するケースが確認されたことは示唆に富む．

アスリートのように記録を競うユーザにとっては「らくにする」「うまくする」の客観的パフォーマンスの向上が重要であるが，エンタテインメントとしてスポーツを楽しむユーザにとっては「たのしくする」の主観的パフォーマンスの向上がより重要視される．これには，発達心理や HCI（ヒューマンコンピュータインタフェース）の分野で研究されている運動主体感や身体所有感に関する知見を，運動アシストのデザインにも活用する取組みが一層必要となる．

5.2.4 介入による感覚の鋭敏化と操作

人間は視覚・聴覚・触覚などにより外界を認識しているが，触覚は，物体に触れたときに，その物体の存在や性質などを認識するために使われる重要な感覚である．触覚のうち，触圧覚，振動覚，温度覚，痛覚など，皮膚内の受容器や神経線維によって受容される感覚は**皮膚感覚**（cutaneous sensation）と呼ばれ，筋・腱・関節に存在する深部受容器や神経線維で受容される感覚は**深部感覚**（deep sensation）または**固有感覚**（proprioceptive sensation）と呼ばれる．深部受容器は運動感覚を主に知覚しており，関節の動きや位置の感覚，筋の努力感，重さの感覚と関係している．これらの触力覚※1を仮想的につくり出したり，感覚を修飾したりする技術は，通信機器を介した道具や機械の操作性の向上や仮想空間における没入感を向上させるうえで不可欠といえる．

これらの触感や力感の知覚能力は，ほかの感覚同様，加齢の影響や神経疾患に

※1 触覚と力覚のこと．触覚は，皮膚感覚ともいわれ，指先や身体の表皮が物体に触ったときに皮膚上で生起される感覚のことを指す．力覚は，身体が物体と触ったときに受ける抗力（反力）の感覚のことを指す．

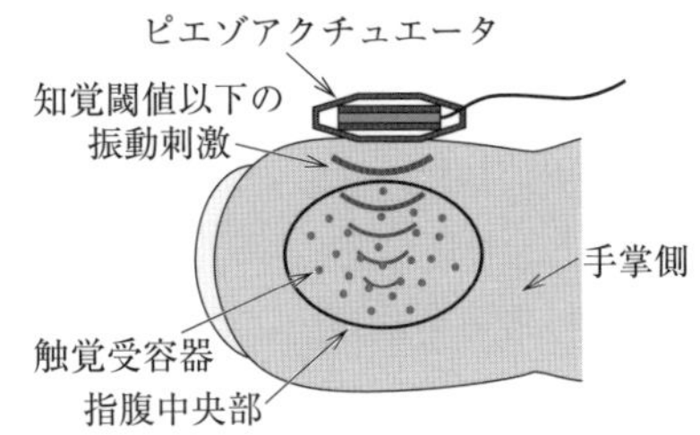

図 **5.7**　確率共鳴による触力覚能力を向上させるデバイス[14)]

より低下するが，視覚における眼鏡や聴覚における補聴器のように，低下した触力覚知覚能力を補う／向上させる技術が提案されている．

その1つが，**確率共鳴**（stochastic resonance）を利用して触知覚能力を向上させる手法である．確率共鳴現象とは，閾値以上の入力に対して活動する非線形システムにおいて，ノイズを意図的に入力することで，微弱信号の検知能力が向上する現象である[10)]．実際，人間の感覚受容器の多くも閾値以上の入力に対してのみ反応する性質をもつことから，ノイズ付与により知覚能力が向上することが確認されている[11–13)]．また，確率共鳴により指先の触力覚能力を高めることができることもわかっている（図 **5.7**）[14)]．図5.7の構成では，振動アクチュエータを指先に取り付けてホワイトノイズを発生させるだけで，指先の2点弁別能力，知覚できる力の能力，テクスチャ識別能力，物体把持能力を向上させることができることが示されている．さらに，図 **5.8** に示すように，外科手術用把持鉗子（内視鏡用処置具の1つ）に振動アクチュエータを装着することで，道具を介した操作でも触力覚能力が向上することも確認されている[15)]．

5.2.5　筋負担軽減による触力覚能力の向上

人間の骨格筋には，筋紡錘（きんぼうすい）やゴルジ腱器官などの感覚受容器があり，体姿勢の固有感覚（221ページ参照）を得ることに貢献している．実際，人間の触力覚知覚能力に関するさまざまな実験から，触力覚知覚特性は筋活動に依存し，筋活動が高すぎても低すぎても正確な触力覚知覚ができなくなることが報告されている[16)]．すなわち，適切な筋活動度を維持することで，触力知覚覚感度を高めたり，重量変化をより正確に知覚させたりすることができる．

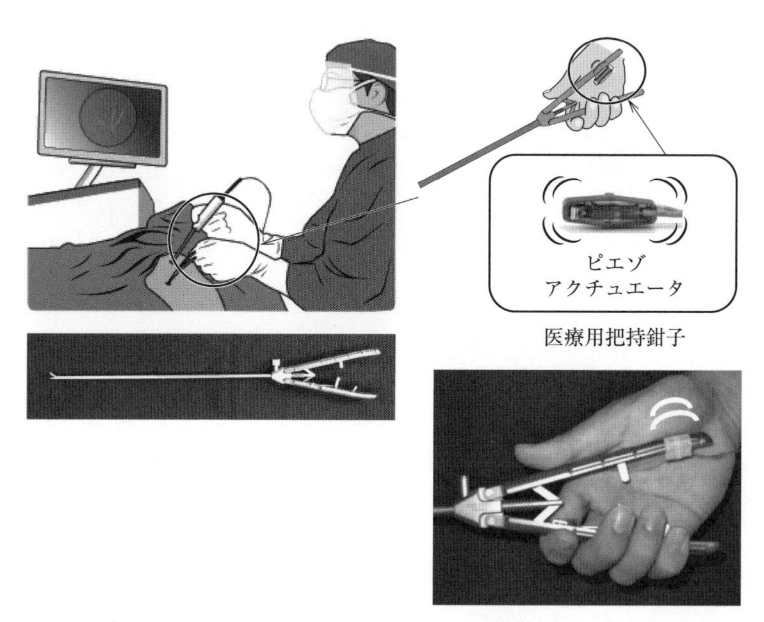

図 **5.8** 外科手術用把持鉗子への振動アクチュエータ付加による触力覚向上デバイス[15)]

図 **5.9** 力知覚能力を向上させるスーツ[17)]

図 **5.9** は，筋負担を軽減することで人間の触力覚知覚能力を向上させることができるスーツ（sensorimotor enhancing suit）である[17)]．このスーツは，伸縮性生地とそれを身体に固定するサポータだけのシンプルな構成でできており，伸縮性構造の一方は腰に，もう一方は上腕に固定されている．上腕を前方に挙上した

状態を保持すると上肢の自重により肩まわりに伸展モーメントが発生するが，この構成によって伸縮性生地による屈曲モーメントがその一部を打ち消すため，着用者は上腕伸展状態をより小さな筋活動で維持できる．被験者におもりの重さを知覚してもらい，感じた重さと同等の力を力センサに対して出力してもらう実験による検証では，スーツ着用によって実際の重さと発揮力の間の誤差を統計的に有意に減少できることを確認している[17]．このようなスーツは，長時間同じ姿勢を維持して精密な作業を行わなければいけない，工事現場や医療従事者をサポートするインナーウェアとしての活用もされている．

5.2.6 VRを活用したトレーニング支援

リハビリテーション手法の1つである**反復療法**（repeated therapy）[18]は，同一のトレーニングを繰り返すことで神経の促通を狙う手法であるが，同じ運動を繰り返さないといけないために，飽きによるモチベーションの低下が起き，継続したリハビリテーション（以下，リハビリ）ができないことが問題となっている．モチベーションの向上は，脳の報酬系の一部である側坐核（そくざかく）の活動を増加させ，一次運動野との結合を促進して手指機能の回復速度に影響するとの報告もある[19,20]．さらに，モチベーションと運動機能の相関性も報告されており[21]，モチベーションは効率的なリハビリに直結する．そこで，ゲーミフィケーション技術を利用した手指動作のリハビリゲーム[22]，仮想現実（バーチャルリアリティ，以下VR）上での楽器トレーニングゲーム[23]が開発されている．

一方，提示する視覚情報を制御することで，身体所有感や自己主体感を変化させたり運動錯覚が誘起されたりするという報告[24,25]はあるが，実際の身体運動とは異なる動きを視覚的に提示することで，身体意識へ悪影響が生じる可能性も懸念される．ここで，**身体意識**（body awareness）とは，身体所有感と自己主体感で構成される自己認識の感覚と定義される[26]．対して，**身体所有感**（sense of ownership）は，見えている身体が自分の身体の一部だとする感覚であり，視覚情報の一致によって誘起される[27]．また，**自己主体感**（sense of agency）は見えている身体動作を自分が制御しているとする感覚であり[28]，自分の動作とフィードバックされる情報との一致によって誘起される[29]．

身体意識が欠如すると，その身体部位の使用を避ける傾向が現れ[30]，運動機能の低下につながる恐れが懸念される．特に，自己主体感は，大脳からの運動指令

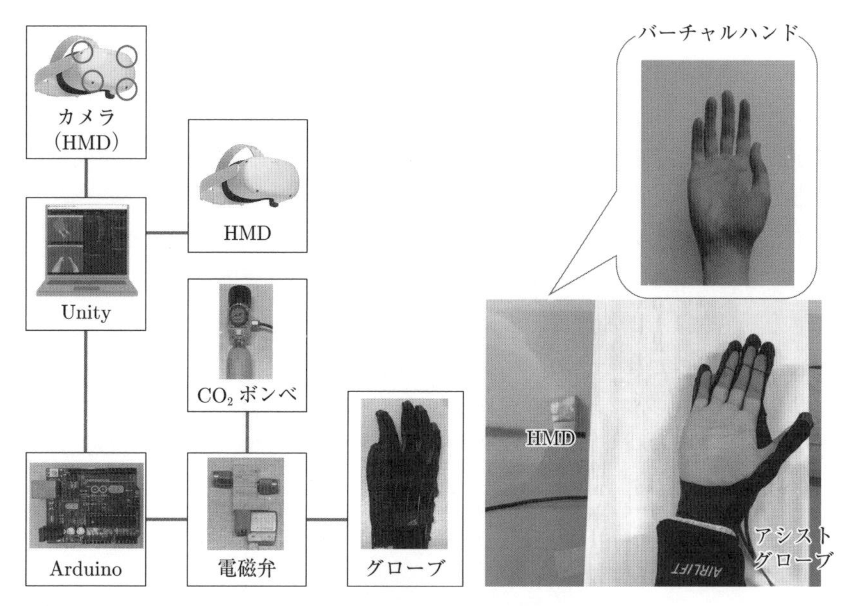

図 **5.10** 手指運動の錯覚誘起システム[33]

を脊髄(せきずい)へ伝える皮質脊髄の興奮性を減弱させることや[31]，運動機能との関係が報告されている[32]．このことから，実際とは異なる運動映像を提示する場合は，身体意識の欠如を防ぐ工夫が不可欠である．

図 **5.10** は，手指の動作角度を増加させた VR ハンド映像と運動支援アシストを同時に提示した際に生じる身体所有感や自己主体感の悪影響を，触力覚提示により低減することを目指した指運動の錯覚誘起システムである[33]．仮想空間上に表示した仮想手指（バーチャルハンド，以下 VH）をヘッドマウントディスプレイ（Meta Quest2，Meta 社製）に提示する視覚提示部と，アシストグローブの屈曲動作支援を行う触力覚提示部から構成される．視覚提示部ではヘッドマウントディスプレイのハンドトラッキング機能により手指屈曲角度を推定し，VH をリアルタイムに動かすことができる．そして，触力覚提示部では，手指屈曲角度をトリガーとして，右手に装着したアシストグローブから手指の屈曲動作トルクを発生させることができる．

実際の手指屈曲角度よりも屈曲角度を拡大して表示した VH をヘッドマウント

ディスプレイから提示し，このとき触力覚アシストの有無によって生じる錯覚強度の違いを調べた実験の結果，身体所有感と運動主体感の両指標において，触力覚アシストがない場合，手指角度が2倍に拡大された映像が提示されたときにスコアが統計的に有意に低下したことを確認した．これは，VHの屈曲角度が自身の手指の動作角度よりも大きいことに対して，被験者が違和感を抱いたことを意味する．また，等倍ならびに1.5倍映像を提示したときには，触力覚アシストが加わると身体所有感と自己主体感のスコアが低下し，2倍映像を提示したときには，触力覚アシストが加わるとスコアが上昇することが確認された．

一般に，人間は運動を企図したときに脳内身体表現をイメージしながら運動器で運動を実現し，多様な感覚がフィードバックされ，新たな脳内身体表現を生成する．また，脳内身体表現の違いが身体意識を生成する[34)]．本実験では，角度拡大映像に加えて，動作アシストによる触力覚提示も同時に加えることで，脳内身体表現の変容を増進させ，VHがあたかも自身のものであるかのように感じさせることを促進したと考えられる．

5.2.7 AIスマートコーチング

日本ではリハビリにかかわる医療・介護情報連携の推進が継続的に進められており，病院でのリハビリから，より専門性の低い通所介護や地域の社会活動への移行が促されている．しかし，リハビリを受ける患者の多くは「治してほしい」という受け身の立場にとどまることが多く，在宅復帰後に主体的に自身の健康管理を行えないケースも目立つ．医療従事者としても，リハビリの最終的なゴールが在宅生活での日常生活の自立であるのに対して，在宅復帰後の治療プランや効果についてのフィードバックが少なく，効率的で効果的なリハビリの選択がなされていないことへの心配がある．これらの背景には，個人スキルが十分に把握できていない，トレーニングタスクがエビデンスにもとづいて決定されていない，トレーニング効果が実感できない，などの問題があるとされる．これらの問題は長い経験をもち，きめ細かな配慮ができるトレーナが患者に寄り添っていれば顕在化しないが，人材不足によりトレーナの質と量の確保が難しくなりつつあることから，代替として高精度で低コスト，かつユーザへの負担を最小限に抑えた構成で運動情報を取得できる運動センシング技術，運動情報にもとづくスキル予測技術，さらに個人スキルにもとづく効果的な介入を行えるリアルタイム情報提示シ

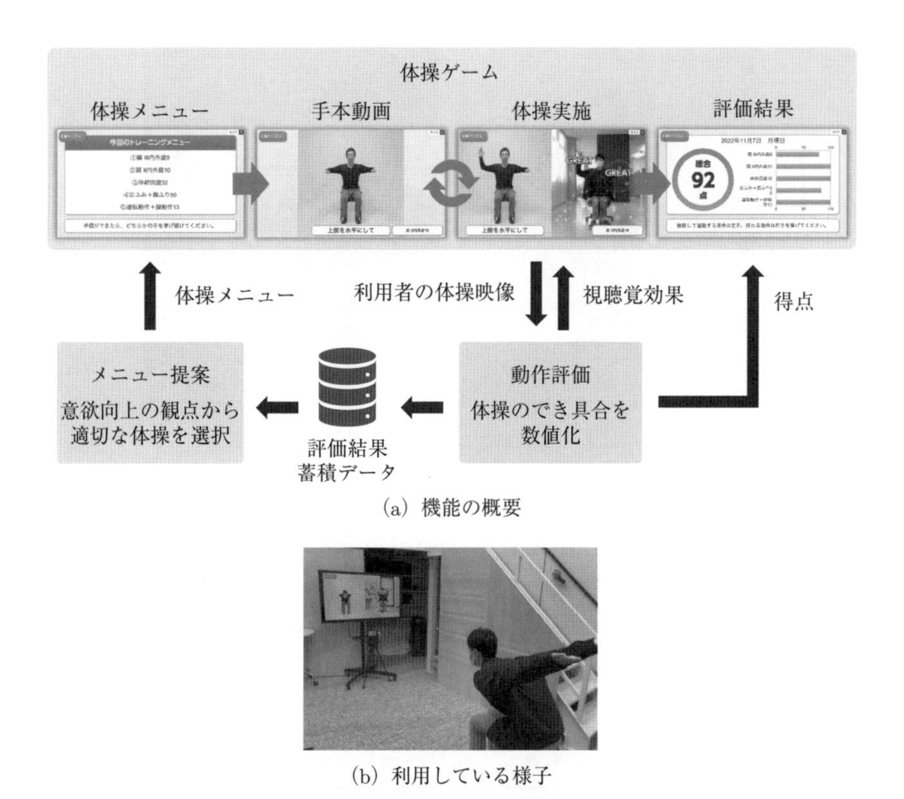

(a) 機能の概要

(b) 利用している様子

図 **5.11**　体操支援アプリの概要

ステムの必要性が高まっている．

また，介護予防のためのリハビリは，介護施設や病院で専門家の指導の下，実施する方法に加えて，写真やイラスト，動画を視聴して利用者が自主的に行う方法などもある．これらの方法は，専門家による指導が不要かつ時間や場所によらず1人で実施できるため手軽であるという利点がある一方，指導者がおらず単調になりやすいため，モチベーションの維持に難しさがある．そこで，運動意欲の維持・向上のための「動作評価」機能，「ゲーム」機能，「体操メニュー提案」機能を取り入れたスマートフォンを使った体操支援アプリの開発がされている[35]．

図 **5.11** は本アプリの機能の概要と利用している様子である．本アプリは，利用者視点では体操ゲームのようになっており，体操メニュー，手本動画，体操実施，

図 **5.12** 体操アプリの視覚エフェクトの例

評価結果の順番で遷移する．動作評価機能では，スマートフォン内蔵のカメラで取得した映像から，体操のでき具合を数値化して評価できる．評価結果は，体操実施画面にリアルタイムで視聴覚効果として表示し，次回以降のメニュー提案に利用される．また，カメラで取得した利用者の体操姿勢映像を，人体の特徴点の推定に利用し，特徴点の座標から各身体部位の状態を判別して体操動作が評価される．採点基準は，理学療法士監修の手本動画をもとに，どの時間にどの身体部位がどの位置にあるべきかを定義し，それにもとづいて採点される．さらに，体操の評価結果にもとづく視聴覚効果を取り入れて，いつ，どの部位の姿勢がよかったかについて，効果音と視覚エフェクトを体操姿勢に重ねてリアルタイムで提示する機能も実装されている（図 **5.12**）．加えて，体操の得点から算出した優先度にもとづき体操メニュー提案を行うアルゴリズムも有している．Bandura らによれば，モチベーションの維持・向上には自己効力感（230 ～ 232 ページ参照）がかかわっており，自己効力感を向上させるには成功体験を積み重ねることが有効であると報告されている[36]．そこで，成功体験を得ることでモチベーションを向上させやすい体操が優先されるよう，体操の成功率が極端に高い，または低い体操の優先度が下がるような設定がされている．

60 ～ 79 歳の健常者 20 名（男性 7 名，女性 13 名）に対して，自宅で 1 日 10 分程度，週 3 回以上の体操実施を依頼し，体操後に運動のモチベーションに関するアンケートに回答してもらった結果からは，「楽しい気分でしたか」「またやってみたいですか」について，アプリ利用グループのスコアが有意に高くなった．また，身体能力への効果を調べるため，介入前後での肩関節可動域の計測を，CAT（combined abduction test），ならびにHFT（horizontal flexion test）により行ったところ，両グループで介入前より介入後の可動域が有意に大きくなることが確認された．

このようなモバイルデバイスを活用した介護予防体操支援を通じて，楽しみながらできるリハビリ／トレーニング，日常生活動作の評価の容易化，リハビリ効果の定量化にもとづき効果的なリハビリメニュー作成支援，データにもとづく診療報酬や介護認定のしくみづくりに活用することは，スマート社会におけるデジタルヘルス実現に貢献するイノベーションにつながる可能性を秘めると考えられる．

5.3 運動介入と体験設計

5.3.1 体験を維持する運動介入の重要性

人間がスポーツをする際，パフォーマンスに対する主体性や手ごたえ，やりがいを感じ，高いモチベーションをもってその競技に取り組めることは，（ときには単に高いパフォーマンスを発揮することよりも）重要な要素である．すなわち，競技に対する高いモチベーションは，その競技に楽しさを感じさせるだけでなく，トレーニングに対する持続力や集中力を高め，効率的なパフォーマンスの向上にもつながる可能性がある．また，対人スポーツやチームスポーツにおいては，自身だけでなく対戦相手やチームメイトが感じる楽しさやモチベーションにも影響しうる．

しかし，人間は機械による介入をどこまでも許容して主体性ややりがいを感じられるわけではない．例えば，自身が随意的に行った運動と実際の運動結果との差が大きすぎると，その差に気づき，自身が主体的に行った運動として感じられなくなってしまうし，自身がどのような行動をしても結果が変わらないと感じてしまうとその競技にやりがいを見出し，高いモチベーションをもってプレイし続けることは難しいだろう．したがって，スポーツにおける人間拡張の設計においては，いかに人間の体験を考慮して運動介入できるかが非常に重要な設計要素となっている．

このような人間が行為に対して主体性や手ごたえを感じる感覚は，自己主体感や自己効力感（self-efficacy）と呼ばれ，神経科学や心理学，社会学といった幅広い分野で議論されており，人間拡張工学においても重要なキーワードとなっている．

(1) 自己主体感

自己主体感とは「この行為を引き起こしたのは自分自身である」という感覚を指す[37]．自己主体感を感じることは行為に対するモチベーションを上げる要因となったり，動作精度を向上させるための意識的学習が促進されたりなど多くの利点があることが知られている[38]．一方，自己主体感の生起過程については，過去数十年にわたり，大きく分けて低次レベルでの感覚運動統合のプロセスと，高次レベルでの認知的なプロセスの2つの側面から議論されており，近年ではこれら2つのプロセスの統合によって自己主体感が説明できるという見方が一般的になりつつある．図 **5.13** は一般的に認知されている自己主体感の生起に関するいくつかの理論的な説明[39–43]をもとに，各レベルでの自己主体感の生起過程を図示

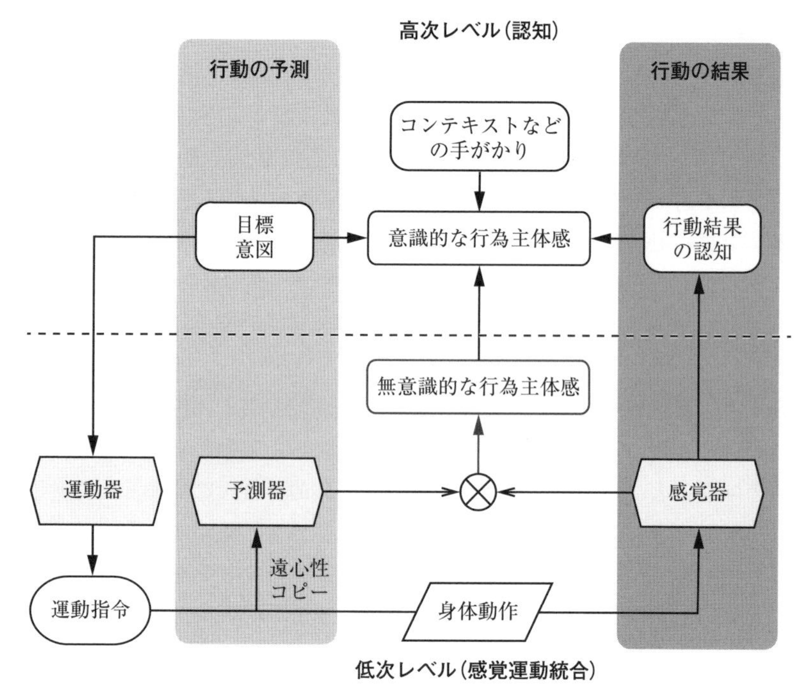

図 5.13　高次／低次レベルでの自己主体感の生起過程

したものである．どちらのレベルにおいても事前に行う行動の予測と実際の行動の結果との因果関係が自己主体感の生起に大きくかかわることは共通しているが，手がかりとする情報等が異なる．低次レベルのプロセスは，脳の内部モデルにおける運動予測と知覚した結果の比較モデルをもとに議論されており，運動学習との密接な関係が示唆されている．ここで，人間の脳における**内部モデル**（internal model）とは，過去の経験にもとづいて自身の運動制御の結果を定量的に予測する神経機構を指し，これによって運動制御の最適化を行っているといわれている．この内部モデルによって無意識的に行われる，運動指令のコピー（**遠心性コピー**（efference copy））を利用した予測器による運動結果の予測と感覚器によって知覚された実際の運動結果の比較が自己主体感の獲得に深くかかわっているといわれている[44]．対して，高次レベルのプロセスでは，意図や期待といった意識的な結果の予測と認識された実際に起こったことの整合性の認知によって行為の主体性の判断が行われるとみられており，低次レベルでの比較結果に加え，事前知識や社会性などさまざまなコンテキストが手がかりとなり，判断に影響することが示唆されている[40]．

一方，自己主体感の生起には自身の行動と知覚した結果との時空間的整合性が重要であることが知られているため，機械が人間の動作に介入する状況下で自己主体感を維持することは難しい課題である．例えば，ユーザがマウスカーソルを操作する際に，システムが作業の効率化の支援のためにカーソルの速度を変更すると，ユーザの自己主体感を損ねることなどが報告されている[45]．つまり，機械による行動への介入量と，感じられる自己主体感の度合いはトレードオフの関係にあるといえる．したがって，人間拡張技術を設計するうえでは，このトレードオフを認識し，ユーザの能力や身体動作が拡張しながらも，ユーザが自己主体感を感じられる状態をどのように実現するかが重要な課題である．

実際，人間拡張にかかわる先行研究では，自己主体感を維持したユーザの動きに対する介入のテクニックについてさまざまな提案がなされている．前述したとおり，行動と結果の時空間的整合性は自己主体感を感じるうえで非常に重要なファクタであるが，ある程度の許容できる整合性の範囲があることが多くの研究によって報告されている[46–48]．また，この範囲は事前に決まっているものではなく，ユーザの学習や適応によって動的に変動することがわかっている[48]．加えて，高次レベルの認知においては，行動の意図や目的に則した介入は気づかれにくいことが報告されており，成功体験による認知的なバイアスが関係することが示唆されている[49)].

さらに，自己主体感を得ることが運動制御の改善を助けることがわかっている．例えば，LEDの点灯に反応してボタンを押すタスクにおいて，筋電気刺激（electrical muscle stimulation; EMS）による先行的な筋駆動を用いたトレーニングによる参加者の反応時間への影響を調査した研究では，参加者が自己主体感を感じられる範囲で筋駆動した場合では反応時間の上昇がみられたが，筋駆動が速すぎる場合に反応時間の向上は確認されなかったと報告している[50)]．また，手の動きを目で追跡する課題を用いた研究では，参加者が報告した認知的な自己主体感に相関して，手の運動に対する眼球運動の開始時間の遅れが改善されたことが報告されている[51)].

このように，自身の身体動作に対して自己主体感を得ることには，体験の質を高めるためでなく，持続的な意欲の創出や学習効率の向上などさまざまなメリットがある．そのため，身体動作がともなうスポーツにおいて外部から介入を加えるうえでは，自己主体感の生起過程や特性を理解し，適切な介入手法を設計することが重要である．

(2) 自己効力感

しかし，習得が難しいスキルに対してモチベーションを獲得するには，上記の自己主体感だけでは十分ではない．特に競技スポーツの場合，スキルを向上させるためのトレーニングは必要不可欠であるが，すべてのスキルが簡単に習得できるわけではなく，ときにはいままでに一度も成功したことがないスキルの習得のために長期間にわたる地道なトレーニングを続けなくてはならない．このようなスキルの習得においてなかなか成功の糸口を見出せなかった場合，行為主体感があったとしてもトレーニングに対してモチベーションを高く維持することは難しく，ときには挫折してしまうこともあるだろう．

自己効力感とは「自身が目標を達成するための能力をもっており，タスクにうまく取り組むことができる」という感覚を指す[52–54)]．自己効力感があることは自尊心につながり，パフォーマンスの向上に貢献することが示唆されている[55)]．自己効力感を高めるうえでの重要な要素として成功体験を得ることがあげられる．そのため，擬似的に成功体験を与えることでユーザのパフォーマンスやモチベーションの向上を促す人間拡張研究が複数存在する．例えば，Tagamiらはアスリートが精神状態を整え，パフォーマンスを安定させるために行うルーティンに着目し，短期間でルーティンを構築できるよう支援する手法を提案している[56]．具体的には，擬似的な成功体験を提供可能なゴルフシミュレータを利用した検証の結果，パターの成績を安定させるルーティンをユーザが短時間で体得したと報告している．

このように，自己効力感を感じることは，選手の自信に大きく貢献し，その競技やトレーニングを続ける動機につながる．この点で，人間拡張技術によってタスクの難易度を調整することには，そのタスクを一度も成功したことがない初心者であっても擬似的に成功体験を得ることができるという大きなメリットがある．ただし，タスクが簡単すぎる場合には，やりがいを見出せない退屈なものになってしまったり，十分な学習効果が得られなかったりする可能性もあるため，適切に難易度を調整することが重要となると考えられる．

5.3.2 擬似的な能力拡張体験設計

5.3.1 項で述べたように，人間拡張技術を利用してスポーツにおけるパフォーマンスを支援するうえでは，プレイヤの自己主体感や自己効力感を高く維持する体験設計が必要不可欠である．ここでは，人間–機械協調動作や技能習熟支援に関する研究事例を参照しながら，擬似的な能力拡張体験の設計とそれによって期待される効果について説明する．

(1) 人間–機械協調動作における主体性設計

人間は自身の運動や身体の状態，およびその結果どのように環境が変化するかといった事象を確率的に推定していると考えられている（図 **5.14**）[57]．そのため，環境の変化に対して実際には因果関係が存在しない場合でも，その事象を自身が引き起こしたと誤認しうる．例えば，横断歩道のボタンやエレベータのドアの「閉」ボタンなどが，実際にはシステムと連動していない場合であっても，それによってあたかも自身が制御していると感じ，満足感を得てしまうことがある[58]．このような誤った**自己帰属**（self-attribution）は，人間と機械が協調して運動するようなシステムにおいても同様に働く．そのため，これを逆手にとってシステムをうまく設計できれば，機械が行った行為や支援によって得られた結果をユーザに自分が行ったものだと認識させることを可能にし，ユーザに自身が拡張した感覚を提供することができる．

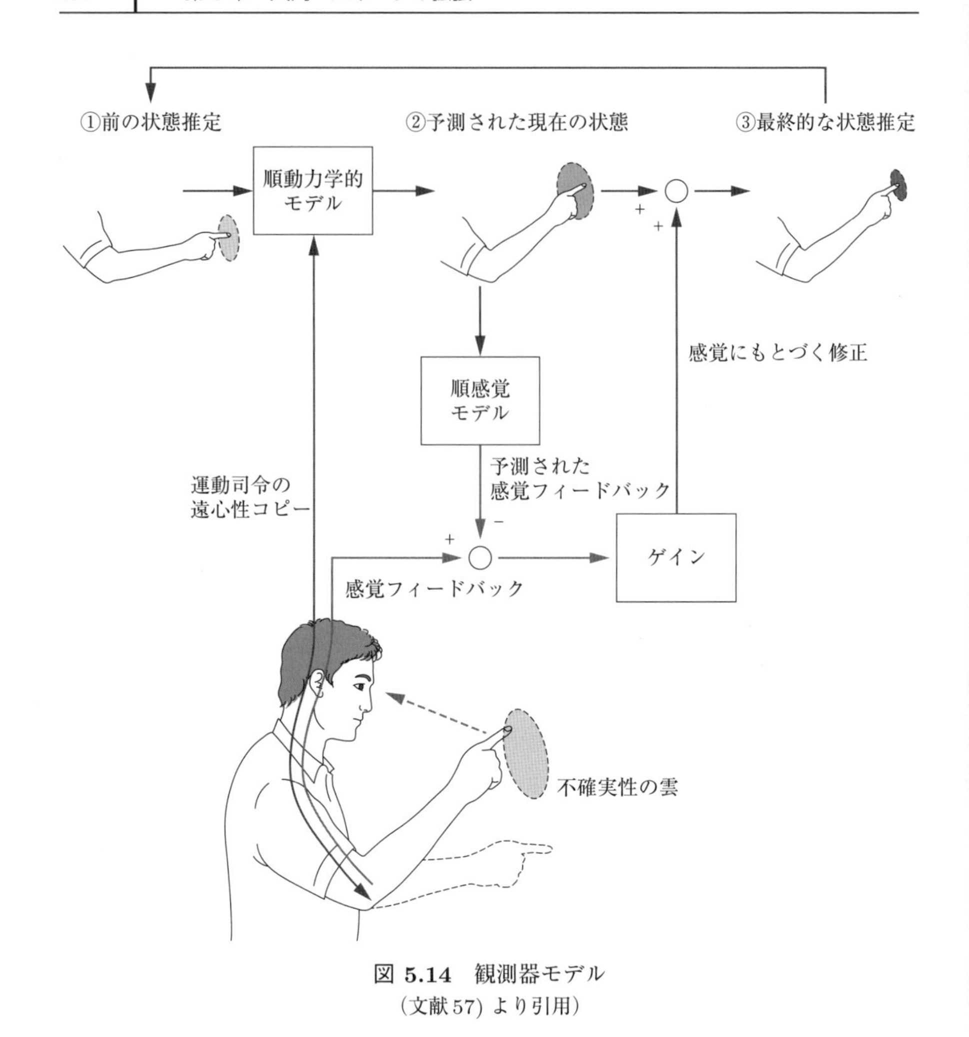

図 5.14 観測器モデル
（文献 57）より引用）

図 5.15 はユーザの予測と実際の結果における信頼性の統計的関係を表現している[59]．(a) の状態では，得られた結果が予測の範囲外となり，介入に気が付き，自己主体感が低下する恐れがある．よって，介入をユーザの予測に合わせて調整し，(b) の状態にすることでユーザの自己主体感を損なうリスクを軽減できる．ただし，これによって介入の範囲が限定されるという欠点があり，その分，精度や正確さといった高い性能がシステムに対して求められる．また，より大きく介

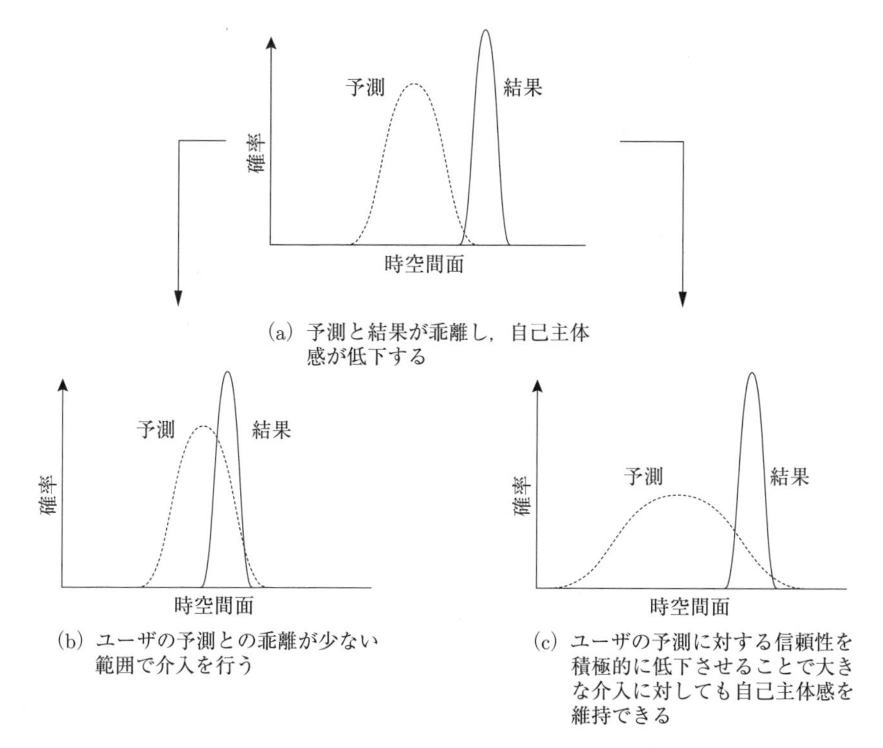

図 5.15 ユーザの予測と実際の結果における信頼性の関係[59)]

入を行いたい場合など，ユーザの予測の信頼性の高さが，ユーザの達成したい結果に対して望ましくない状況が存在する．この場合，予測の精度を低下させることで (c) のような状態にすることで機械との協調動作の結果をユーザが納得できるものにするというアプローチをとることができる可能性がある．しかし，予測に過度の不確実性を発生させるようにシステムを設計すると，人間は機械を予測不可能と見なすようになり，システムの操作性やシステムを使用する動機が失われる恐れがある．したがって，人間–機械協調動作システムにおいて機械による介入を隠し，高い自己主体感をユーザに提供するためには，予測の信頼性を調節することと，予測に則した結果をもたらす介入を設計することのバランスが重要である．

Kasahara らは，筋電気刺激（electrical muscle stimulation; EMS）を用いて人

間の反応時間に対する介入と自己主体感の関係性を実験的に調べている[47]．筋電気刺激は，外部から電気的な刺激を筋肉に与えることで筋収縮を引き起こし，筋力向上やリハビリテーションなどの目的で用いられる技術である．これを用いることで人間の反応時間の限界を超えた速さで強制的にユーザの運動を引き起こすことが可能である．Kasahara らの行った実験では，ボタン押しタスクを対象として，80 ms 程度であれば筋電気刺激により反応時間を高速化されても自己主体感が維持されると報告されている．しかし，それを超えて先に筋電気刺激で身体を動かしてしまうと，ユーザはその運動をシステムによって動かされていると感じてしまい自己主体感がなくなってしまうと報告している．このように，人間は自身が身体を動かそうと思ってから実際に動き出すまでにかかる時間をある程度あいまいさをもって予測しており，その予測に対して適切な刺激を与えることで，自己主体感を維持した介入が実現されることがわかる．

図 5.16 は，より高次の運動に対して上記と同様の考え方にもとづいて介入を試みた事例である．このシステムでは，把持型のロボットハンドを用いてユーザの投擲動作におけるリリースタイミングに対して介入することで投げ出される物体の軌道を制御する[60]．本システムを用いて，ユーザに目標物に対してボールを投擲してもらう実験を行った．ただし，ロボットハンドには何ら機能をもたないダミーのボタンを用意してあり，それにもかかわらず，このボタンを押すことでボールを投擲してもらうようにユーザに伝えた．すると，システム側でリリースタイミングを調節することでボールの到達地点を制御したとしても，それに気づくことなく自己主体感を維持したまま投擲体験が実現されることがわかった．これは，ボタンを押してからボールのリリースされる約 100 ms 前後の時間の微小な違いに関してユーザが知覚することが難しいことに起因している

一方で，わずかなリリースタイミングの違いであっても投擲されるボールの軌道は大きく変化するため，システム側からユーザに気づかれずに調整することが可能である．このような介入がうまく設計できると，介入自体をユーザに気づかせないことで自己主体感を高く維持しつつも，運動能力やパフォーマンスを向上させることが可能となる．

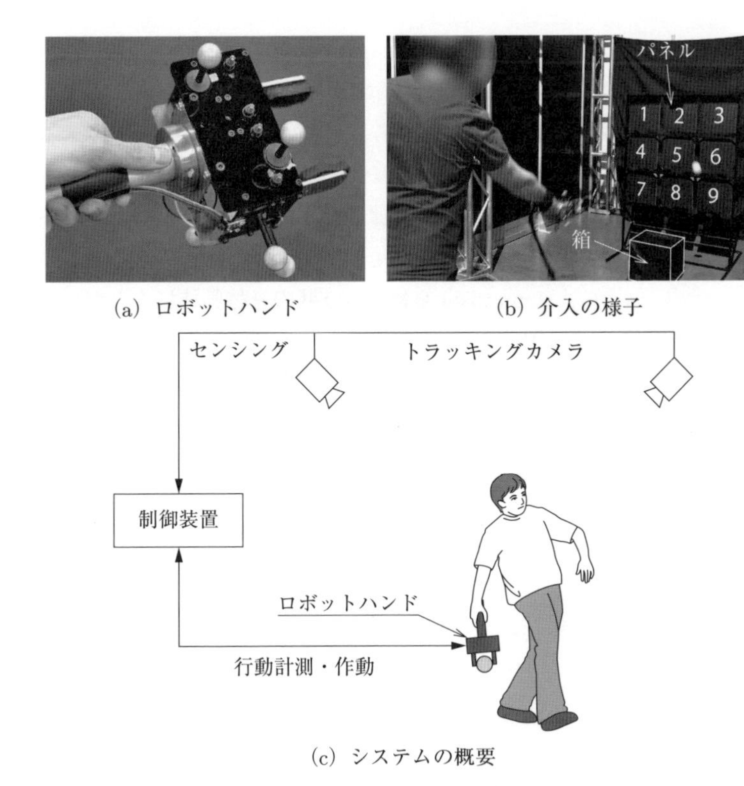

図 5.16 トラッキングカメラとロボットハンドにより「目標物に命中した体験」を生成するシステム[60)]

(2) 拡張体験による技能習熟支援

これまで説明してきた人間拡張の分野では，マルチモーダルな感覚情報提示※2を利用してユーザに効率的な技能習熟を促す研究が盛んに行われている．特に，ユーザの行動計測とヘッドマウントディスプレイ（HMD）等を用いた映像提示による没入的な体験システムに代表されるVR技術を用いると，ユーザが体験する時間・空間の編集や，物理空間では難しい情報の可視化が可能なため，さまざまな実装例に活用されている．

※2 複数の感覚モダリティ（視覚・聴覚・体性感覚など）に対する刺激を組み合わせた感覚情報提示手法.

(3) 時空間歪曲による難易度調整

さまざまなスポーツにおいて，VR 環境での時間・空間を編集することによって技能習熟を支援する研究が行われている．VR 技術を用いることで，特定の機器や環境が必要なためにトレーニングの機会を得るのが難しい競技のトレーニングが容易に可能になったり[61]，熟達者の動きを見るだけでは模倣が難しい複雑なタスクをユーザのレベルに合わせて難易度を調整し，習得しやすくすることが可能となる[62, 63]．例えば，Hamanishi らは，ユーザの身体動作にもとづいてテニスボールの速度を制御する VR テニスシステムを開発している[64]．また，Wu らは卓球のスピンショットに注目し，VR による時間的編集と触覚提示が可能なラケット型デバイスを利用したトレーニングシステムを提案し，通常のトレーニングに比べて学習効果やスキルに対する理解度が向上したと報告している[65]．さらに，Adolf らは重力加速度の変更可能な VR ボールジャグリングシステムを開発し，重力加速度の減少によってトレーニングに対するモチベーション向上の効果があることを示唆している[66]．

Kawasaki らは 5 分間程度の VR 環境におけるトレーニングによって，いままで成功したことがない技の習得を支援するけん玉訓練システム「けん玉できた！VR」を開発している[67]．図 **5.17**（243 ページ）のようにユーザは HMD をかぶり，VR 空間でけん玉の「けん」に対応するコントローラを手にもち，VR 空間のみに存在する玉を使って訓練をする．環境の調整として，VR 空間で時間の進み方を遅くし，ゆっくりと玉が動く空間でけん玉を練習できるようにしている．その状態からユーザの上達に合わせて玉の動きを段階的に通常の速度に近づけることによって，つまずきの少ないスムーズな上達を促している．この設計は，必要な身体動作をスローモーションで習得した後に徐々に動作を速くするというトレーニング方法を可能にするだけでなく，技の難易度を適切に調整することで成功したことのないスキルに対して成功体験を与え，ユーザに高い自己効力感やモチベーションを維持したままトレーニングを続けさせる効果があると期待できる．実際に，ワークショップ型のユーザスタディを通じて本システムの体験者 1128 人のうち，1087 人（96.4%）がいままで成功したことがないけん玉の技を習得したと報告している．また，環境調整機能のある VR けん玉トレーニングと，環境調整機能のない VR けん玉訓練を比較した実験では，前者のほうが習熟度向上の効果が高い可能性が示唆されたことを報告している[68]．

このように，VR 技術を用いた難易度が調整可能なトレーニング支援システムによって，ユーザの技能獲得のハードルを下げるだけでなく，成功体験を得ながらトレーニングできることで自信や楽しさにつながり，高いモチベーションを維持した効果的なトレーニングが実現できる可能性がある．

(4) 力触覚提示による体験拡張

身体動作がともなう体験において，**力触覚フィードバック**（haptic feedback）は非常に重要な要素である．実際，VR 体験を目的とした HMD や家庭用ゲーム機などのコントローラには当たり前のように力触覚提示用の振動モジュールが搭載されており，没入感の高い体験を促すうえで有用であることが知られている．また，スポーツでのスキル獲得において力触覚提示は非常に重要な役割を担っている．例えば，ラケットを使用するスポーツでは，ボールがラケットに当たったかどうかだけでなく，どのような角度や位置，強さで当たったかや，ボールにどのような回転がかかったか，さらにはそれによって打球がどのような軌道を描くかを感じるうえで，力触覚提示が大きな手がかりとなる．そのため，VR 技術を利用したスキル習熟支援を目指す人間拡張研究では，物理世界で実際にタスクを行う際に感じるであろう力触覚を VR 環境で再現する取組みが多く行われている．例えば，卓球を対象とした研究では，スピンの種類によって異なる打球時のラケットから感じる力触覚提示をラケットに装着された振動スピーカによって再現する試みがなされている[65)]．また，Shimizu らは，慣性力を高速に変化させることで，振動による力触覚提示よりも強く打球時の衝撃を再現できるデバイスを提案している[69)]．さらに，質量特性や空気抵抗を制御可能な単一の把持デバイスを用いて，さまざまな形状のツールから受ける力触覚を再現する取組みも盛んに行われている[70–72)]．

一方，力触覚提示の設計で重要な視点として，力触覚を提示しているときに目的とする知覚体験を高い精度で再現できることだけでなく，力触覚を提示していないときには何にも触れていない感覚を再現できることがあげられる．力触覚提示においてこのような性質は**透明性**（transparency）と呼ばれ，装置の性能を評価する指標として広く用いられている[73–75)]．例えば，ウェアラブルデバイスであればデバイスを軽量化し，ユーザが感じる重さや慣性モーメントを最小限にするなどが透明性を高めるうえで重要となる，また，アクチュエータを利用し，ユーザの身体動作に介入する場合は，使用するアクチュエータのバックドライバビリティ（backdrivability，逆駆動性）を高くし，力触覚提示時以外はユーザの自発的な動作をできるだけ阻害しない設計が重要となる．

なかでも，透明性が非常に高い例の1つとして，**遭遇型**（encountered-type）の力触覚提示がある．遭遇型のデバイスとは，把持型や装着型のデバイスとは異なり，力触覚を提示するシステムとユーザの身体が物理的に分離されており，力触覚提示時にユーザの身体とエンドエフェクタとの間で初めて接触が生じるような設計となっているものである．これは，ラケットを使用しない球技など，選手が対象物に直接触れる競技における力触覚提示等において有効な提示手法である．

原口らは，VR環境と遭遇型の力触覚提示装置を利用することで，視覚と力触覚とが対応した状態で時間軸を操作可能なジャグリングのスロー・キャッチの動作学習を支援するシステムを開発している[76]．具体的には，図**5.18**（244ページ）のように，パラレルワイヤ機構によるパイプの位置制御と，シングルワイヤを利用したボールの射出・吸着機構を組み合わせることで，1つの力触覚提示装置で複数のVR空間上でのボールの触覚を再現している．また，表面が導電性のボールを用いた接触判定によって，ボール把持中はモータは糸がたるまない最低トルクを出力し，可能な限りボール自身の質量のみによる力触覚提示を実現している．ボールがユーザの手から離れると，ボールはモータにより瞬時に巻き取られ，エンドエフェクタに吸着される．これによって，ボールを力触覚的にキャッチ・保持・スローする感覚を実現しつつ，ボールが空中にあるときはスローモーションなどの時間軸の操作が可能となり，ユーザがボールの扱い方や必要な身体動作を容易に習得可能になることが期待できる．

一方で，遭遇型の力触覚提示装置はその設計上，装置自体が大規模になりやすく，また，対象物との接触がともなわない（あるいは対象物と常に接触している）力触覚の再現には不向きであるという側面がある．使用環境や実現したい力触覚体験に合わせて最適な提示方法を選定することが重要である．

(5) 機械学習を用いた運動情報の可視化

スポーツにおいて他者の動作の結果を正確に予測することは，パフォーマンスに直結する非常に重要な行為である．例えば，多くの球技ではボールの到達位置や軌道をボールの運動そのものから予測するだけでなく，相手プレイヤの動作から事前に予測することが求められる場面が多く存在する[77–79]．そのため，人間拡張に関する研究では，高速なセンシング技術や機械学習を利用してプレイヤの動作からボールの到達位置や軌道を予測し，その結果をプレイヤに提示することで，プレイヤの予測能力を支援するシステムの開発が数多く行われてきた．例えば，卓球やテニス，バレーボールなどのサーブやレシーブといった動作が含まれている球技においては，上記のようなボールの到達位置や軌道を直接推定することがプレイヤへの予測支援となりうるため，さまざまな予測モデルが開発されてきた[80, 81]．さらに，卓球においてリアルタイムにサーブの落下地点を予測することによってトレーニングの支援を行うことができるシステムが開発されている[65]．また，機械学習を利用した予測結果を表示する可視化技術の検討も行われている[82]．しかし，ボールの到達位置や軌道といった予測の結果のみを可視化するアプローチをトレーニングに活用する場合，別途，ユーザ自らが提示された予測結果とその予測のもととなった予備動作の特徴を対応付けて学習を行う必要がある．

本多らは，サッカーのペナルティキック（PK）におけるキック方向の判別を対象に，機械学習を用いた予測結果だけでなく，予測のもととなった予備動作の特徴をユーザに教示することが予測能力のトレーニングに有効であるのかを調査した[83]．PK ではキックされたボールがゴールに到達するまでの時間は一般的に500 ms 程度で[79]，この時間は人間のゴールキーパーがキックの方向を知覚・判断し，動作を行うのに十分ではないといわれている．したがって，ゴールキーパーはキッカーの予備動作からキック方向を予測し，セービングに向けた動作を開始する必要がある．本研究では，まず，撮影した映像から得たキッカーの関節座標から機械学習を用いてキック方向を予測し，抽出したキック方向の判断根拠を提示するシステムを開発している（図 **5.19**，245 ページ）．具体的には，撮影した映像から取得したキッカーの関節座標の時系列データをニューラルネットワークに入力し，キック方向の予測に用いた．さらに，関節座標の時系列データの予測への寄与度の大きさの変化を表す赤い円を関節座標上にプロットして可視化した．赤い円の半径は寄与度の大きさを表しており，円が大きいほどその時間の関節座標の寄与度が大きいことを示す．次に，キッカーの予備動作の映像から左右のキック方向を予測する本実験によって抽出した判断根拠を，参加者が自身の判断根拠として使用することを妥当であると感じるかや，教示によって戦略の変更や予測精度に変化が生じるかを調査している．具体的には，時間的に変化する関節座標の寄与度を可視化する条件，それに加えて抽出した判断根拠をもとにしたテキストによる教示を行う条件，判断根拠の可視化や教示を行わずにキックの予備動作のみを観察する条件を用意し，戦略の変更や予測精度への影響を比較した．実験の結果，ニューラルネットワークを利用して抽出した時間的・空間的な判断根拠を多くの参加者が妥当だと感じ，教示された情報にもとづく戦略の変更を行う傾向にあったことが確認された．加えて，テキストによる教示を行った条件では，判断に対する確信度が向上し，学習前後で予測精度が有意に増加する結果が得られた．

このように，スポーツにおける人間拡張では，ユーザの身体能力を拡張するだけでなく，知覚・認知能力をアシストすることで，通常は体験しえない新たな知覚体験を創出することも重要な要素である．

5.3.3　拡張されたインタラクション・体験

前項で取り上げた個人の身体能力の拡張に加え，さまざまなアプローチで新たなスポーツや運動体験を設計する試みがなされている．本項では具体的な事例を含め，それらのアプローチを紹介する．

(1) スポーツ器具の拡張

多くのスポーツでは，それぞれのスポーツに応じた特殊な器具，例えば，専用のボールやラケット，プロテクタなどが用いられる．これらの器具に対してセンサやアクチュエータを組み込んで能動的な機能や知能をもたせることで，競技内容やプレイヤに対してシステムが積極的に介入していくことが可能となる．例えば，ボールの中に小型のドローン[84)]や空気を噴射する機構[85)]を組み込むことでボールの軌道そのものを外から制御してしまおうというアイデアが提案されている．また，ボール自体にセンサを組み込むことで試合状況を自動的に把握したり，競技自体に新しいゲーム要素を付与するようなアプローチも提案されている[86)]．これらの介入によってプレイヤのスキルに応じた競技の難易度やゲームバランスの調整，従来の器具のみでは難しかった遊び方や競技性の創造が期待されている．

(2) 感覚・知覚の拡張

プレイヤはスポーツを行う際，刻一刻と変化する相手やボールの動き，あるいは味方の位置のように，全身の感覚器官を用いてさまざまな情報を外部から取り込み，それらの情報にもとづいて最適な行動をとることを試みる．この際，プレイヤが得る感覚を強化することによって行動の支援や新たなスポーツ体験を設計することが可能となる．例えば，スポーツを行う競技台やコートに対してプロジェ

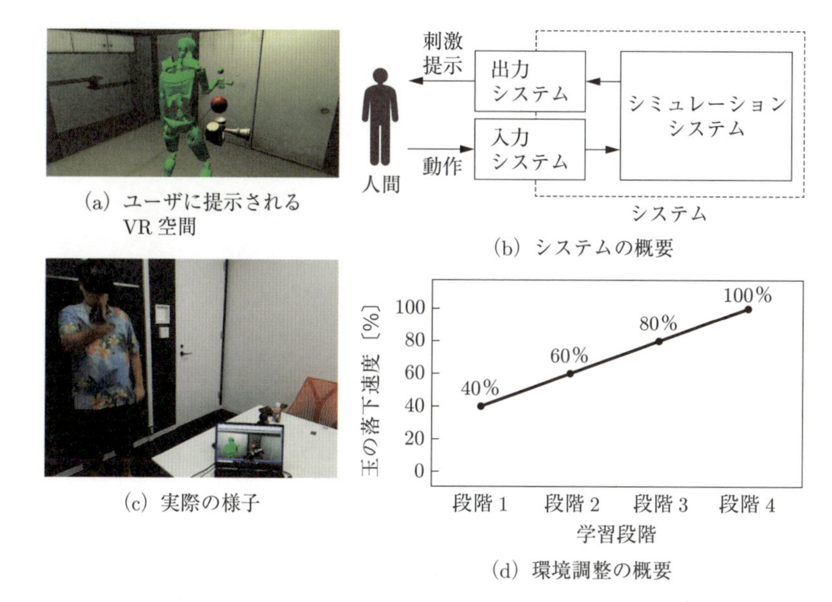

(a) ユーザに提示される VR 空間
(b) システムの概要
(c) 実際の様子
(d) 環境調整の概要

図 5.17 VR 環境での時空間歪曲によってけん玉の技の習得を支援する訓練システム[67]

クタで視覚情報を付与するアプローチが提案されている[87, 88]．これにより没入感や視覚的な面白さを増強したり，初心者の補助となる情報を付加することで運動を助けたりといったことが可能となる．一方で，視覚情報の増強はプレイヤの注意を奪ってしまう恐れもある．そこで，聴覚情報を増強するようなアプローチによってバーチャルな情報と物理的なスポーツを融合しようとする試みも提案されている．例えば，Baudisch らは聴覚フィードバックと開発した専用のゲームエンジンを用いることでボールを用いない球技という新たな拡張現実スポーツを実現している[89]．

(3) 運動能力の拡張

外部から運動を支援するにあたり，いかにしてスポーツを行うプレイヤの自己主体感を維持するかは重要な課題である．前述のとおり，あからさまな支援は自己主体感を得ることを難しくし，結果としてゲームに取り組むモチベーションやそこで得られる達成感を阻害してしまう．これではスポーツを行う楽しみが失われてしまい，本末転倒である．そこで，プレイヤに気づかれないような範囲で支

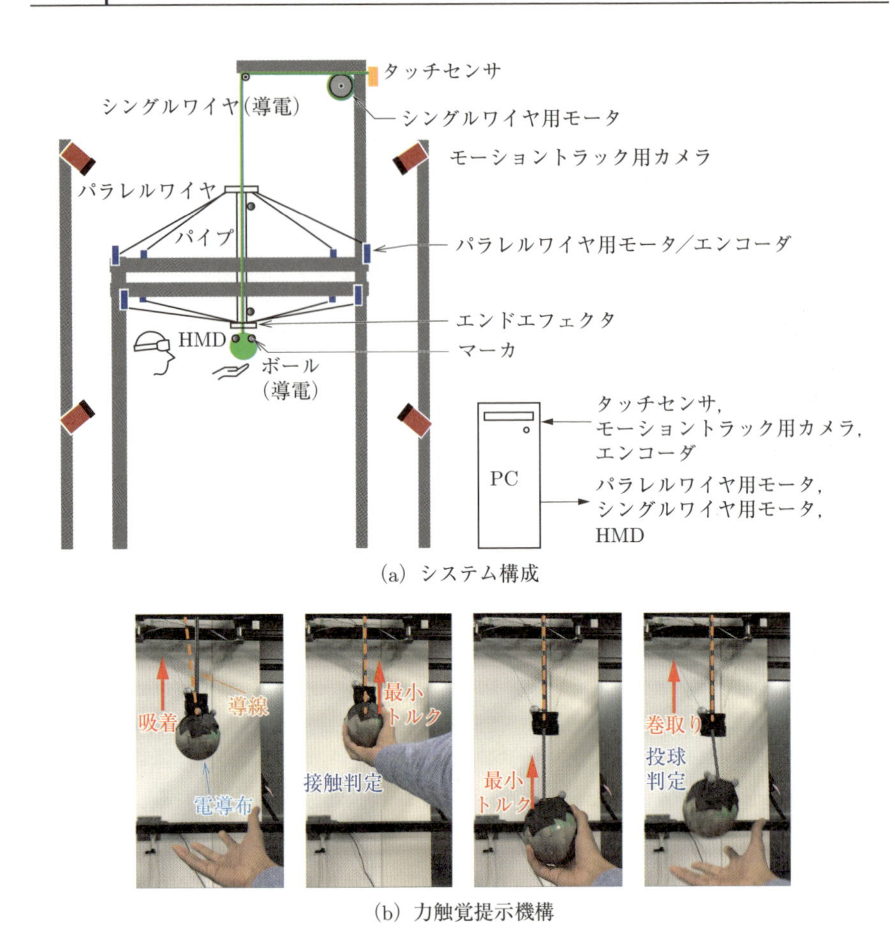

(a)　システム構成

(b)　力触覚提示機構

図 5.18　VR 環境でのボールの落下速度に合わせた力触覚提示が可能なジャグリング訓練システム[76]

援や拡張を行うことが1つの選択肢となる．

Maekawa らは，スポーツ・運動の基本となるプレイヤの発揮する力をどのように支援できるかを調査するため，図 **5.20** に示すシステムを開発した[90]．綱引きとしたのは，全身を使ったダイナミックな運動を要すること，牽引運動のみを競うため，運動介入システムがきわめてシンプルな構成となることなどの理由からである．本システムはロープに組み込まれた複数の力センサと，プレイヤを後方から支援するアシストマシンによって構成されている．アシストマシンはおおよ

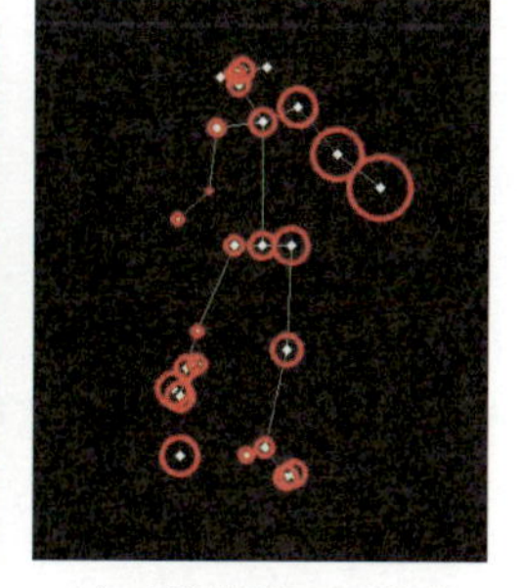

(a) 録画映像　(b) 関節座標　(c) 判断根拠の可視化

図 5.19 ニューラルネットワークが PK のキック方向の予測に使用している判断根拠を可視化するシステム[83]

図 5.20 綱引きを行うプレイヤに気づかれないような力支援を行うシステム[90]

そ大人 0.5 人分程度の力を単独で加えることが可能である.

また，力センサによってロープの張力が計測され，それをもとに推定されたプレイヤの運動状態に応じて，動的に支援量を変化させる支援手法を設計した．この支援手法では，プレイヤの発揮する力が小さなときは支援量の変化を小さくし，プレイヤの発揮する力が大きくなったときには支援量の変化を大きくする．実際にこの方法で支援を行うことでユーザは背後からの支援に気づくことなく，綱引きを行うことができることが確かめられている．

このような支援手法を用いることによって体格差や能力に差をもった人どうしであっても，それぞれが本気で試合や競技に取り組み，勝負することが可能になるかもしれない．

(4) 時空間を超えた身体の拡張

上記は，物理的に同じフィールドを共有した競技に対して運動介入を行う事例であった．さらに，ロボット技術や遠隔操作技術を用いることによって，遠く離れて別々の場所にいる人々が互いにスポーツ体験を共有したり，競ったりすることが可能となるかもしれない．Maekawa らは，ロボットを遠隔操作することによって実現される遠隔地の相手と対戦するスポーツ体験を可能とするシステムを開発した（図 **5.21**）[91]．このシステムでは，エアホッケーを題材として，遠隔地のプレイヤは映像フィードバックをもとに，インタフェースを通して運動入力を行う．

一方，遠隔地の相手と競技を行う場合，最も問題となるのが通信遅延である．特に高速な反応や応答が求められるスポーツにおいて，遅延は安定したパフォーマンスを損なう致命的な原因となる．ロボットを自動化してしまえば遅延自体に対処することは可能である一方で，完全に自動化してしまうとプレイヤが自己主体感を感じることはできずスポーツとして成立しなくなってしまう．そこでシステムが試合状況を認識し，必要なときに最小限の支援を行うことでプレイヤのパフォーマンスを改善する手法を設計した．

この支援手法によって，通信遅延の面で不利な遠隔地のプレイヤでも，自己主

(a) 専用のロボットを取り付けたエアホッケーテーブル

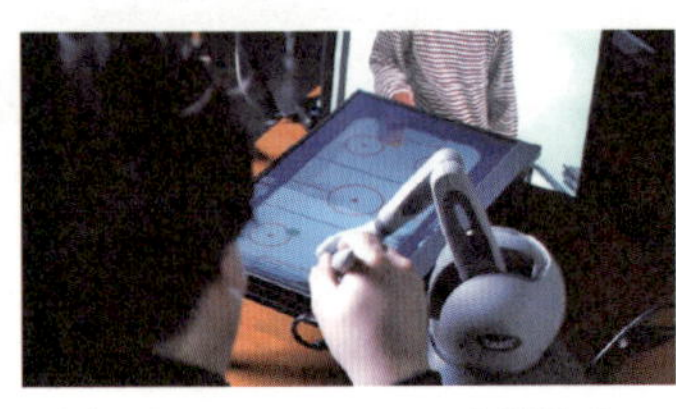

(b) 遠隔地のロボットを操作するインタフェース

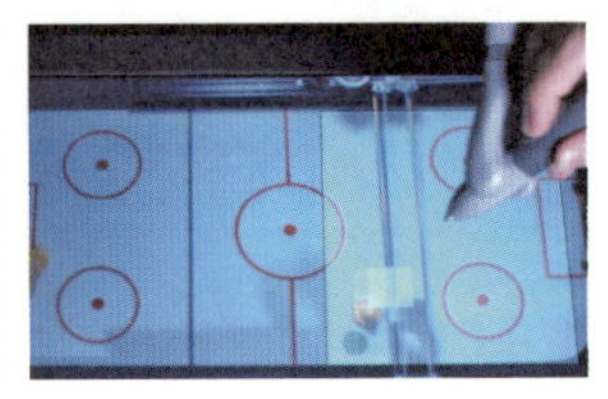

(c) 遠隔地のプレイヤへの映像フィードバック

図 **5.21**　遠隔地にいるプレイヤどうしで対戦可能なエアホッケーシステム[91]

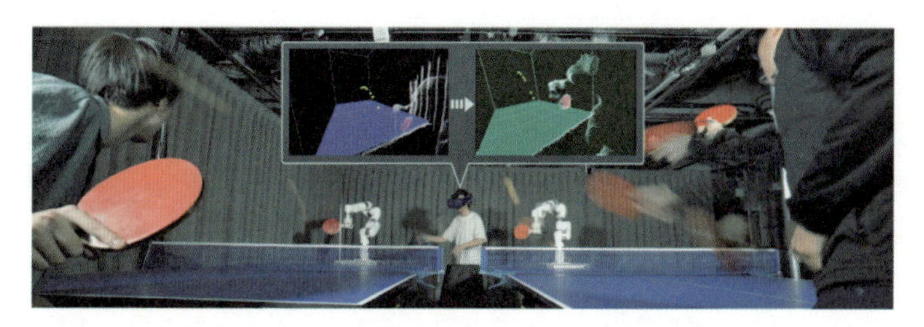

図 **5.22** 1人のプレイヤが2つのロボットを通してスポーツを行う
（文献92）より引用）

体感を保ちながら相手と同等程度のパフォーマンスを発揮することができる．さらに，図 **5.22** は，卓球を題材に，1人のプレイヤが2つのロボットを操作することによって，同時に2人の相手と対戦可能なシステムである．この事例でも1人の人間では対応できない部分はロボットが自動的に対応することでプレイヤを補助し，2つの身体を用いたスポーツを実現している．このような考え方を応用することで，既存の身体にとらわれない新しいスポーツ体験が生まれる可能性がある．

5.4 超人スポーツ

5.4.1 超人スポーツとは

(1) 超人スポーツ誕生のきっかけ

例えば，目の前に20代男性と80代女性がいると想定する．そして，2人はともに50m走のスタートラインに立っている状況である．審判がスタートの合図を出したとき……，おそらくほとんどの人はある程度結果について予想をつけているだろう．一方，同じ2人がそれぞれ自動車に乗っていたとすると，予想はまったく変わってくるのではないだろうか．

2013年9月，後に超人スポーツ協会の共同代表となる稲見，中村らは，テクノロジーとポップカルチャーとボディをかけ合わせることで，世界各国を代表するスポーツ選手らのような超人（superhuman）になりたいと考えた[93]．いまから努力したとしても，世界各国を代表するスポーツ選手と同じステージに立つのは困難である．しかし，先端技術と一体化し，アニメや漫画に出てくるような超人になるというのはどうだろうか，というアイデアが生まれた．これは，外部技術をまるで身体のように自在に操り，超人になるというアイデアであり，また，外部技術を使いこなし，かつてあった人間の能力を超える可能性を提案すると同時に，外部技術で身体を拡張することで，人々の間に存在した能力差を相対的に小さくしようとする提案である．

人々が外部技術を身体として自在に操り，超人となる．こうした超人どうしの競い合いは，個人の運動能力などの差を超えうる．人馬一体ならぬ，人機一体の新たなスポーツ，それが，**超人スポーツ**（superhuman sports）という構想である．

(2) 超人スポーツの変遷

超人スポーツの活動は2014年10月10日より進み始める．研究者，元オリンピアン，ゲームクリエイタやアーティスト，起業家や政策プロデューサなど，50名を超える多様な人々が集まり，ともに，いつでも，どこでも，誰もが楽しむことができる新たなスポーツを創造するためのチャレンジとして，「超人スポーツ委員会」が始まった[94]．

そして2015年6月1日，組織体制の構築を目的に，超人スポーツ委員会は「超人スポーツ協会」となり，構想を実現するための活動が始まった[95]．100人を超える人々の共創により，新たなスポーツをつくり出す「超人スポーツハッカソン」，また，超人スポーツハッカソンで生まれた競技や既存団体らが制作したスポーツ競技を有識者等によって審査し，超人であるかを評価する「超人スポーツ認定審査制度」，さらには，認定された競技の発展／普及を推進する「超人スポーツEXPO」，競技の中でも高いパフォーマンスを発揮するプレイヤが集い，技術を競い合う「超人スポーツGAMES」などを開催し，以下にあげる3原則を定めるなどして，超人スポーツのフレームをつくり上げた（図**5.23**）[96]．

- 技術とともに進化し続けるスポーツ
- すべての参加者が楽しめるスポーツ
- すべての観戦者が楽しめるスポーツ

続いて2017年7月11日，超人スポーツ協会はさらなる活動の本格化を目的に，一般社団法人 超人スポーツ協会としてその活動を本格化させる．この段階では，すでに超人スポーツの競技数は30競技を超え[97]，活動の幅も首都圏中心から地方都市，海外へと拡張した．岩手県と共同で行われた「岩手発・超人スポーツプ

(a) 超人スポーツハッカソン

(b) 超人スポーツ EXPO

(c) 超人スポーツ GAMES

図 5.23 超人スポーツ協会活動事例
(© 超人スポーツプロジェクト)

ロジェクト」や，台湾大学，オランダデルフト工科大学で行われた “Superhuman Sports Design Challenge” では，各地域文化に根ざした競技や既存競技とは異なる技術体系で構成されたスポーツが生まれた．

一方，2019 年に入ると，新型コロナウイルス感染症の流行の影響下で，同協会の組織体制は大きく変容する．すなわち，感染対策として人々が急速にデジタル技術を日常生活に取り入れて場の拘束から自由になっていく中で，複数の超人スポーツ競技もまた，これまでの場に拘束されるスポーツからの脱却を進めた．

こうした下部競技団体の動きを受け，同協会も，その活動の多くをデジタルとフィジカル（身体）を組み合わせる方法で行うようになる．同時に，これまで以上の敏捷性と柔軟性を求めるようになり，一般社団法人超人スポーツ協会は解散し，超人スポーツプロジェクトという社会実装特化部門と，超人スポーツアカデミーという学術領域特化部門が互いに連携をすることで，より多様な挑戦を行える姿勢を築いている．

(3) 超人スポーツの具体例

上記のとおり，超人スポーツは，人間の能力を超えることや，人間どうしの違いを超えることを主たる目的として掲げてきた取組みである．そのため，超人スポーツとして認定される競技にもまた，こうした分類の影響がある．また，サイバー空間を活用し，1 つの会場に集まることを必要としない競技もある．

一般に，人間の能力を超えることを主眼とされる超人スポーツを，エクストリーム系（extreme sports）と呼ぶ．例えば，拡張現実（augmented reality; AR）技術を用いて手から光球を出し，ドッヂボール型の競技を行う，（株）meleap によって開発・運営が行われている HADO[98]，衝撃吸収帯を上肢にまとい，脚部運動能力を拡張するスティルト（stilts，竹馬）により巨大になった人間どうしが相撲のよ

(a) HADO
(ⓒ株式会社 meleap)

(b) BUBBLE JUMPER
(ⓒAXEREAL 株式会社)

図 **5.24**　エクストリーム系の超人スポーツの例

(a) SLIDERIFT
(ⓒAXEREAL 株式会社)

(b) CYBER WHEEL
(ⓒ1-10, Inc.)

図 **5.25**　ユニバーサル系の超人スポーツの例

うなぶつかり合いを行う，TeamBJ らが開発・運営を行う BUBBLE JUMPER[99] などがある（図 **5.24**）.

対して，人間どうしの違いを超えることに主眼を置いた超人スポーツを，ユニバーサル系（universal sports）と呼ぶ．例えば，車いす型全方向移動体を用いてドリフトという新たな運動能力を付与してレースを行う，スライドリフト開発チームや AXEREAL（株）によって開発・運営が行われている SlideRift[100] や，ヘッドマウントディスプレイを用いてサイバー空間上にあるレース用車いすに搭乗し近未来の東京を滑走する，（株）1–10 によって開発・運営が行われている CYBER WHEEL などがある（図 **5.25**）.

さらに近年，新たに生まれてきた競技が，オンライン空間上での競技を前提として行う競技である．こうした競技は，地理的制約を超えたスポーツ参加が可能

(a) KINIX(WORLD GAMES)

(b) Spirit Overflow

図 5.26 フィジタル系の超人スポーツの例
(© KINIX 株式会社)

であり，例えば，日本とドイツ，南アフリカとベトナムなど，世界中どこからでも共通のサイバー空間でスポーツができることが特長である．本来，フィジカル（physical）である運動がサイバー空間（digital）で競技されることから，こうしたスポーツをフィジタル系（phygital sports）と呼ぶ．

フィジタル系の大きな特長として，アバター（avatar）の利用があげられる．すなわち，各プレイヤが自分の望む姿で競技を行うことで，フィジカル（物理的な）空間において社会参加を制約していた自身の身体的特徴にとらわれることなく，競技コミュニティに参加できるようになる．こうしたスポーツの例には，オンラインサイクリング型陣取りゲームの Spirit Overflow や，KINIX をあげることができる（図 **5.26**）．

5.4.2 超人スポーツとロボティクス

超人スポーツに限らず，広く一般に，スポーツは，人間の身体と運動についてさまざまな示唆を与える[101]．まず，スポーツの多くは，いわば非日常的な，あるいは意図的な身体動作を要求する．人間はそれらの身体動作をどの程度意識的，あるいは無意識的に行っているのかが１つである．ここで，無意識の運動，あるいは運動の自動化の例としては，日常的な歩行があげられるだろう[102]．

次に，無意識の身体動作は，どのように成立しているのかである．例えば，歩行は地面に立った状態で下肢の運動を行うことによってはじめて成立する．水中や宇宙であれば歩けず，頭部のみによって歩くこともできない．すなわち，人間は身体と環境とのインタラクションによって，歩行という能力を発揮していると

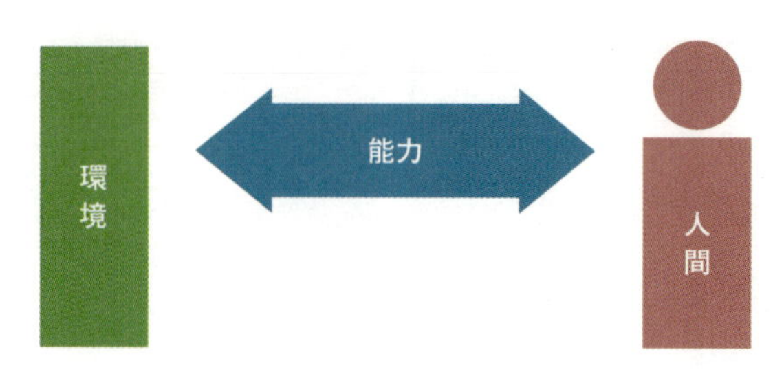

図 **5.27**　身体と環境と能力の関係

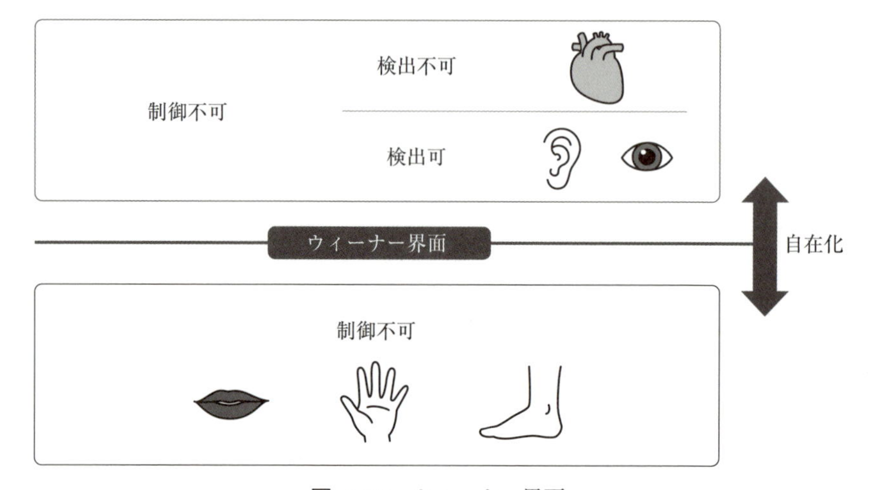

図 **5.28**　ウィーナー界面

考えられる（図 **5.27**）．

つまり，人間の能力は環境と身体のインタラクションによって生じている（図 5.27）．このような考察にもとづいて，人間を身体，知覚，存在，認知の要素から拡張するのが**人間拡張**（human augmentation）であり[103]，運動の意識化／無意識化を再構築（ウィーナー界面（Wiener boundary）の再編，図 **5.28**）すること，またサイバー／フィジカルの再構築を行う（シャノン界面（Shannon boundary）の再編）することが**自在化技術**（Jizai technology）と呼ばれている（図 **5.29**）[104]．

昨今，こうした技術は研究者のみならず，表現領域やプロダクトデザイン，そしてスポーツの現場へと応用されている（図 **5.30**）[105]．

以上を踏まえ，超人スポーツとロボティクスの関係性を説明する．ユニバーサ

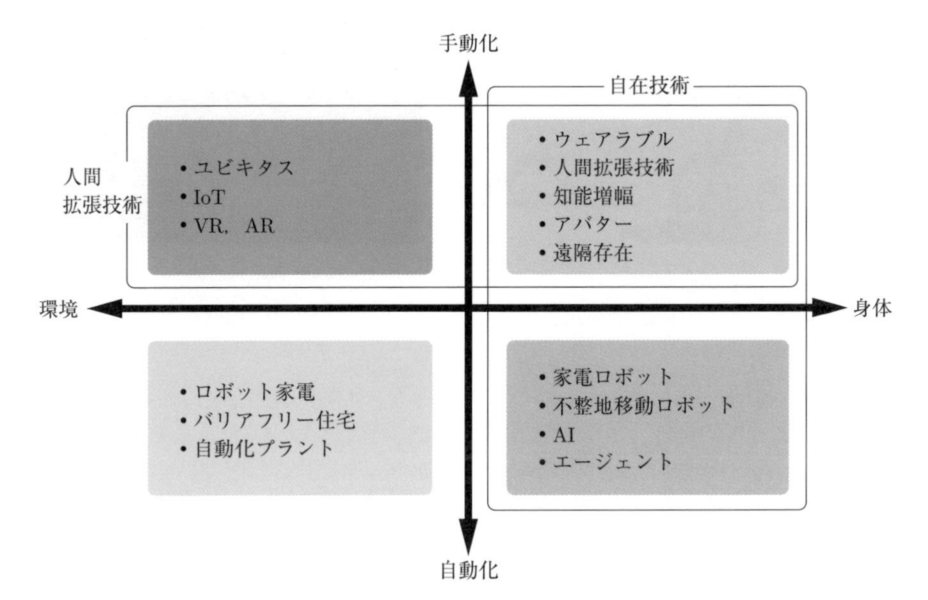

図 **5.29**　人間拡張技術と自在技術の立ち位置

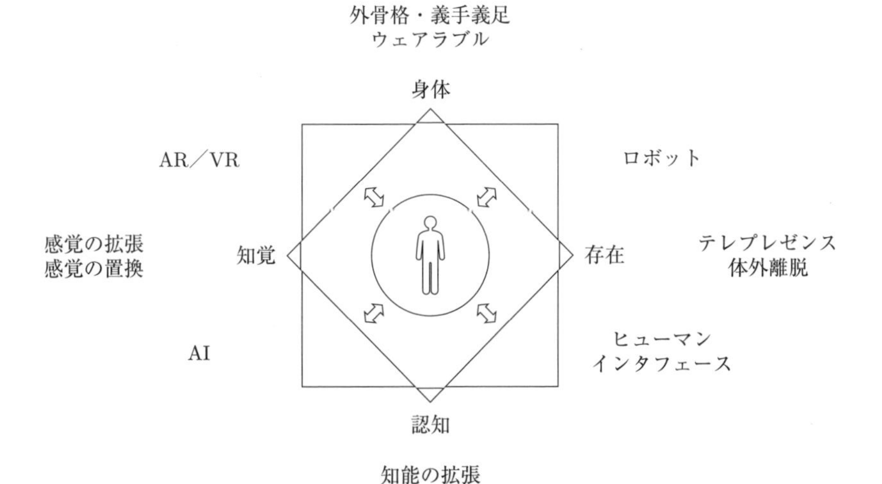

図 **5.30**　人間拡張の 4 要素
（東京大学「ヒューマンオーグメンテーション学寄付講座」文献 17) より引用）

(a) パドリング型インタフェースの初期デザイン（©AXEREAL株式会社）

(b) パドリング／ペダリング型インタフェースでの競技風景（©KINIX株式会社）

図 5.31　Spirit Overflow
（モニター越しに2人のプレイヤがオンラインで参加しており，双方はモニター越しにいる相手プレイヤを相手プレイヤの自己申告に頼って判断せざるをえない）

ル系競技の一例であるSlideRiftでは，大径オムニ機構を用いた車いす型移動体“Sli deRift“を用いて競技を行う．インホイールモータの車輪円周に小型タイヤを巻き付けることで，前後方向の移動中であっても横方向への移動を可能にしている[106)]．この結果として，使用者は「ドリフト」（車輪をスリップさせる）という新たな運動能力を獲得することになる．

人間の身体では，脚部によるこのような運動は困難であるし，車いすは設計上横に移動しないことが前提となっているため，車いす利用者も通常，このような運動をする能力を有していない．

またフィジカル空間内でのパドリング運動（漕ぐ動作）やハンドリング（操縦）をサイバー空間内の移動運動とひも付け，オンラインネットワークにより地理的な空間制約の超越を行ったのがSpirit Overflowである（図**5.31**）．従来のeスポーツの多くがサイバー空間上の移動行為をコントローラによって行っているのに対し，本競技では入力のインタフェースにパドリングまたはペダリング式の自転車を用いる．これにより，サイバー空間上においても，現実空間と同様の移動運動をもち込むことが可能となり，特殊な操作方法を新たに学ぶ必要がなく，学習コストが低くなることで，これまで学習を理由にeスポーツへの参加に積極的でないことが多かった高齢者層の取込みなど，競技者の年齢層を拡張することができたとしている．また，本競技はパドリング式またはペダリング式の自転車をインプット用インタフェースとして用いているため，下肢障がい等に直面しているプレイヤでも参加することが可能で，この結果として競技者の身体的多様性も拡張できたとしている．このように，競技者の多様化を支えるしくみとしても，オンラインでの競技実施は有効である可能性が高い．さらに，アバターの利用により，自己開示レベルの調整も可能である．

このように，情報処理技術とロボティクスをスポーツの文脈で応用することで，これまでにない運動能力での競技（＝超人スポーツ）が可能となり，地理的多様性や身体的多様性をも包摂するような環境の構築が可能となる．

5.4.3 超人スポーツがもたらす可能性

スポーツは日常の社会から隔離され，デザインされたルールや環境内で技術や使用方法の堅牢性を検証することができる，いわばサンドボックスである．モータスポーツの分野において，Fomula 1で培われた技術が一般の乗用車に転用されるように，新たな技術により生まれた運動機能をまずはスポーツという環境で試験的に実装すると，プレイヤに自由な利用を促すことができる．それにより，これまでの実験環境のように厳密な環境整備を行うシナリオとは異なったユースケースやシナリオを予想することが可能となるだろう．

ゆくゆくは，新たな技術の利用可能性を検討する場として超人スポーツが用いられ，その中でも安全性が担保された技術が私たちの日常をより豊かにするための技術として社会に実装されることを願う．

参考文献

第1章

1) P. Biswal and K. K. Mohanty: “Development of quadruped walking robots: A review,” Ain Shams Engineering Journal, vol. 12, no. 2, pp. 2017–2031, 2021.
2) “Spot® – The Agile Mobile Robot,” Boston Dynamics, https://bostondynamics.com/products/spot/
3) “Unitree Robotics – Global quadruped robots pioneer,” Unitree, https://www.unitree.com/en/
4) “Atlas | Partners in Parkour,” Boston Dynamics, https://www.youtube.com/watch?v=tF4DML7FIWk
5) International Council of Sport and Physical Education (ICSPE): “Declaration on sport,” 1964.
6) スティーブ・ヘイク（著), 藤原多伽夫（訳）：スポーツを変えたテクノロジー アスリートを進化させる道具の科学. 白揚社, 2020.
7) W. Taylor: “An improvement in golf balls,” British Patent No 18 688, British Patent Office, London UK, 1905.
8) S. Haake, D. James and L Foster: “An improvement index to quantify the evolution of performance in field events,” Journal of Sports Sciences, vol. 33, no. 3, pp. 255–267, 2015.
9) T. A. McMahon and P. R. Greene: “The influence of track compliance on running,” Journal of Biomechanics, vol. 12, no. 12, pp. 893–904, 1979.
10) マイケル・ルイス（著), 中山宥（訳）：マネー・ボール 奇跡のチームをつくった男. ランダムハウス講談社, 2004.
11) クリス・アンダーゼン, デイビッド・サリー（著), 児島修（訳）：サッカー データ革命 ロングボールは時代遅れか. 辰巳出版, 2014.
12) C. Zheng, W. Wu, C. Chen, T. Yang, S. Zhu, J. Shen, N. Kehtarnavaz and M. Shah: “Deep Learning-based Human Pose Estimation: A Survey,” ACM Computing Surveys, vol. 56, no. 1, paper 11, pp. 1–37, 2023.
13) T. Ohashi, Y. Ikegami and Y. Nakamura: “Synergetic reconstruction from 2D pose and 3D motion for wide-space multi-person video motion capture in the wild,” Image and Vision Computing, vol. 104 paper 104028, 2020.
14) 冨森英樹, 村上亮, 佐藤卓也, 佐々木和雄: “3D センシングによる体操採点支援システム,” 日本ロボット学会誌, vol. 38, no. 4, pp. 339–344, 2020.
15) H. Geyer, A. Seyfarth and R. Blickhan: “Compliant leg behaviour explains basic dynamics of walking and running,” Proceedings of the Royal Society B: Biological Sciences, vol. 273, no. 1603, pp. 2861–2867, 2006.
16) Y. Nakamura, K. Yamane, Y. Fujita and I. Suzuki: “Somatosensory computation for man-machine interface from motion-capture data and musculoskeletal human model,” IEEE Transactions on Robotics, vol. 21, no. 1, pp. 58–66, 2005.

17) A. Murai, Y. Endo and M. Tada: "Anatomographic Volumetric Skin-Musculoskeletal Model and Its Kinematic Deformation With Surface-Based SSD," IEEE Robotics and Automation Letter, vol. 1, no. 2, pp. 1103–1109, 2016.
18) R. R. Playter and M. H. Raibert: "Control Of A Biped Somersault In 3D," In IEEE/RSJ International Conference on Intelligent Robots and Systems (IROS), pp. 582–589, 1992.
19) T. Senoo, A. Namiki, M. Ishikawa: "High-speed throwing motion based on kinetic chain approach," In IEEE/RSJ International Conference on Intelligent Robots and Systems (IROS), pp. 3206–3211, 2008.
20) F. Iida, J. Rummel and A. Seyfarth: "Bipedal walking and running with spring-like biarticular muscles," Journal of biomechanics, vol. 41, no. 3, pp. 656–667, 2008.
21) K. Hosoda, Y. Sakaguchi, H. Takayama and T. Takuma: "Pneumatic-driven jumping robot with anthropomorphic muscular skeleton structure," Autonomous Robots, vol. 28, no. 3, pp. 307–316, 2010.
22) R. Niiyama, S. Nishikawa and Y. Kuniyoshi: "Biomechanical approach to open-loop bipedal running with a musculoskeletal athlete robot," Advanced Robotics, vol. 26, no. 3-4, pp. 383–398, 2021.
23) T. Saga and N. Saga: "Alpine skiing robot using a passive turn with variable mechanism," Applied Sciences, vol. 8, no. 12, paper 2643, 2018.
24) C. Iverach-Brereton, J. Baltes, J. Anderson, A. Winton, D. Carrier: "Gait design for an ice skating humanoid robot," Robotics and Autonomous Systems, vol. 62, no. 3, pp. 306–318, 2014.
25) N. Takasugi, K. Kojima, S. Nozawa, F. Sugai, K. Yohei, K. Okada and M. Inaba: "Extended Three-Dimensional Walking and Skating Motion Generation for Multiple Noncoplanar Contacts With Anisotropic Friction: Application to Walk and Skateboard and Roller Skate," IEEE Robotics and Automation Letters, vol. 4, no. 1, pp. 9–16, 2019.
26) S. Nishikawa, T. Kobayashi, T. Fukushima and Y. Kuniyoshi: "Pole vaulting robot with dual articulated arms that can change reaching position using active bending motion," In IEEE-RAS 15th International Conference on Humanoid Robots (Humanoids), pp. 395–400, 2015.
27) T. Kawamura, R. Kamimura, S. Suzuki and K. Iizuka: "A study on the curling robot will match with human result of one end game with one human," In IEEE Conference on Computational Intelligence and Games (CIG), pp. 489–495, 2015.
28) D. O. Won, K. R. Müller and S. W. Lee: "An adaptive deep reinforcement learning framework enables curling robots with human-like performance in real-world conditions," Science Robotics, vol. 5, no. 46, paper eabb9764, 2020.
29) K. Muelling, A. Boularias, B. Mohler, B. Schölkopf and J. Peters: "Learning strategies in table tennis using inverse reinforcement learning," Biological cy-

bernetics, vol. 108, pp. 603-619, 2014.
30) J. Won, D. Gopinath and J. Hodgins: "Control strategies for physically simulated characters performing two-player competitive sports," ACM Transactions on Graphics (TOG), vol. 40, no. 4, paper 146, pp. 1–11, 2021.
31) G. Tesauro: "Programming backgammon using self-teaching neural nets," Artificial Intelligence, vol. 134, no. 1–2, pp. 181–199, 2002.
32) V. Mnih, K. Kavukcuoglu, D. Silver, A. A. Rusu, J. Veness, M. G. Bellemare, A. Graves, M. Riedmiller, A. K. Fidjeland, G. Ostrovski, S. Petersen, C. Beattie, A. Sadik, I. Antonoglou, H. King, D. Kumaran, D. Wierstra, S. Legg and D. Hassabis: "Human-level control through deep reinforcement learning," Nature, vol. 518, no. 7540, pp. 529–533, 2015.
33) D. Silver, J. Schrittwieser, K. Simonyan, I. Antonoglou, A. Huang, A. Guez, T. Hubert, L. Baker, M. Lai, A. Bolton, Y. Chen, T. Lillicrap, F. Hui, L. Sifre, G. van den Driessche, T. Graepel and D. Hassabis: "Mastering the game of go without human knowledge," Nature, vol. 550, no. 7676, pp. 354–359, 2017.
34) D. Silver, T. Hubert, J. Schrittwieser, K. Simonyan, I. Antonoglou, M. Lai, A. Guez, M. Lanctot, L. Sifre, D. Kumaran, T. Lillicrap, K. Simonyan and D. Hassabis: "A general reinforcement learning algorithm that masters chess, shogi, and Go through self-play," Science, vol. 362, no. 6419, pp. 1140–1144, 2018.
35) O. Vinyals, I. Babuschkin, W. M. Czarnecki, M. Mathieu, A. Dudzik, J. Chung, D. H. Choi, R. Powell, T. Ewalds, P. Georgiev, J. Oh, D. Horgan, M. Kroiss, I. Danihelka, A. Huang, L. Sifre, T. Cai, J. P. Agapiou, M. Jaderberg, A. S. Vezhnevets, R. Leblond, T. Pohlen, V. Dalibard, D. Budden, Y. Sulsky, J. Molloy, T. L. Paine, C. Gulcehre, Z. Wang, T. Pfaff, Y. Wu, R. Ring, D. Yogatama, D. Wünsch, K. McKinney, O. Smith, T. Schaul, T. Lillicrap, K. Kavukcuoglu, D. Hassabis, C. Apps and D. Silver: "Grandmaster level in StarCraft II using multi-agent reinforcement learning," Nature, vol. 575, no. 7782, pp. 350–354, 2019.
36) J. Li, S. Koyamada, Q. Ye, G. Liu, C. Wang, R. Yang, L. Zhao, T. Qin, T-Y. Liu and H-W. Hon: "Suphx: Mastering Mahjong with Deep Reinforcement Learning," arXiv preprint arXiv:2003.13590, 2020.
37) S. Liu, G. Lever, Z. Wang, J. Merel, S. M. A. Eslami, D. Hennes, W. M. Czarnecki, Y. Tassa, S. Omidshafiei, A. Abdolmaleki, N. Y. Siegel, L. Hasenclever, L. Marris, S. Tunyasuvunakool, H. F. Song, M. Wulfmeier, P. Muller, T. Haarnoja, B. Tracey, K. Tuyls, T. Graepel and N. Heess: "From motor control to team play in simulated humanoid football," Science Robotics, vol. 7, no. 69, paper eabo0235, 2022.
38) Z. Wang, P. Veličković, D. Hennes, N. Tomašev, L. Prince, M. Kaisers, Y. Bachrach, R. Elie, L. K. Wenliang, F. Piccinini, W. Spearman, I. Graham, J. Connor, Y. Yang, A. Recasens, M. Khan, N. Beauguerlange, P. Sprechmann, P. Moreno, N. Heess, M. Bowling, D. Hassabis and K. Tuyls: "TacticAI: an

AI assistant for football tactics," Nature Communications, vol. 15, paper 1906, 2024.

39) A. Namiki, S. Matsushita, T. Ozeki and K. Nonami: "Hierarchical Processing Architecture for an Air-hockey Robot System," In IEEE International Conference on Robotics and Automation (ICRA), pp. 1187–1192, 2013.

40) K. Sato, K. Watanabe, S. Mizuno, M. Manabe, H. Yano and H. Iwata: "Development of a block machine for volleyball attack training," In IEEE International Conference on Robotics and Automation (ICRA), pp. 1036–1041, 2017.

41) "Robotic Self-Righting Tackling Dummy," MVP Robotics Inc., https://www.mvprobotics.com/sports

42) S. Mori, K. Tanaka, S. Nishikawa, R. Niiyama and Y. Kuniyoshi: "High-speed and lightweight humanoid robot arm for a skillful badminton robot," IEEE Robotics and Automation Letters, vol. 3, no. 3, pp. 1727–1734, 2018.

43) M. Hattori, K. Kojima, S. Noda, F. Sugai, Y. Kakiuchi, K. Okada and M. Inaba: "Development of a block machine for volleyball attack training," In IEEE/RSJ International Conference on Intelligent Robots and Systems (IROS), pp. 3612–3619, 2020.

44) K. Tanaka, S. Nishikawa, R. Niiyama and Y. Kuniyoshi: "Immediate Generation of Jump-and-Hit Motions by a Pneumatic Humanoid Robot Using a Lookup Table of Learned Dynamics," IEEE Robotics and Automation Letters, vol. 6, no. 3, pp. 5557–5564, 2021.

45) R. Yoshida, K. Kiguchi and S. Nishikawa: "Pneumatic Humanoid Robot with Adsorption Mechanisms on the Sole to Realize a Stepping Motion in Badminton," In IEEE-RAS 22nd International Conference on Humanoid Robots (Humanoids), pp. 1–6, 2023.

46) D. F. Paez Granados, B. A. Yamamoto, H. Kamide, J. Kinugawa and K. Kosuge: "Dance Teaching by a Robot: Combining Cognitive and Physical Human–Robot Interaction for Supporting the Skill Learning Process," IEEE Robotics and Automation Letters, vol. 2, no. 3, pp. 1452–1459, 2017.

47) A. Namiki and F. Takahashi: "Motion Generation for a Sword-Fighting Robot Based on Quick Detection of Opposite Player's Initial Motions," Journal of Robotics and Mechatronics, vol. 27, no. 5, pp. 543–551, 2015.

48) "Cheetah® Xtreme," Össur, https://www.ossur.com/en-us/prosthetics/feet/cheetah-xtreme

49) "CYBATHLON," Eidgenössische Technische Hochschule Zürich, https://cybathlon.ethz.ch/en

50) D. Spelmezan: "An investigation into the use of tactile instructions in snowboarding," In 14th international conference on Human-computer interaction with mobile devices and services (MobileHCI), pp. 417–426, 2012.

51) J. Klein, S. J. Spencer and D. J. Reinkensmeyer: "Breaking It Down Is Better: Haptic Decomposition of Complex Movements Aids in Robot-Assisted Motor

Learning," IEEE Transactions on Neural Systems and Rehabilitation Engineering, vol. 20, no. 3, pp. 268–275, 2012.

52) A. Kashiwagi, K. Kiguchi and S. Nishikawa: "Pneumatic Assist Suit to Facilitate Lower-Body Twisting for the Training of Forehand in Table Tennis," In IEEE International Conference on Systems, Man, and Cybernetics (SMC), pp. 1090–1095, 2023.

53) H. Kitano, M. Asada, Y. Kuniyoshi, I. Noda and E. Osawa: "Robocup: The robot world cup initiative," In IJCAI Workshop on Entertainment and AI/A-life, 1995.

54) H. Kitano, M. Asada, Y. Kuniyoshi, I. Noda, E. Osawa and H. Matsubara: "Robocup: A challenge problem for ai and robotics," In H. Kitano (ed.), RoboCup-97: Robot Soccer World Cup I, Lecture Note in Artificial Intelligence, vol. 1395, pp. 1–19, Springer Berlin, Heidelberg, 1998.

55) M. Asada, H. Kitano, I. Noda and M. Veloso: "Robocup: Today and tomorrow – what we have learned," Artificial Intelligence, vol. 110, pp. 193–214, 1999.

56) 浅田稔, 松原仁: "ロボカップ道しるべ　第 1 回「ロボカップ創世記」," 情報処理, vol. 51, no. 9, pp. 1195–1200, 2010.

57) Minoru Asada and Oskar von Stryk: "Scientific and technological challenges in robocup," Annual Review of Control, Robotics, and Autonomous Systems, vol. 3, 2020.

58) 浅田稔: "ロボカップサッカーにおける科学技術チャレンジ," 日本ロボット学会誌, vol. 38, no. 4, pp. 323–330, 2020.

59) H. Kitano (ed.): "RoboCup-97: Robot Soccer World Cup I," Lecture Note in Artificial Intelligence, vol. 1395, Springer Berlin, Heidelberg, 1998.

60) A. Eguchi, N. Lau, M. Paetzel-Prüsmann and T. Wanichanon (eds.): "RoboCup 2022: Robot Soccer World Cup XXV," Lecture Note in Artificial Intelligence, vol. 13561, Springer Cham, 2023.

61) I. Noda, S. Suzuki, H. Matsubara, M. Asada and H. Kitano: "Overview of robocup-97," In H. Kitano (ed.), RoboCup-97: Robot Soccer World Cup I, Lecture Note in Artificial Intelligence, vol. 1395, pp. 20–41, Springer Berlin, Heidelberg, 1998.

62) Y. Douven, W. Houtman, F. Schoenmakers, H. van de Loo, K. Meessen, D. Bruijnen, W. Aangenent, C. de Groot, J. Olthuis, M. D. Farahani, P. van Lith, R. Sommer, P. Scheers, B. van Ninhuijs, P. van Brakel, M. van't Klooster, J. Senden, W. Kuijpers and R. van de Molengraft: "Tech united eindhoven middle size league winner 2018," In D. Holz, K. Genter, M. Saad and O. von Stryk (eds.), RoboCup 2018: Robot Soccer World Cup XXII, Lecture Note in Artificial Intelligence, vol. 11374, pp. 388–399, Springer Cham, 2019.

63) M. Beuermann, M. Ossenkopf and K. Geihs: "Positioning of active wheels for optimal ball handling," In S. Chalup, T. Niemueller, J. Suthakorn and M.-A. Williams (eds.), RoboCup 2019: Robot World Cup XXIII, Lecture Note in Ar-

tificial Intelligence, vol. 11531, pp. 30–43, Springer Cham, 2019.
64) V. Gies, T. Soriano, C. Albert and N. Prouteau: "Modelling and optimisation of a robocup msl coilgun," In S. Chalup, T. Niemueller, J. Suthakorn and M.-A. Williams (eds.), RoboCup 2019: Robot World Cup XXIII, Lecture Note in Artificial Intelligence, vol. 11531, pp. 71–85, Springer Cham, 2019.
65) T. Yoshimoto, T. Horii, S. Mizutani, Y. Iwauchi and S. Zenji: "Op-amp 2019 extended team discription paper," Technical report, Asagami Works, 2019.
66) I. Ha, Y. Tamura, H. Asama, J. Han and D. W. Hong: "Development of open humanoid platform darwin-op," In SICE Annual Conference, pp. 2178–2181, 2011.
67) M. Bestmann, J. Guldenstein and J. Zhang: "High-frequency multi bus servo and sensor communication using the dynamixel protocol," In RoboCup Symposium, 2019.
68) M. Schwarz, J. Pastrana, P. Allgeuer, M. Schreiber, S. Schueller, M. Missura and S. Behnke: "Humanoid teensize open platform nimbro-op," In S. Behnke, M. Veloso, A. Visser and R. Xiong (eds.), RoboCup 2013: Robot World Cup XVII, Lecture Note in Artificial Intelligence, vol. 8371, pp. 568–575, Springer Berlin, Heidelberg, 2014.
69) H. Farazi, G. Ficht, P. Allgeuer, D. Pavlichenko, D. Rodriguez, A. Brandenburger, M. Hosseini and S. Behnke: "Nimbro robots winning robocup 2018 humanoid adultsize soccer competitions," In D. Holz, K. Genter, M. Saad and O. von Stryk (eds.), RoboCup 2018: Robot Soccer World Cup XXII, Lecture Note in Artificial Intelligence, vol. 11374, pp. 411–422, Springer Cham, 2019.
70) M. M. Scheunemann and S. G. van Dijk: "Ros 2 for robocup," In S. Chalup, T. Niemueller, J. Suthakorn and M.-A. Williams (eds.), RoboCup 2019: Robot World Cup XXIII, Lecture Note in Artificial Intelligence, vol. 11531, pp. 429–438, Springer Cham, 2019.
71) F. Thielke and A. Hasselbring: "A jit compiler for neural network inference," In S. Chalup, T. Niemueller, J. Suthakorn and M.-A. Williams (eds.), RoboCup 2019: Robot World Cup XXIII, Lecture Note in Artificial Intelligence, vol. 11531, pp. 448–456, Springer Cham, 2019.
72) A. Mitrevski and P. G. Plöger: "Reusable specification of state machines for rapid robot functionality prototyping," In S. Chalup, T. Niemueller, J. Suthakorn and M.-A. Williams (eds.), RoboCup 2019: Robot World Cup XXIII, Lecture Note in Artificial Intelligence, vol. 11531, pp. 408–417, Springer Cham, 2019.
73) H. Mellmann, B. Schlotter and P. Strobel: "Toward data driven development in robocup," In S. Chalup, T. Niemueller, J. Suthakorn and M.-A. Williams (eds.), RoboCup 2019: Robot World Cup XXIII, Lecture Note in Artificial Intelligence, vol. 11531, pp. 176–188, Springer Cham, 2019.
74) N. Fiedler, M. Bestmann and N. Hendrich: "Imagetagger: An open source online

platform for collaborative image labeling," In D. Holz, K. Genter, M. Saad and O. von Stryk (eds.), RoboCup 2018: Robot Soccer World Cup XXII, Lecture Note in Artificial Intelligence, vol. 11374, pp. 145–152, Springer Cham, 2019.

75) A. Visser, L. G. Nardin and S. Castro: "Integrating the latest artificial intelligence algorithms into the robocup rescue simulation framework," In D. Holz, K. Genter, M. Saad and O. von Stryk (eds.), RoboCup 2018: Robot Soccer World Cup XXII, Lecture Note in Artificial Intelligence, vol. 11374, pp. 446–457, Springer Cham, 2019.

76) S. G. van Dijk and M. M. Scheunemann: "Deep learning for semantic segmentation on minimal hardware," In D. Holz, K. Genter, M. Saad and O. von Stryk (eds.), RoboCup 2018: Robot Soccer World Cup XXII, Lecture Note in Artificial Intelligence, vol. 11374, pp. 328–339, Springer Cham, 2019.

77) A. Gholami, M. Moradi and M. Majidi: "A simulation platform design and kinematics analysis of mrl-hsl humanoid robot," In S. Chalup, T. Niemueller, J. Suthakorn and M.-A. Williams (eds.), RoboCup 2019: Robot World Cup XXIII, Lecture Note in Artificial Intelligence, vol. 11531, pp. 387–396, Springer Cham, 2019.

78) D. Zhu, J. Biswas and M. Veloso: "Autoref: Towards real-robot soccer complete automated refereeing," In R. A. C. Bianchi, H. L. Akin, S. Ramamoorthy and K. Sugiura (eds.), RoboCup 2014: Robot World Cup XVIII, Lecture Note in Artificial Intelligence, vol. 8992, pp. 419–430, Springer Cham, 2015.

79) F. B. F. Schoenmakers, G. Koudijs, C. A. Lopez Martinez, M. Briegel, H. H. C. M. van Wesel, J. P.J. Groenen, O. Hendriks, O. F. C. Klooster, R. P. T. Soetens and M. J. G. van de Molengraft: "Tech united eindhoven team description 2013 Middle Size League," In the 17th RoboCup International Symposium, 2013.

80) Z. Huang, L. Chen, J. Li, Y. Wang, Z. Chen, L. Wen, J. Gu, P. Hu and R. Xiong: "Robocup ssl 2018 champion team paper," In D. Holz, K. Genter, M. Saad and O. von Stryk (eds.), RoboCup 2018: Robot Soccer World Cup XXII, Lecture Note in Artificial Intelligence, vol. 11374, pp. 376–387, Springer Cham, 2019.

81) F. Leiva, N. Cruz, I. Bugueno and J. Ruiz-del-Solar: "Playing soccer without colors in the spl: A convolutional neural network approach," In D. Holz, K. Genter, M. Saad and O. von Stryk (eds.), RoboCup 2018: Robot Soccer World Cup XXII, Lecture Note in Artificial Intelligence, vol. 11374, pp. 109–120, Springer Cham, 2019.

82) M. Teimouri, M. H. Delavaran and M. Rezaei: "A real-time ball detection approach using convolutional neural networks," In S. Chalup, T. Niemueller, J. Suthakorn and M.-A. Williams (eds.), RoboCup 2019: Robot World Cup XXIII, Lecture Note in Artificial Intelligence, vol. 11531, pp. 323–336, Springer Cham, 2019.

83) A. Kukleva, M. A. Khan, H. Farazi and S. Behnke: "Utilizing temporal information in deep convolutional network for efficient soccer ball detection and

tracking," In S. Chalup, T. Niemueller, J. Suthakorn and M.-A. Williams (eds.), RoboCup 2019: Robot World Cup XXIII, Lecture Note in Artificial Intelligence, vol. 11531, pp. 112–125, Springer Cham, 2019.

84) G. C. Felbinger, P. Göttsch, P. Loth, L. Peters and F. Wege: "Designing convolutional neural networks using a genetic approach for ball detection," In D. Holz, K. Genter, M. Saad and O. von Stryk (eds.), RoboCup 2018: Robot Soccer World Cup XXII, Lecture Note in Artificial Intelligence, vol. 11374, pp. 133–144, Springer Cham, 2019.

85) T. Houliston and S. K. Chalup: "Visual mesh: Real-time object detection using constant sample density," In D. Holz, K. Genter, M. Saad and O. von Stryk (eds.), RoboCup 2018: Robot Soccer World Cup XXII, Lecture Note in Artificial Intelligence vol. 11374, pp. 37–48, Springer Cham, 2019.

86) M. Szemenyei and V. Estivill-Castro: "Real-time scene understanding using deep neural networks for robocup spl," In D. Holz, K. Genter, M. Saad and O. von Stryk (eds.), RoboCup 2018: Robot Soccer World Cup XXII, Lecture Note in Artificial Intelligence, vol. 11374, pp. 96–108, Springer Cham, 2019.

87) B. Poppinga and T. Laue: "Jet-net: Real-time object detection for mobile robots," In S. Chalup, T. Niemueller, J. Suthakorn and M.-A. Williams (eds.), RoboCup 2019: Robot World Cup XXIII, Lecture Note in Artificial Intelligence, vol. 11531, pp. 227–240, Springer Cham, 2019.

88) S. K. Narayanaswami, M. Tec, I. Durugkar, S. Desai, B. Masetty, S. Narvekar and P. Stone: "Towards a real-time, low-resource, end-to-end object detection pipeline for robot soccer," In A. Eguchi, N. Lau, M. Paetzel-Prüsmann and T. Wanichanon (eds.), RoboCup 2022: Robot Soccer World Cup XXV, Lecture Note in Artificial Intelligence, vol. 13561, pp. 62–74, Springer Cham, 2023.

89) J. G. Melo and E. Barros: "An embedded monocular vision approach for ground-aware objects detection and position estimation," In A. Eguchi, N. Lau, M. Paetzel-Prüsmann and T. Wanichanon (eds.), RoboCup 2022: Robot Soccer World Cup XXV, Lecture Note in Artificial Intelligence, vol. 13561, pp. 100–111, Springer Cham, 2023.

90) N. Kohl and P. Stone: "Policy gradient reinforcement learning for fast quadrupedal locomotion," In the IEEE International Conference on Robotics and Automation (ICRA), pp. 2619–2624, 2004.

91) N. Kohl and P. Stone: "Machine learning for fast quadrupedal locomotion," In the Nineteenth National Conference on Artificial Intelligence, pp. 611–616, 2004.

92) B. Zahn, J. Fountain, T. Houliston, A. Biddulph, S. Chalup and A. Mendes: "Optimization of robot movements using genetic algorithms and simulation," In S. Chalup, T. Niemueller, J. Suthakorn and M.-A. Williams (eds.), RoboCup 2019: Robot World Cup XXIII, Lecture Note in Artificial Intelligence, vol. 11531, pp. 466–475, Springer Cham, 2019.

93) P. Reichenberg and T. Rofer: "Step adjustment for a robust humanoid walk,"

In R. Alami, J. Biswas, M. Cakmak and O. Obst (eds.), RoboCup 2021: Robot Soccer World Cup XXIV, Lecture Note in Artificial Intelligence, vol. 13132, pp. 28–39, Springer Cham, 2022.

94) M. Bestmann and J. Zhang: "Bipedal walking on humanoid robots through parameter optimization," In A. Eguchi, N. Lau, M. Paetzel-Prüsmann and T. Wanichanon (eds.), RoboCup 2022: Robot Soccer World Cup XXV, Lecture Note in Artificial Intelligence, vol. 13561, pp. 164–176, Springer Cham, 2023.

95) M. Gieβler, M. Breig, V. Wolf, F. Schnekenburger, U. Hochberg and S. Willwacher: "Gait Phase Detection on Level and Inclined Surfaces for Human Beings with an Orthosis and Humanoid Robots," In A. Eguchi, N. Lau, M. Paetzel-Prüsmann and T. Wanichanon (eds.), RoboCup 2022: Robot Soccer World Cup XXV, Lecture Note in Artificial Intelligence, vol. 13561, pp. 39–49, Springer Cham, 2023.

96) P. A. Makarov, T. Yirtici, N. Akkaya, E. Aytac, G. Say, G. Burge, B. Yilmaz and R. H. Abiyev: "A model-free algorithm of moving ball interception by holonomic robot using geometric approach," In S. Chalup, T. Niemueller, J. Suthakorn and M.-A. Williams (eds.), RoboCup 2019: Robot World Cup XXIII, Lecture Note in Artificial Intelligence, vol. 11531, pp. 166–175, Springer Cham, 2019.

97) K. Lobos-Tsunekawa, D. L. Leottau and J. Ruiz-del-Solar: "Toward real-time decentralized reinforcement learning using finite support basis functions," In H. Akiyama, O. Obst, C. Sammut and F. Tonidandel (eds.), RoboCup 2017: Robot World Cup XXI, Lecture Note in Artificial Intelligence, vol. 11175, pp. 95–107, Springer Cham, 2018.

98) W. B. Watkinson and T. Camp: "Training a robocup striker agent via transferred reinforcement learning," In D. Holz, K. Genter, M. Saad and O. von Stryk (eds.), RoboCup 2018: Robot Soccer World Cup XXII, Lecture Note in Artificial Intelligence, vol. 11374, pp. 97–107, Springer Cham, 2019.

99) M. Asada, S. Noda, S. Tawaratumida and K. Hosoda: "Purposive behavior acquisition for a real robot by vision-based reinforcement learning," Machine Learning, vol. 23, pp. 279–303, 1996.

100) D. Simoes, N. Lau and L. P. Reis: "Adjusted bounded weighted policy learner," In D. Holz, K. Genter, M. Saad and O. von Stryk (eds.), RoboCup 2018: Robot Soccer World Cup XXII, Lecture Note in Artificial Intelligence, vol. 11374, pp. 304–315, Springer Cham, 2019.

101) E. Antonioni, V. Suriani, F. Solimando, D. Nardi and D. D. Bloisi: "Learning from the crowd: Improving the decision making process in robot soccer using the audience noise," In R. Alami, J. Biswas, M. Cakmak and O. Obst (eds.), RoboCup 2021: Robot Soccer World Cup XXIV, Lecture Note in Artificial Intelligence vol. 13132, pp. 153–164, Springer Cham, 2022.

102) J. Blumenkamp, A. Baude and T. Laue: "Closing the reality gap with unsupervised sim-to-real image translation," In R. Alami, J. Biswas, M. Cakmak and O.

Obst (eds.), RoboCup 2021: Robot Soccer World Cup XXIV, Lecture Note in Artificial Intelligence, vol. 13132, pp. 127–139, Springer Cham, 2022.

103) T. Fukushima, T. Nakashima and H. Akiyama: "Mimicking an expert team through the learning of evaluation functions from action sequences," In D. Holz, K. Genter, M. Saad and O. von Stryk (eds.), RoboCup 2018: Robot Soccer World Cup XXII, Lecture Note in Artificial Intelligence, vol. 11374, pp. 153–164, Springer Cham, 2019.

104) T. Gabel, P. Kloppner, E. Godehardt and A. Tharwat: "Communication in soccer simulation: On the use of wiretapping opponent teams," In D. Holz, K. Genter, M. Saad and O. von Stryk (eds.), RoboCup 2018: Robot Soccer World Cup XXII, Lecture Note in Artificial Intelligence, vol. 11374, pp. 1–12, Springer Cham, 2019.

105) D. Schwab, Y. Zhu and M. Veloso: "Learning skills for small size league robocup," In D. Holz, K. Genter, M. Saad and O. von Stryk (eds.), RoboCup 2018: Robot Soccer World Cup XXII, Lecture Note in Artificial Intelligence, vol. 11374, pp. 73–84, Springer Cham, 2019.

106) R. Dias, B. Cunha, J. L. Azevedo, A. Pereira and N. Lau: "Multi-robot fast-paced coordination with leader election," In D. Holz, K. Genter, M. Saad and O. von Stryk (eds.), RoboCup 2018: Robot Soccer World Cup XXII, Lecture Note in Artificial Intelligence, vol. 11374, pp. 13–24, Springer Cham, 2019.

107) R. Junkai, X. Chenggang, X. Junhao, H. Kaihong and L. Huimin: "A control system for active ball handling in the robocup middle size league," In Chinese Control and Decision Conference (CCDC), pp. 4396–4402, 2016.

108) A. Amini, H. Farazi and S. Behnke: "Real-time pose estimation from images for multiple humanoid robots," In R. Alami, J. Biswas, M. Cakmak and O. Obst (eds.), RoboCup 2021: Robot Soccer World Cup XXIV, Lecture Note in Artificial Intelligence, vol. 13132, pp. 91–102, Springer Cham, 2022.

109) R. Gerndt, M. Paetzel, J. Baltes and O. Ly: "Bridging the gap - on a humanoid robotics rookie league," In D. Holz, K. Genter, M. Saad and O. von Stryk (eds.), RoboCup 2018: Robot Soccer World Cup XXII, Lecture Note in Artificial Intelligence, vol. 11374, pp. 177–188, Springer Cham, 2019.

110) A. Gabel, T. Heuer, I. Schiering and R. Gerndt: "Jetson, where is the ball? using neural networks for ball detection at robocup 2017," In D. Holz, K. Genter, M. Saad and O. von Stryk (eds.), RoboCup 2018: Robot Soccer World Cup XXII, Lecture Note in Artificial Intelligence, vol. 11374, pp. 165–176, Springer Cham, 2019.

111) D. Speck, M. Bestmann and P. Barros: "Towards real-time ball localization using cnns," In D. Holz, K. Genter, M. Saad and O. von Stryk (eds.), RoboCup 2018: Robot Soccer World Cup XXII, Lecture Note in Artificial Intelligence, vol. 11374, pp. 316–327, Springer Cham, 2019.

112) M. Asada, K. Hosoda, Y. Kuniyoshi, H. Ishiguro, T. Inui, Y. Yoshikawa, M.

Ogino and C. Yoshida: "Cognitive developmental robotics: a survey," IEEE Transactions on Autonomous Mental Development, vol. 1, no. 1, pp. 12–34, 2009.

113) P. F. M. J. Verschure: "Distributed adaptive control: A theory of the mind, brain, body nexus," Biologically Inspired Cognitive Architectures, vol. 1, pp. 55 –72, 2012.

114) M. Yamaguchi, G. Iwamoto, Y. Abe, Y. Tanaka, Y. Ishida, H. Tamukoh and T. Morie: "Live demonstration: A vlsi implementation of time-domain analog weighted-sum calculation model for intelligent processing on robots," In IEEE International Symposium on Circuits and Systems (ISCAS), pp. 1–1, 2019.

115) Y. Tanaka and H. Tamukoh: "Hardware implementation of brain-inspired amygdala model," In IEEE International Symposium on Circuits and Systems (ISCAS), pp. 1–5, 2019.

第2章

1) K. Ayusawa, G. Venture and Y. Nakamura: "Identifiability and identification of inertial parameters using the underactuated base-link dynamics for legged multibody systems," The International Journal of Robotics Research, vol. 33, no. 3, pp. 446–468, 2014.

2) 阿江通良, 湯海鵬, 横井孝志: "日本人アスリートの身体部分慣性特性の推定," バイオメカニズム, vol. 11, pp. 23–33, 1992.

3) M. Nakashima, R. Kanie, T. Shimana, Y. Matsuda and Y. Kubo: "Development of a comprehensive method for musculoskeletal simulation in swimming using motion capture data," Journal of Sports Engineering and Technology, vol. 237, no. 2, pp. 85–95, 2023.

4) J. Rasmussen, M. Damsgaard and M. Voigt: "Muscle recruitment by the min/max criterion: a comparative numerical study," Journal of Biomechanics, vol.34, no.3, pp. 409–415, 2001.

5) 日本機械学会（編）：数値積分法の基礎と応用. コロナ社, 2003.

6) M. Nakashima, K. Satou and Y. Miura: "Development of swimming human simulation model considering rigid body dynamics and unsteady fluid force for whole body," Journal of Fluid Science and Technology, vol. 2, no. 1, pp. 56–67, 2007.

7) 中島求: "水泳人体シミュレーションソフトウェア Swumsuit の開発," シミュレーション (日本シミュレーション学会誌), vol. 26, no. 1, pp. 58–66, 2007.

8) M. Nakashima: "Mechanical study of standard six beat front crawl swimming by using swimming human simulation model," Journal of Fluid Science and Technology, vol. 2, no. 1, pp. 290–301, 2007.

9) M. Nakashima: "Analysis of breast, back and butterfly strokes by the swimming human simulation model SWUM," In N. Kato and S. Kamimura (eds.), Biomechanisms of Swimming and Flying -Fluid Dynamics, Biomimetic Robots, and

Sports Science- Springer, pp. 361–372, 2007.

10) M. Nakashima: "Simulation analysis of the effect of trunk undulation on swimming performance in underwater dolphin kick of human," Journal of Biomechanical Science and Engineering, vol. 4, no. 1, pp. 94–104, 2009.

11) M. Nakashima, S. Maeda, T. Miwa and H. Ichikawa: "Optimizing simulation of the arm stroke in crawl swimming considering muscle strength characteristics of athlete swimmers," Journal of Biomechanical Science and Engineering, vol. 7, no. 2, pp. 102–117, 2012.

12) M. Nakashima, C. Nemoto, T. Kishimoto, M. Terada and Y. Ikuta: "Optimizing simulation of arm stroke in freestyle for swimmers with hemiplegia," Mechanical Engineering Journal, vol. 5, no. 1, paper 17-00377, 2018.

13) M. Nakashima, R. Takahashi and T. Kishimoto: "Optimizing simulation of deficient limb's strokes in freestyle for swimmers with unilateral transradial deficiency," Journal of Biomechanical Science and Engineering, vol. 15, no. 1, paper 19-00467, 2020.

14) M. Nakashima and Y. Chida: "Effects of paddle dimensions on shoulder joint torque for a swimmer with unilateral transradial deficiency," Sports Engineering, vol. 26, no. 1, article 1, 2023.

15) M. Nakashima, A. Ono and T. Nakamura: "Effect of knee joint motion for the transfemoral prosthesis in swimming," Journal of Biomechanical Science and Engineering, vol. 10, no.3, paper 15-00375, 2015.

16) M. Nakashima, T. Yoneda and T. Tanigawa: "Simulation analysis of fin swimming with bi-fins," Mechanical Engineering Journal, vol. 6, no. 4, paper 19-00011, 2019.

17) C. Chung and M. Nakashima: "Development of a Swimming Humanoid Robot for Research of Human Swimming," Journal of Aero Aqua Bio-mechanisms, vol. 3, no. 1, pp. 109–117, 2013.

18) C. Chung and M. Nakashima: "Free swimming of the swimming humanoid robot for the crawl stroke," Journal of Aero Aqua Bio-mechanisms, vol. 3, no. 1, pp. 118–126, 2013.

19) M. Nakashima and Y. Tsunoda: "Improvement of crawl stroke for the swimming humanoid robot to establish an experimental platform for swimming research," Procedia Engineering, vol. 112 (7th Asia-Pacific Congress on Sports Technology (APCST)), pp. 517–521, 2015.

20) M. Nakashima and K. Kuwahara: "Realization and swimming performance of the breaststroke by a swimming humanoid robot," ROBOMECH Journal, vol. 3, no. 1, pp. 1–10, 2016.

21) M. Nakashima and C. L. Tsai: "Realization and swimming performance of the butterfly stroke by a swimming humanoid robot," Journal of Aero Aqua Bio-mechanisms, vol. 6, no. 1, pp. 9–15, 2017.

22) F. Razi and M. Nakashima: "Realization and swimming performance of

backstroke by the swimming humanoid robot," Journal of Aero Aqua Biomechanisms, vol. 8, no. 1, pp. 75–83, 2019.
23) M. Nakashima, T. Koga and H. Takagi: "Measurement of propulsive forces in swimming by using a swimming humanoid robot," In the 21st International Conference on Control, Automation and Systems (ICCAS), pp. 1780–1783, 2021.
24) M. Nakashima, T. Yoneda and T. Tanigawa: "Simulation Analysis of Fin Swimming with Bi-fins," Mechanical Engineering Journal, vol. 6, no. 4, paper 19-00011, 2019.
25) Z. Cao, T. Simon, S. E. Wei and Y. Sheikh: "Realtime multi-person 2d pose estimation using part affinity fields," In IEEE Conference on Computer Vision and Pattern Recognition (CVPR), pp. 7291–7299, 2017.
26) H. S. Fang, J. Li, H. Tang, C. Xu, H. Zhu, Y. Xiu, Y. L. Li and C. Lu: "Alphapose: Whole-body regional multi-person pose estimation and tracking in real-time," IEEE Transactions on Pattern Analysis and Machine Intelligence, vol. 45, no. 6, pp. 7157–7173, 2022.
27) A. Mathis, P. Mamidanna, K. M. Cury, T. Abe, V. N. Murthy, M. W. Mathis and M. Bethge: "DeepLabCut: markerless pose estimation of user-defined body parts with deep learning," Nature Neuroscience, vol. 21, pp. 1281–1289, 2018.
28) D. Mehta, H. Rhodin, D. Casas, P. Fua, O. Sotnychenko, W. Xu and C. Theobalt: "Monocular 3d human pose estimation in the wild using improved cnn supervision,". In international conference on 3D vision, pp. 506–516, 2017.
29) Y. Kudo, K. Ogaki, Y. Matsui and Y. Odagiri: "Unsupervised Adversarial Learning of 3D Human Pose from 2D Joint Locations," arXiv preprint arXiv:1803.08244, 2018.
30) A. Kuramoto, Y. Mizukoshi and M. Nakashima: "Monocular camera-based 3D human body pose estimation by Generative Adversarial Network considering joint range of motion represented by quaternion," Journal of Biomechanical Science and Engineering, vol. 18, no. 2, paper 22-00305, 2023.
31) S. Madgwick: "An efficient orientation filter for inertial and inertial/magnetic sensor arrays," Report x-io and University of Bristol (UK), vol. 25, pp. 113–118, 2010.
32) A. Kuramoto, K. Hiranai and A. Seo: "Evaluation of physical workload during work behavior for work environment design from biomechanical perspective: a case study in initial orientation selection of work object for manual handling tasks," Theoretical Issues in Ergonomics Science, vol. 22, no. 1, pp. 15–31, 2021.
33) M. Nakashima and M. Kubota: "Dynamical and musculoskeletal effects of arm prosthesis on sprint running for runners with unilateral transradial deficiency," Mechanical Engineering Journal, vol. 9, no. 6, paper 22-00324, 2022.

第3章

1) H. Akiyama and I. Noda: "Multi-agent Positioning Mechanism in the Dynamic

Environment," In U. Visser, F. Ribeiro, T. Ohashi and F. Dellaert (eds.), RoboCup 2007: Robot Soccer World Cup XI, Lecture Notes in Artificial Intelligence, vol. 5001, pp. 377–384, Springer Berlin, Heidelberg, 2008.

2) 秋山英久, 野田五十樹: "エージェント配置問題における三角形分割を利用した近似モデル," 人工知能学会論文誌, vol. 23, no. 4, pp. 255–267, 2008.

3) 秋山英久, 中島智晴, 五十嵐治一: "RoboCup サッカーシミュレーションにおける局面評価の表現法と学習法," 知能と情報, vol. 32, no. 2, pp. 691–703, 2020.

4) H. Akiyama and T. Nakashima: "HELIOS Base: An Open Source Package for the RoboCup Soccer 2D Simulation," In S. Behnke, M. Veloso, A. Visser and R. Xiong (eds.), RoboCup 2013: Robot World Cup XVII, Lecture Notes in Artificial Intelligence, vol. 8371. Springer Berlin, Heidelberg, 2014.

5) H. Akiyama, T. Nakashima, K. Hatakeyama and T. Fujikawa: "HELIOS2022: RoboCup 2022 Soccer Simulation 2D Competition Champion," In A. Eguchi, A. Lau, M. Paetzel-Prüsmann and T. Wanichanon (eds.), RoboCup 2022: Robot World Cup XXV, Lecture Notes in Artificial Intelligence, vol. 13561, pp. 253–263, Springer Cham, 2023.

6) Y. Xu and H. Vatankhah: "SimSpark: An Open Source Robot Simulator Developed by the RoboCup Community," In S. Behnke, M. Veloso, A. Visser and R. Xiong (eds.), RoboCup 2013: Robot World Cup XVII, Lecture Notes in Artificial Intelligence, vol. 8371, pp. 632–639, Springer Berlin, Heidelberg, 2014.

7) H. Gouraud: "Continuous shading of curved surfaces," In Rosalee Wolfe (ed.), Seminal Graphics: Pioneering efforts that shaped the field, ACM Press, 1998.

8) K. Kurach, A. Raichuk and P. Stańczyk, M. Zając, O. Bachem, L. Espeholt, C. Riquelme, D. Vincent, M. Michalski, O. Bousquet and S. Gelly: "Google Research Football: A Novel Reinforcement Learning Environment," In the AAAI Conference on Artificial Intelligence, vol. 34, no. 4, pp. 4501–4510, 2020.

9) S. Liu, G. Lever, Z. Wang, J. Merel, S. M. A. Eslami, D. Hennes , W. M. Czarnecki, Y. Tassa, S. Omidshafiei, A. Abdolmaleki, N. Y. Siegel, L. Hasenclever, L. Marris, S. Tunyasuvunakool, H. F. Song, M. Wulfmeier, P. Muller, T. Haarnoja, B. D. Tracey, K. Tuyls, T. Graepel and N. Heess: "From Motor Control to Team Play in Simulated Humanoid Football," Science Robotics, vol. 7, paper eabo0235, 2022.

10) I. Noda and H. Matsubara: "Soccer Server and Researches on Multi-Agent Systems," In IROS Workshop on RoboCup, pp. 1–7, 1996.

11) L. P. Reis and N. Lau and E. Olivéira: "Situation Based Strategic Positioning for Coordinating a Simulated RoboSoccer Team," Balancing Reactivity and Social Deliberation in MAS, pp. 175–197, 2001.

12) D. Silver, J. Schrittwieser, K. Simonyan, I. Antonoglou, A. Huang, A. Guez, T. Hubert, L. Baker, M. Lai, A. Bolton, Y. Chen, T. Lillicrap, F. Hui, L. Sifre, G. van den Driessche, T. Graepel and D. Hassabis: "Mastering the Game of Go without Human Knowledge," Nature, vol. 550, no. 7676, pp. 354–359, 2017.

13) P. Stone and M. Veloso: "Task Decomposition, Dynamic Role Assignment, and Low-Bandwidth Communication for Real-Time Strategic Teamwork," Artificial Intelligence, vol. 110, no. 2, pp. 241–273, 1999.
14) S. J. Russell and P. Norvig（著）, 古川康一（訳）：エージェントアプローチ：人工知能. 共立出版, 1997.
15) M. Tominaga, Y. Takemura, K. Ishii: "Behavior Learning System for Robot Soccer Using Neural Network," Journal of Robotics and Mechatronics, vol. 35 no. 5 pp. 1385-1392, 2023.
16) K. Toda, M. Teranishi, K. Kushiro and K. Fujii: "Evaluation of soccer team defense based on prediction models of ball recovery and being attacked: A pilot study," PLoS One, vol. 17, no. 1, paper e0263051, 2022.
17) T. Decroos, L. Bransen, J. Van Haaren and J. Davis: "Actions speak louder than goals: Valuing player actions in soccer," In the 25th ACM SIGKDD International Conference on Knowledge Discovery & Data Mining (KDD), pp. 1851-1861, 2019.
18) K. Fujii, N. Takeishi, M. Hojo, Y. Inaba and Y. Kawahara: "Physically-interpretable classification of network dynamics for complex collective motions," Scientific Reports, vol. 10, paper 3005, 2020
19) A. C. Miller and L. Bornn: "Possession sketches: Mapping NBA strategies," In the MIT Sloan Sports Analytics Conference, pp. 1–12, 2017.
20) M. Teranishi, K. Tsutsui, K. Takeda and K. Fujii: "Evaluation of creating scoring opportunities for teammates in soccer via trajectory prediction," In 9th Workshop on Machine Learning and Data Mining for Sports Analytics (MLSA) co-located with ECML-PKDD, pp. 53–73, 2022.
21) R. A. Yeh, A. G. Schwing, J. Huang and K. Murphy: "Diverse generation for multi-agent sports games," In the IEEE/CVF Conference on Computer Vision and Pattern Recognition (CVPR), pp. 4610–4619, 2019.
22) D. Silver, A. Huang, C. J. Maddison, A. Guez, L. Sifre, G. van den Driessche, J. Schrittwieser, I. Antonoglou, V. Panneershelvam, M. Lanctot, S. Dieleman, D. Grewe, J. Nham, N. Kalchbrenner, I. Sutskever, T. Lillicrap, M. Leach, K. Kavukcuoglu, T. Graepel and D. Hassabis: "Mastering the game of Go with deep neural networks and tree search," Nature, vol. 529, no. 7587, pp. 484–489, 2016.
23) W. Spearman.: "Beyond expected goals," In the 12th MIT sloan sports analytics conference, pp. 1–17, 2018.
24) P. Rahimian and L. Toka: "Inferring the strategy of offensive and defensive play in soccer with inverse reinforcement learning," In 8th Workshop on Machine Learning and Data Mining for Sports Analytics (MLSA) co-located with ECML-PKDD, pp. 26–38, 2021.
25) H. Nakahara, K. Tsutsui, K. Takeda and K. Fujii: "Action valuation of on-and off-ball soccer players based on multi-agent deep reinforcement learning," IEEE Access, vol. 11, pp. 131237–131244, 2023.

26) K. Fujii: "Data-driven analysis for understanding team sports behaviors, Journal of Robotics and Mechatronics," vol. 33, no. 3, pp. 505–514, 2021
27) S. Giancola, M. Amine, T. Dghaily and B. Ghanem: "Soccernet: A scalable dataset for action spotting in soccer videos," In the IEEE conference on computer vision and pattern recognition workshops (CVSports), pp. 1711-1721, 2018.
28) A. Scott, K. Fujii and M, Onishi: "How does AI play football? An analysis of RL and real-world football strategies," In International Conference on Agents and Artificial Intelligence (ICAART), vol. 1, pp. 42–52, 2022.
29) K. Fujii, K. Tsutsui, A. Scott, H. Nakahara, N. Takeishi and Y. Kawahara: "Adaptive action supervision in reinforcement learning from real-world multi-agent demonstrations," In International Conference on Agents and Artificial Intelligence (ICAART), vol. 2, pp. 27–39, 2024.
30) K. Fujii, N. Takeishi, Y. Kawahara and K. Takeda: "Policy learning with partial observation and mechanical constraints for multiperson modeling," Neural Networks, vol. 171, pp. 40–52, 2024.

第4章

1) M. Ishikawa, A. Morita and N. Takayanagi: "High Speed Vision System Using Massively Parallel Processing," In IEEE/RSJ International Conference on Intelligent Robots and Systems (IROS), pp. 373–377, 1992.
2) T. Komuro, S. Kagami and M. Ishikawa: "A Dynamically Reconfigurable SIMD Processor for a Vision Chip," IEEE Journal of Solid-State Circuits, vol. 39, no. 1, pp. 265–268, 2004.
3) T. Yamazaki, H. Katayama, S. Uehara, A. Nose, M. Kobayashi, S. Shida, M. Odahara, K. Takamiya, Y. Hisamatsu, S. Matsumoto, L. Miyashita, Y. Watanabe, T. Izawa, Y. Muramatsu and M. Ishikawa: "A 1ms High-Speed Vision Chip with 3D-Stacked 140GOPS Column-Parallel PEs for Spatio-Temporal Image Processing," In International Solid-State Circuits Conference, pp. 82–83, 2017.
4) T. Senoo, Y. Yamakawa, S. Huang, K. Koyama, M. Shimojo, Y. Watanabe, L. Miyashita, M. Hirano, T. Sueishi and M. Ishikawa: "Dynamic Intelligent Systems Based on High-Speed Vision," Journal of Robotics and Mechatronics, vol. 31, no. 1, pp. 45-56, 2019.
5) T. Senoo, Y. Yamakawa, Y. Watanabe, H. Oku and M. Ishikawa: "High-Speed Vision and its Application Systems," Journal of Robotics and Mechatronics, vol. 26, no. 3, 2014.
6) 妹尾拓, 並木明夫, 石川正俊: "高速打撃動作における多関節マニピュレータのハイブリッド軌道生成," 日本ロボット学会誌, vol. 24, no. 4, pp. 515–522, 2006.
7) T. Senoo, A. Namiki and M. Ishikawa: "Ball Control in High-Speed Batting Motion using Hybrid Trajectory Generator," In IEEE International Conference on Robotics and Automation (ICRA), pp. 1762–1767, 2006.

8) T. Senoo, A. Namiki and M. Ishikawa: "High-speed Throwing Motion Based on Kinetic Chain Approach," In IEEE/RSJ International Conference on Intelligent Robots and Systems (IROS), pp. 3206–3211, 2008.
9) K. Murakami, Y. Yamakawa, T. Senoo and M. Ishikawa: "Rolling Manipulation for Throwing Breaking Balls by Changing Grasping Forms," In IEEE Industrial Electronics Conference, pp. 791–796, 2016.
10) J. M. Stevenson: "Finger Release Sequence for Fastball and Curveball Pitches," Canadian Journal of Applied Sport sciences, vol. 10, no. 1, pp. 21–25, 1985.
11) J. Hore, S. Watts and J. Martin: "Finger flexion does not contribute to ball speed in overarm throws," Journal of Sports Sciences, vol. 14, no. 4, pp. 335–342, 1996.
12) T. Senoo, Y. Horiuchi, Y. Nakanishi, K. Murakami and M. Ishikawa: "Robotic Pitching by Rolling Ball on Fingers for a Randomly Located Target," In IEEE International Conference on Robotics and Biomimetics (ROBIO), pp. 325–330, 2016.
13) K. Murakami, T. Senoo and M. Ishikawa: "High-speed Catching Based on Inverse Motion Approach," In IEEE International Conference on Robotics and Biomimetics (ROBIO), pp. 1308–1313, 2011.
14) K. Murakami, Y. Yamakawa, T. Senoo and M. Ishikawa: "Motion Planning for Catching a Light-weight Ball with High-speed Visual Feedback," In IEEE International Conference on Robotics and Biomimetics (ROBIO), pp. 339–344, 2015.
15) K. Murakami, L. Wang, T. Hayakawa, T. Senoo and M. Ishikawa: "Catching Robot Hand System in Dynamic Depth Variation with a Rotating Variable Focusing Unit," In Frontiers in Optics, paper JTu2A.52, 2017.
16) J. F. Brenner, B. S. Dew, J. B. Horton, T. King, P. W. Neurath and W. D. Selles: "An automated microscope for cytologic research: A preliminary evauation," The Journal of Histochemistry and Cyto-Chemistry, vol. 24, no. 1, pp. 100–111, 1976.
17) 玉田智樹, 五十嵐渉, 米山大揮, 田中和仁, 山川雄司, 妹尾拓, 石川正俊: "高速二足走行システム ACHIRES の開発," 日本ロボット学会誌, vol. 33, no. 7, pp. 482–489, 2015.
18) 梅村元, 玉田智樹, 五十嵐渉, 米山大揮, 田中和仁, 山川雄司, 妹尾拓, 石川正俊: "高速ビジュアルフィードバックを用いた二足走行ロボットによる空中転回," 第 21 回ロボティクスシンポジア, 講演論文集, pp. 414–419, 2016.
19) T. Senoo and I. Ishii: "Baseball Robots Based on Sensory-Motor Integration," In International Conference on Control, Automation and Systems, pp. 1772-1777, 2021.
20) 小山佳祐, 下条誠, 妹尾拓, 石川正俊: "小型・低摩擦アクチュエータ MagLinkage の開発とハンド応用," 日本機械学会ロボティクスメカトロニクス講演会, 2P1-H02, 2019.
21) T. Senoo, M. Koike, K. Murakami and M. Ishikawa: "Impedance Control Design Based on Plastic Deformation for a Robotic Arm," IEEE Robotics and Automation Letters, vol. 2, no. 1, pp. 209–216, 2017.

22) 仁科有貴, 諏訪正樹, 川出雅人: "卓球ロボットにおける画像センシング技術・AI 技術活用," O plus E, vol. 39, no. 12, pp. 1195–1200, 2017.
23) 山田圭佑: "卓球ラリーロボット-人と機械の融和を目指して-," 電機学会誌, vol. 137, no. 2, pp. 81–84, 2017.
24) 中山雅宗: "オムロンのコア技術 "Sensing & Control + THINK" の集大成 卓球ロボット FORPHEUS–「人と機械の融和」の実現に向けて–," O plus E, vol. 469, 2019. Retrieved from https://www.adcom-media.co.jp/report-iss/2019/09/25/32422/
25) 奥富正敏: "ディジタル画像処理【改定第二版】," 公益財団法人画像情報教育振興協会, 2022
26) C. Liu, Y. Hayakawa and A. Nakashima: "An on-line algorithm for measuring the translational and rotational velocities of a table tennis ball," SICE journal of control, measurement, and system integration, vol. 5, no. 4, pp. 233–241, 2011.
27) 浅井恭平, 中山雅宗, 八瀬哲志: "ピン球の回転速度を考慮することで高精度な返球が可能な卓球ロボットシステムの開発," OMRON TECHNICS, vol. 51, no. 1, pp. 174–179, 2019.
28) A. Grimaldi, A. Gruel, C. Besnainou, J. N. Jérémie, J. Martinet and L. U. Perrinet: "Precise Spiking Motifs in Neurobiological and Neuromorphic Data," Brain Sciences, vol. 13, no. 1, paper 68, 2022.
29) D. Gabriel, C. Joseph, R. Constantin and H. Mary: "Saccades to future ball location reveal memory-based prediction in a virtual-reality interception task," Journal of Vision, vol. 13, no. 1, paper 20, 2013.
30) N. Balser, B. Lorey., S. Pilgramm, T. Naumann, S. Kindermann, R. Stark, K. Zentgraf, A. M. Williams and J. Munzert: "The influence of expertise on brain activation of the action observation network during anticipation of tennis and volleyball serves," Frontiers in Human Neuroscience, vol. 8, paper 568, 2014.
31) 中山雅宗, 栗栖崇紀, 水野勇太, 三宅陽一郎, 八瀬哲志: "プレイヤーのモチベーションコントロールを実現する卓球ロボット," OMRON TECHNICS, vol. 53, no. 1, pp. 34–41, 2021.
32) 水山遼: "人と人の共感・連携を促しチームパフォーマンスを高める "Sensing & Control + Think" 技術 –オムロンが描く「人と機械の融和」の一形態について–," O plus E, vol. 487, 2022. https://www.adcom-media.co.jp/report-iss/2022/09/25/103859/
33) OMRON: "未来を描く「SINIC 理論」," https://www.omron.com/jp/ja/about/corporate/vision/sinic/theory.html
34) 未来定番研究所: "「SINIC 理論」から考える，未来の「テクノロジー共生社会」," https://fin.miraiteiban.jp/omron01/
35) Microsoft: "Azure Kinect ボディトラッキングの関節," https://learn.microsoft.com/ja-jp/azure/kinect-dk/body-joints
36) OMRON: "OKAO Vision," https://plus-sensing.omron.co.jp/technology/index.html
37) W. Wang, D. Brinker, S. Sander and D. Gerard: "Algorithmic Principles of Remote PPG," IEEE Transactions on Biomedical Engineering, vol. 64, no. 7, pp. 1479–1491, 2017.

38) 梶田昭彦, 上代晧三: "ヘモグロビンの吸収スペクトル," 生物物理, vol. 2. pp. 76–82, 1962.
39) J. A. Russell: "A Circumplex Model of Affect," Journal of Personality and Social Psychology, vol. 39, pp. 1161–1178, 1980.
40) J. Stietz, E. Jauk, S. Krach and P. Kanske: "Dissociating Empathy From Perspective-Taking: Evidence From Intra- and Inter-Individual Differences Research," Frontiers in Psychiatry, vol. 10, paper 126, 2019.
41) E. Prochazkova and M. E. Kret: "Connecting minds and sharing emotions through mimicry: A neurocognitive model of emotional contagion," Neuroscience & Biobehavioral Reviews, vol. 80, pp. 99–114, 2017.
42) J. C. Jackson, J. Jong, D. Bilkey, H. Whitehouse, S. Zollmann, C. McNaughton and J. Halberstadt: "Synchrony and Physiological Arousal Increase Cohesion and Cooperation in Large Naturalistic Groups," Scientific Reports, vol. 8, paper 127, 2018.

第5章

1) 田澤英二: "義肢の進歩の歴史とこれからのあり方—次世代に受け継ぐべきもの—," 日本義肢装具学会誌, vol. 30, no. 2, pp. 105–112, 2014.
2) デジタル大辞泉, 小学館
3) A. T. Asbeck, K. Schmidt and C. J. Walsh: "Soft exosuit for hip assistance," Robotics and Autonomous Systems, vol. 73, pp. 102–110, 2015.
4) A. T. Asbeck, S. M. M. De Rossi, K. G. Holt, and C. J. Walsh: "A biologically inspired soft exosuit for walking assistance," The International Journal of Robotics Research, vol. 34, no. 6, pp. 744–762, 2015.
5) S. Sridar, P. H. Nguyen, M. Zhu, Q. P. Lam, and P. Polygerinos: "Development of a soft-inflatable exosuit for knee rehabilitation," In IEEE/RSJ International Conference on Intelligent Robots and Systems (IROS), pp. 3722–3727, 2017.
6) L. N. Awad, J. Bae, K. O'Donnell, S. M. M. De Rossi, K. Hendron, L. H. Sloot: "A soft robotic exosuit improves walking in patients after stroke," Science Translational Medicine, vol. 9, no. 400, paper eaai9084, 2017.
7) K. Ogawa, A. Ikeda, and Y. Kurita: "Unplugged powered suit for superhuman tennis," In Congress on Mechatronics, pp. 355–358, 2018.
8) 石橋侑也, 小川和徳, 辻敏夫, 栗田雄一: "空気圧人工筋を用いたキック支援ソフトエグゾスケルトンスーツ," ロボティクス・メカトロニクス講演会講演論文集, 2P2-G08, 2018.
9) W. Sakoda, A. Vega, K. Ogawa, T. Tsuji and Y. Kurita: "Reinforced suit using low pressure driven artificial muscles for baseball bat swing," In the 9th Augmented Human International Conference (AH), paper 30, pp. 1–2, 2018.
10) R. Benzi, A. Sutera and A. Vulpiani: "The mechanism of stochastic resonance," Journal of Physics A: Mathematical and General, vol. 14, no. 11, pp. 453–457, 1981.
11) E. Simonotto, M. Riani, C. Seife, M. Roberts, J. Twitty and F. Moss: "Visual

perception of stochastic resonance," Physics Review Letter, vol. 78, pp. 1186–1189, 1997.

12) F. Zenga, Q. Fub and R. Morsec: "Human hearing enhanced by noise," Brain Research, vol. 869, pp. 251–255, 2000.

13) N. T. Dhruv, J. B. Niemi, J. D. Harry, L. A. Lipsitz and J. J. Collins: "Enhancing tactile sensation in older adults with electrical noise stimulation," Neuroreport, vol. 13, no. 5, pp. 597–600, 2002.

14) Y. Kurita, M. Shinohara and J. Ueda: "Wearable Sensorimotor Enhancer for Fingertip using Stochastic Resonance Effect," IEEE Transactions on Human-Machine Systems, vol. 43, no. 3, pp. 333–337, 2013.

15) Y. Kurita, Y. Sueda, T. Ishikawa, M. Hattori, H. Sawada, H. Egi, H. Ohdan, J. Ueda and T. Tsuji: "Surgical Grasping Forceps with Enhanced Sensorimotor Capability via the Stochastic Resonance Effect," IEEE/ASME Transactions on Mechatronics, vol. 21, no. 6, pp. 2624–2634, 2016.

16) S. C. Gandevia and D. I. McClosky: "Sensations of heaviness," Brain, vol. 100, no .2, pp. 345–354, 1977.

17) Y. Kurita, J. Sato, T. Tanaka, M. Shinohara and T. Tsuji: "Unpowered sensorimotor-enhancing suit reduces muscle activation and improves force perception," IEEE Transactions on Human-Machine Systems, vol. 47, no. 6, pp. 1158-1163, 2017.

18) M. Shimodozono, T. Noma, Y. Nomoto, N. Hisamatsu, K. Kamada, R. Miyata, S. Matsumoto, A. Ogata, S. Etoh, J. R. Basford and K. Kawahira.: "Benefits of a repetitive facilitative exercise program for the upper paretic extremity after subacute stroke: a randomized controlled trial," Neurorehabilitation and neural repair, vol. 27, no. 4, pp. 296–305, 2013.

19) Y. Nishimura, H. Onoe, K. Onoe, Y. Morichika, H. Tsukada and T. Isa: "Neural substrates for the motivational regulation of motor recovery after spinal-cord injury," PLoS One, vol. 6, no. 9, paper e24854, 2011.

20) D. Deplanque, I. Masse, C. Libersa, D. Leys and R. Bordet: "Previous leisure-time physical activity dose dependently decreases ischemic stroke severity," Stroke research and treatment, vol. 2012, no. 1, paper 614925, 2012.

21) G. Morone, I. Pisotta, F. Pichiorri, S. Kleih, S. Paolucci, M. Molinari, F. Cincotti, A. Kubler and D. Mattia: "Proof of principle of a brain computer interface approach to support poststroke arm rehabilitation in hospitalized patients: design, acceptability, and usability," Archives of physical medicine and rehabilitation, vol. 96, no. 3, pp. 71–78, 2015.

22) J. W. Then, S. Shivdas, T. S. T. A. Yahaya, N. I. Ab Razak and P. T. Choo: "Gamification in rehabilitation of metacarpal fracture using cost effective end-user device: A randomized controlled trial," Journal of Hand Therapy, vol. 33, no. 2, pp. 235–242, 2020.

23) C. Colomer, R. Llorens, E. Noe and M. Alcaniz: "Effect of a mixed realitybased

intervention on arm, hand, and finger function on chronic stroke," Journal of neuroengineering and rehabilitation, vol. 13, no. 1, pp.1–11, 2016.

24) Z. Abdulkarim and H. H. Ehrsson: "Recalibration of hand position sense during unconscious active and passive movement," Experimental brain research, vol. 236, no. 2, pp. 551–561, 2018.

25) M. Haghshenas-Jaryani, R. M. Patterson, N. Bugnariu and M. B. Wijesundara: "A pilot study on the design and validation of a hybrid exoskeleton robotic device for hand rehabilitation," Journal of Hand Therapy, vol. 33, no. 2, pp. 198–208, 2020.

26) S. Gallagher: "Philosophical conceptions of the self: implications for cognitive science," Trends in cognitive sciences, vol. 4, no. 1, pp. 14–21, 2000.

27) K. C. Armel and V. S. Ramachandran: "Projecting sensations to external objects: evidence from skin conductance response," Proceedings of the Royal Society B: Biological Sciences, vol. 270, no. 1523, pp. 1499–1506, 2003.

28) P. Haggard: "Sense of agency in the human brain," Nature Reviews Neuroscience, vol. 18, no. 4, pp. 196–207, 2017.

29) T. Kaneko and M. Tomonaga: "The perception of self-agency in chimpanzees (pan troglodytes)," Proceedings of the Royal Society B: Biological Sciences, vol. 278, no. 1725, pp. 3694–3702, 2011.

30) D. Burin, A. Livelli, F. Garbarini, C. Fossataro, A. Folegatti, P. Gindri and L. Pia: "Are movements necessary for the sense of body ownership? evidence from the rubber hand illusion in pure hemiplegic patients," PLoS One, vol. 10, no. 3, paper e0117155, 2015.

31) C. Weiss, M. Tsakiris, P. Haggard and S. Schutz-Bosbach: "Agency in the sensorimotor system and its relation to explicit action awareness," Neuropsychologia, vol. 52, pp. 82–92, 2014.

32) K. Matsumiya: "Awareness of voluntary action, rather than body ownership, improves motor control," Scientific reports, vol. 11, no. 1, pp. 1–14, 2021.

33) K. Ikeda, Y. Kurita, K. Hirata and C. Raima: "Neurorehabilitation Support System with Simultaneous Vision and Force Feedback," In IEEE/SICE International Symposium on System Integration (SII), paper FrP1M1.5, 2023.

34) W. Wen, A. Yamashita and H. Asama: "The influence of performance on action-effect integration in sense of agency," Consciousness and Cognition, vol. 53, pp. 89–98, 2017.

35) 竹田悠真, 平田和彦, 黒川雅臣, 栗田雄一: "スマートフォンを活用した介護予防体操支援システムの開発と効果検証," 日本機械学会福祉工学シンポジウム 2023, 2A2D5, 2023.

36) A. Bandura: "Self-efficacy: Toward a Unifying Theory of Behavioral Change," Psychological review, vol. 84, no. 2, pp. 191–215, 1977.

37) S. Gallagher: "Philosophical conceptions of the self: implications for cognitive science," Trends in Cognitive Sciences, vol. 4, no. 1, pp. 14–21, 2000.

38) W. Wen and H. Imamizu: "The sense of agency in perception, behaviour and

human–machine interactions," Nature Reviews Psychology, vol. 1, pp. 1–12, 2022.
39) S. Gallagher: "The natural philosophy of agency," Philosophy Compass, vol. 2, no. 2, pp. 347–357, 2007.
40) M. Synofzik, G. Vosgerau and A. Newen: "Beyond the comparator model: A multifactorial two-step account of agency," Consciousness and Cognition, vol. 17, no. 1, pp. 219–239, 2008.
41) P. Haggard and M. Tsakiris: "The experience of agency: Feelings, judgments, and responsibility," Current Directions in Psychological Science, vol. 18, no. 4, pp. 242–246, 2009.
42) M. Synofzik, G. Vosgerau and M. Voss: "The experience of agency: an interplay between prediction and postdiction," Frontiers in Psychology, vol. 4, paper 127, 2013.
43) P. Haggard: "Sense of agency in the human brain," Nature Reviews Neuroscience, vol. 18, pp. 196–207, 2017.
44) P. Haggard: "Conscious intention and motor cognition," Trends in Cognitive Sciences, vol. 9, no. 6, pp. 290–295, 2005.
45) D. Coyle, J. Moore, P. O. Kristensson, P. Fletcher and A. Blackwell: "I did that! measuring users' experience of agency in their own actions," In the SIGCHI Conference on Human Factors in Computing Systems (CHI), pp. 2025–2034, 2012.
46) S. Kasahara, K. Konno, R. Owaki, T. Nishi, A. Takeshita, T. Ito, S. Kasuga and J. Ushiba: "Malleable embodiment: Changing sense of embodiment by Spatial-Temporal deformation of virtual human body," In the CHI Conference on Human Factors in Computing Systems (CHI), pp. 6438–6448, 2017.
47) S. Kasahara, J. Nishida and P. Lopes: "Preemptive action: Accelerating human reaction using electrical muscle stimulation without compromising agency," In the CHI Conference on Human Factors in Computing Systems (CHI), pp. 1–15, 2019.
48) S. Matsubara, S. Wakisaka, K. Aoyama, K. Seaborn, A. Hiyama and M. Inami: "Perceptual simultaneity and its modulation during EMG-triggered motion induction with electrical muscle stimulation," PLoS One, vol. 15, paper e0236497, 2020.
49) H. Galvan Debarba, R. Boulic, R. Salomon, O. Blanke and B. Herbelin: "Self-attribution of distorted reaching movements in immersive virtual reality," Computers & Graphics, vol. 76, pp. 142–152, 2018.
50) S. Kasahara, K. Takada, J. Nishida, K. Shibata, S. Shimojo and P. Lopes: "Preserving agency during electrical muscle stimulation training speeds up reaction time directly after removing EMS," In the CHI Conference on Human Factors in Computing Systems (CHI), paper 194, pp. 1–9, 2021.
51) K. Matsumiya: "Awareness of voluntary action, rather than body ownership,

improves motor control," Scientific Reports, vol. 11, paper 418, 2021.
52) A. Bandura: "Self-efficacy mechanism in human agency," American Psychologist, vol. 37, pp. 122–147, 1982.
53) A. Bandura: "Perceived self-efficacy in the exercise of personal agency," Journal of Applied Sport Psychology, vol. 2, pp. 128–163, 1990.
54) A. Bandura: "Exercise of human agency through collective efficacy," Current Directions in Psychological Science, vol. 9, pp. 75–78, 2000.
55) J. Lane, A. M. Lane and A. Kyprianou: "Self-efficacy, self-esteem and their impact on academic performance," Social Behavior and Personality: an international journal, vol. 32, no. 3, pp. 247–256, 2004.
56) S. Tagami, S. Yoshida, N. Ogawa, T. Narumi, T. Tanikawa and M. Hirose: "Routine++: implementing pre-performance routine in a short time with an artificial success simulator," In the 8th Augmented Human International Conference (AH), paper 18, pp. 1–9, 2017.
57) E. R. Kandel, J. H. Schwartz, T. M. Jessell, S. A. Siegelbaum and A. J. Hudspeth: Principles of neural science, vol. 5, McGraw-Hill, 2012.
58) J. W. Moore: "What is the sense of agency and why does it matter?," Frontiers in Psychology, vol. 7, paper 1272, 2016.
59) H. Saito, A. Horie, A. Maekawa, S. Matsubara, S. Wakisaka, Z. Kashino, S. Kasahara and M. Inami: "Transparency in human-machine mutual action," Journal of Robotics and Mechatronics, vol. 33, no. 5, pp. 987–1003, 2021.
60) A. Maekawa, S. Matsubara, S. Wakisaka, D. Uriu, A. Hiyama and M. Inami: "Dynamic motor skill synthesis with human-machine mutual actuation," In the CHI Conference on Human Factors in Computing Systems (CHI), pp. 1–12, 2020.
61) T. Matsumoto, E. Wu and H. Koike: "Skiing, fast and slow: Evaluation of time distortion for VR ski training," In the Augmented Humans International Conference (AHs), pp. 142–151, 2022.
62) J. C. P. Chan, H. Leung, J. K. T. Tang and T. Komura: "A virtual reality dance training system using motion capture technology," IEEE Transactions on Learning Technologies, vol. 4, no. 2, pp. 187–195, 2011.
63) P.-H. Han, Y.-S. Chen, Y. Zhong, H.-L. Wang and Y.-P. Hung: "My Tai-Chi coaches: an augmented-learning tool for practicing Tai-Chi chuan," In the 8th Augmented Human International Conference (AH), paper 25, pp. 1–4, 2017.
64) N. Hamanishi and J. Rekimoto: "TTT: Time synchronization method by time distortion for VR training including rapidly moving objects," In the 25th ACM Symposium on Virtual Reality Software and Technology (VRST), paper 95, pp. 1–2, 2019.
65) E. Wu, M. Piekenbrock, T. Nakumura and H. Koike: "SPinPong - virtual reality table tennis skill acquisition using visual, haptic and temporal cues," IEEE Transactions on Visualization and Computer Graphics, vol. 27, no. 5, pp. 2566-2576, 2021.

66) J. Adolf, P. Kán, B. Outram, H. Kaufmann, J. Doležal and L. Lhotská: "Juggling in VR: Advantages of immersive virtual reality in juggling learning," In the 25th ACM Symposium on Virtual Reality Software and Technology (VRST), paper 31, pp. 1–5 2019.
67) 川崎仁史, 脇坂崇平, 笠原俊一, 齊藤寛人, 原口純也, 登嶋健太, 稲見昌彦: "けん玉できた！ VR：5 分間程度の VR トレーニングによってけん玉の技の習得を支援するシステム," エンタテインメントコンピューティングシンポジウム論文集, vol. 2020, pp. 26–32, 2020.
68) H. Kawasaki, S. Wakisaka, H. Saito, A. Hiyama and M. Inami: "A system for augmenting humans' ability to learn kendama tricks through virtual reality training," In the Augmented Humans International Conference (AHs), pp. 152–161, 2022.
69) S. Shimizu, T. Hashimoto, S. Yoshida, R. Matsumura, T. Narumi and H. Kuzuoka: "Unident: Providing impact sensations on handheld objects via High-Speed change of the rotational inertia," In IEEE Virtual Reality and 3D User Interfaces (VR), pp. 11–20, 2021.
70) J. Shigeyama, T. Hashimoto, S. Yoshida, T. Narumi, T. Tanikawa and M. Hirose: "Transcalibur: A weight shifting virtual reality controller for 2D shape rendering based on computational perception model," In the CHI Conference on Human Factors in Computing Systems (CHI), paper 11, pp. 1–11, 2019.
71) Y. Liu, T. Hashimoto, S. Yoshida, T. Narumi, T. Tanikawa and M. Hirose: "ShapeSense: a 2D shape rendering VR device with moving surfaces that controls mass properties and air resistance," In ACM SIGGRAPH Emerging Technologies, paper 23, pp. 1–2, 2019.
72) T. Hashimoto, S. Yoshida and T. Narumi: "MetamorphX: An ungrounded 3-DoF moment display that changes its physical properties through rotational impedance control," In the 35th Annual ACM Symposium on User Interface Software and Technology (UIST), paper 72, pp. 1–14, 2022.
73) B. Hannaford: "A design framework for teleoperators with kinesthetic feedback," IEEE Transactions on Robotics and Automation, vol. 5, no. 4, pp. 426–434, 1989.
74) J. E. Colgate: "Robust impedance shaping telemanipulation," IEEE Transactions on Robotics and Automation, vol. 9, no. 4, pp. 374–384, 1993.
75) D. A. Lawrence: "Stability and transparency in bilateral teleoperation," IEEE Transactions on Robotics and Automation, vol. 9, no. 5, pp. 624–637, 1993.
76) 原口純也, 脇坂崇平, Alfonso Balandra, 前川和純, 堀江新, 佐々木智也, 檜山敦史, 長谷川晶一, 稲見昌彦: "ジャグリングにおけるスロー・キャッチ動作学習支援のための時間軸を操作可能な力触覚提示 VR システムの提案," 計測自動制御学会システムインテグレーション部門予稿集, 2020.
77) R. C. Jackson and P. Mogan: "Advance visual information, awareness, and anticipation skill," Journal of Motor Behavior, vol. 39, no. 5, pp. 341–351, 2007.
78) F. Loffing and N. Hagemann: "Skill differences in visual anticipation of type of

throw in team-handball penalties," Psychology of Sport and Exercise, vol. 15, no. 3, pp. 260–267, 2014.
79) I. Franks and I. Harvey: "Cues for goalkeepers-high-tech methods used to measure penalty shot response," Soccer Journal-Binghamton–National Soccer Coaches Association of America-, vol. 42, pp. 30–33, 1997.
80) S. Suda, Y. Makino and H. Shinoda: "Prediction of volleyball trajectory using skeletal motions of setter player," In the 10th Augmented Human International Conference (AH), paper 16, pp. 1–8, 2019.
81) T. Shimizu, R. Hachiuma, H. Saito, T. Yoshikawa and C. Lee: "Prediction of future shot direction using pose and position of tennis player," In the 2nd International Workshop on Multimedia Content Analysis in Sports (MMSports), pp. 59–66, 2019.
82) Y. Itoh, J. Orlosky, K. Kiyokawa and G. Klinker: "Laplacian vision: Augmenting motion prediction via optical see-through head-mounted displays," In the 7th Augmented Human International Conference (AH), paper 16, pp. 1–8, 2016.
83) 本多拓実, 齊藤寛人, 脇坂崇平, 稲見昌彦: "サッカーでのキック方向予測におけるニューラルネットワークを用いた判断根拠の教示システム," 日本バーチャルリアリティ学会論文誌, vol. 27, no. 4, pp. 393-402, 2022.
84) K. Nitta, K. Higuchi and J. Rekimoto: "Hoverball: augmented sports with a flying ball," In the 5th Augmented Human International Conference (AH), pp. 1–4, 2014.
85) T. Ohta, S. Yamakawa, T. Ichikawa and T. Nojima: "Tama: development of trajectory changeable ball for future entertainment," In the 5th Augmented Human International Conference (AH), pp. 1–8, 2014.
86) T. Nojima, N. Phuong, T. Kai, T. Sato and H. Koike: "Augmented dodgeball: an approach to designing augmented sports," In the 6th Augmented Human International Conference (AH), pp. 137–140, 2015.
87) H. Ishii, C. Wisneski, J. Orbanes, B. Chun and J. Paradiso: "Pingpongplus: design of an athletic-tangible interface for computer-supported cooperative play," In the SIGCHI conference on Human Factors in Computing Systems (CHI), pp. 394–401, 1999.
88) K. Sato, Y. Sano, M. Otsuki, M. Oka and K. Kato: "Augmented recreational volleyball court: Supporting the beginners' landing position prediction skill by providing peripheral visual feedback," In the 10th Augmented Human International Conference (AH), pp. 1–9, 2019.
89) P. Baudisch, H. Pohl, S. Reinicke, E. Wittmers, P. Lühne, M. Knaust, S. Köhler, P. Schmidt and C. Holz: "Imaginary reality gaming: ball games without a ball," In the 26th annual ACM symposium on User interface software and technology (UIST), pp. 405–410, 2013.
90) A. Maekawa, S. Kasahara, H. Saito, D. Uriu, G. Ganesh and M. Inami: "The tight game: implicit force intervention in inter-personal physical interactions on

playing tug of war," In ACM SIGGRAPH Emerging Technologies, paper 10, pp. 1–2, 2020.

91) A. Maekawa, H. Saito, N. Okazaki, S. Kasahara and M. Inami: "Behind the game: Implicit spatio-temporal intervention in inter-personal remote physical interactions on playing air hockey," In ACM SIGGRAPH Emerging Technologies, paper 9, pp. 1–4, 2021.

92) K. Takada, M. Kawaguchi, A. Uehara, Y. Nakanishi, M. Armstrong, A. Verhulst, K. Minamizawa and S. Kasahara: "Parallel ping-pong: Exploring parallel embodiment through multiple bodies by a single user," In the Augmented Humans International Conference (AHs), pp. 121–130, 2022.

93) 日経 BP 総研 社会インフララボ: 超福祉 SUPER WELFARE インクルーシブ・デザインの現場. pp .88–121, 日経 BP, 2018.

94) "スポーツとテクノロジー、文化を融合した新スポーツ「超人スポーツ」実現のための委員会発足会 のご案内," 超人スポーツ委員会,
http://superhuman-sports.org/academy/events/
SuperhumanSports_establish_pressrelease.pdf

95) "超人スポーツとは," 超人スポーツ協会
https://superhuman-sports.org/s3/

96) 稲見昌彦: スーパーヒューマン誕生!：人間は SF を超える. pp. 24–26, NHK 出版, 2016.

97) 超人スポーツ協会
https://superhuman-sports.org/

98) H. Araki, H. Fukuda, M. Takuma, T. Takeuchi, N. Ohta, R. Adachi, H. Masuda, Y. Kato, Y. Mita, D. Mizukami and N. Kakeya: ""HADO" as Techno Sports Was Born by the Fusion of IT Technology and Sports," In A. Shirai, L. Chretien, A.-S. Clayer, S. Richir and S. Hasegawa (eds.), ReV2017: oLaval Virtual ReVolution 2017 "Transhumanism++", EPiC Series in Engineering, vol. 1, pp. 36–40, 2018.

99) R. Ando, A. Ando, K. Kunze, and K. Minamizawa: "Bubble Jumper: Enhancing the Traditional Japanese Sport Sumo with Physical Augmentation," In the First Superhuman Sports Design Challenge: First International Symposium on Amplifying Capabilities and Competing in Mixed Realities SHS, paper 3, pp. 1–6, 2018

100) R. Ando, I. Uebayashi, H. Sato, H. Ohbayashi, S. Katagiri, S. Hayakawa and K. Minamizawa: "Research on the Transcendence of Bodily Differences, Using Sport and Human Augmentation Medium," In the Augmented Humans International Conference (AHs), pp. 31–39, 2021.

101) A. Miah: Sport 2.0 : transforming sports for a digital world. MIT Press, 2017.

102) P. M. Fitts and M. I. Posner: Human Performance. Brooks/Cole, 1967.

103) 暦本純一（監修）：オーグメンテッド・ヒューマン Augmented Human–AI と人体科学の融合による人機一体，究極の IF が創る未来. エヌ・ティー・エス, 2018.

104) 稲見昌彦, 北崎充晃, 宮脇陽一, G. Ganesh, 岩田浩康, 杉本麻樹, 笠原俊一, 瓜生大輔: 自在化身体論：超感覚・超身体・変身・分身・合体が織りなす人類の未来. エヌ・ティー・エ

ス, pp. 1–39, 2021.
105) M. Inami (ed.): Theory of JIZAI Body: Towards Mastery Over the Extended Self. Springer Singapore, pp. 144–145, 2023.
106) 意匠登録 1566142（株式会社スポーツファシリティ研究所）.

索　　引

●あ　行●

●か　行●

●さ　行●

●た　行●

●な　行●

●は　行●

●ま　行●

●ゆ　行●

●ら　行●

〈著者一覧〉　（五十音順，所属は 2024 年 9 月現在）

秋 山 英 久（あきやま　ひでひさ）
岡山理科大学 情報理工学部 講師，博士（工学）
[3.1 節（共著），3.2 節，3.5 節（共著）執筆]

浅 井 恭 平（あさい　きょうへい）
オムロン株式会社 技術・知財本部
技術・知財戦略室 戦略統括部
テクノロジープロデュースグループ
[4.1 節（共著），4.3 節（共著）執筆]

浅 田　　稔（あさだ　みのる）
大阪国際工科専門職大学 副学長
大阪大学 特任教授（名誉教授）
[1.2 節 執筆]

安 藤 良 一（あんどう　りょういち）
超人スポーツプロジェクト事務局長
博士（メディアデザイン）
[5.4 節 執筆]

倉 元 昭 季（くらもと　あきすえ）
東京科学大学 工学院 助教，博士（工学）
[2.4.1 項 執筆]

栗 田 雄 一（くりた　ゆういち）
広島大学 大学院先進理工系科学研究科 教授
博士（工学）
[5.1 節，5.2 節 執筆]

齊 藤 寛 人（さいとう　ひろと）
東京大学 先端科学技術研究センター 助教
博士（理学）
[5.3 節（共著）執筆]

妹 尾　　拓（せのお　たく）
北海道大学 大学院情報科学研究院 准教授
博士（情報理工学）
[4.2 節 執筆]

富 永 萌 子（とみなが　もえこ）
西日本工業大学 工学部総合システム工学科 講師
博士（工学）
[3.1 節（共著），3.3 節，3.5 節（共著）執筆]

中 島　　求（なかしま　もとむ）
東京科学大学 工学院 教授，博士（工学）
[2.1 節，2.2 節，2.3 節，2.4.2 項，2.4.3 項 執筆]

藤 井 慶 輔（ふじい　けいすけ）
名古屋大学 大学院情報学研究科 准教授
博士（人間・環境学）
[3.1 節（共著），3.4 節，3.5 節（共著）執筆]

前 川 和 純（まえかわ　あずみ）
東京大学 先端科学技術研究センター 特任講師
博士（工学）
[5.3 節（共著）執筆]

水 山　　遼（みずやま　りょう）
オムロン株式会社 技術・知財本部
ロボティクス R&D センタ ロボティクス開発部
ロボティクス開発グループ
[4.1 節（共著），4.3 節（共著）執筆]

〈編著者略歴〉

西　川　　鋭（にしかわ　さとし）

九州大学 大学院工学研究院 機械工学部門 准教授，博士（情報理工学）
2010 年　東京大学 工学部 機械情報工学科 卒業
2012 年　東京大学 大学院学際情報学府 学際情報学専攻 先端表現情報学コース
　　　　修士課程修了
2015 年　東京大学 大学院情報理工学系研究科 知能機械情報学専攻 博士課程修了
同専攻 特任助教，助教を経て 2021 年より現職
［編集，1.1 節 執筆］

●章見出しイラスト　アマセケイ

スポーツロボティクス入門
――シミュレーション・解析と競技への介入――

2024 年 10 月 4 日　　第 1 版第 1 刷発行

監　　修　日本ロボット学会
編 著 者　西川　鋭
発 行 者　村 上 和 夫
発 行 所　株式会社 オーム社
　　　　　郵便番号　101-8460
　　　　　東京都千代田区神田錦町 3-1
　　　　　電話　03(3233)0641(代表)
　　　　　URL　https://www.ohmsha.co.jp/

印刷・製本　三美印刷
ISBN978-4-274-23253-4　Printed in Japan